创造心理学
——从创业到创新

Creative Psychology
—from entrepreneurship to innovation

俞文钊 编著

同济大学出版社
TONGJI UNIVERSITY PRESS

图书在版编目(CIP)数据

创造心理学：从创业到创新 / 俞文钊编著. - 上海：同济大学出版社，2020.5
ISBN 978-7-5608-9183-5

Ⅰ. ①创… Ⅱ. ①俞… Ⅲ. ①创造心理学 Ⅳ. ①G305

中国版本图书馆 CIP 数据核字 (2020) 第 029690 号

创造心理学——从创业到创新

Creative Psychology—from entrepreneurship to innovation

俞文钊 编著

出 品 人　华春荣
责任编辑　江　岱
助理编辑　苏　勃　姜　黎
责任校对　徐春莲
装帧设计　钱如潺
出版发行　同济大学出版社 www.tongjipress.com.cn
（地址：上海市四平路 1239 号　邮编：200092　电话：021-65985622）
经　　销　全国各地新华书店
印　　刷　上海安枫印务有限公司
开　　本　787mm × 1092mm　1/16
印　　张　18
字　　数　449 000
版　　次　2020 年 5 月第 1 版　2020 年 5 月第 1 次印刷
书　　号　ISBN 978-7-5608-9183-5
定　　价　79.00 元

前 言

创造力是我们生活意义的核心来源，新产品、新技术、新观点都是创造力发挥作用的结果，人们竞相探索创造心理的奥妙，提出了各种揭示创造的理论，《创造心理学——从创业到创新》力图汇总迄今取得的初步成果，推进创造心理学科学体系的建设。

创新与创造力是两个不同，但又有联系的概念。创新是一个宏观的大概念。从政治、社会、组织、个人等角度对创新的内涵做出如下阐述：创新是民族的灵魂，国家兴旺发达的不竭动力；21 世纪的主题是创新变革；创新是社会、企业、科技、学校、家庭的共同重任。从个人角度提出 21 世纪是个人、集体发挥创造性与创造性思维的时代。从教育角度提出创造性教育是实行创造性开发的基础与根本保证。

创造力是一个更为面向个体的具体概念。创造力是指个人形成新事物、新思想、新观点的能力，并需从人的生物性、心理性、社会性三方面来考察人的创造力。

但是，任何创新都是通过个人、集体的创造力表现出来的，所以创新与创造力是不可分离的，二者既有区别，又有联系。

创造心理学与创新学以创新与创造力为自己的主要研究对象，但这两门学科的研究重点是有明显差别的。前者主要是从心理学的角度，偏重从理论与测量的角度研究创新与创造力；而创新学主要从创造技法角度推出系列具体创新法供实际操作使用。

本书的特点是结合创新学的特点，完善创造心理学研究体系，并在新的高度上将其综合。

全书共分 12 章，第 1 至第 3 章分别为创造心理学的概念、理论基础、神经生理基础等内容的概述。

在第 1 章中区分了创新与创造力概念内涵的差别，介绍了创新心理学的研究简史，区别了创造性心理与行为及创造者的种类。特别是该章中提出了我国在创新与创新教育上的认知误区。

第 2 章介绍了创新与创造力开发的理论，如先天和后天论，系统观、张力观、基础观等。

第 3 章既介绍了斯佩里的割裂脑与“右脑开发”，又介绍了较新的“全脑开发模型”，汇聚了当今国内外最新的研究成果，探讨了创造心理的神经生理基础。本章同时阐明了开发创造力的脑功能训练。

在第 4 至第 7 章分别介绍了“创造性思维”“发散与收敛性思维”“创造动机的开发与培育”及“创新的障碍及其克服”。前两章重点阐述什么是创造性思维（第 4 章）及发散与收敛性思维主要内容（第 5 章）。第 6 章是阐述如何从激发创造性动机角度促进创造性思维，并对围绕创新性动机的框框做了透彻分析，提出了如何冲破创造性的束缚。第 7 章则是说明在创造性思维过程中可能遇到的障碍：思维定势、从众心理、情感障碍、文化等及其克服的方法。

第 8 章对创造性的人格特征进行研究与阐述，阐明创造力开发的年龄特征，列举不同领域（科技、文艺、作家、教师等）创造性人才的人格特征。

第 9 章介绍了创新技法，可以在实践中加以推广和运用。

第 10 章阐述了运用多种心理活动规律（潜思维、灵感、想象力等）促发创新的方法。最后两章着重于创造力的开发和运用，其中，第 11 章探讨了团队创造性的挖掘与训练，用头脑风暴等方法营造合作氛围，发挥团队优势促进创造性的开发。

第 12 章中提供了对领导者创造性进行测验的工具。

本书的重点与特点放在开发与实际操作上。如果读者参照本书的原理、方法、创新技法进行开发与培育，的确促进了创新与创造力，那么作者将会感到十分欣慰，这也是撰写本书的目的。愿本书能成为创新与创造力开发与培训的重要教材，促进读者的创业和创新。

俞文钊
2019 年 5 月 20 日

目　录

第 1 章 创新与创造力概述

本章概要：

- 我国在创新与创新教育认识上的误区
- 创造性行为的种类
- 创造力的心理特性与影响因素
- 我国在创新与创造力中的认识误区及创新教育的提倡

1.1 创新与创造力的含义

早在古希腊时期，亚里士多德就将“创造”定义为“产生前所未有的事物”，这一定义不仅包括了精神领域，也包括了物质世界。“江山代有才人出，各领风骚数百年。”古往今来，无数能人志士通过辛勤劳动，推动科学和技术的进步，发现和创造了无数个新的事物，推动人类社会向前发展。从中文的词的根源上看，“创”在《辞源》的义项上主要有戕伤、始、造、惩等意思，反映出来的主要倾向是“破坏”和“开始”；“造”的义项主要有建设、始、制备等意思，反映出来的主要倾向是“构建”和“成为”。我们不难看出“创造”一词的原意应该是“破坏和建设相统一”。所以从语言学角度看，广义的创造是在破坏和突破旧事物的前提下，重新构建并产生新事物的一种活动。因此，《辞海》把创造界定为“首创前所未有的事物”。

创新是以新思维、新发明和新描述为特征的一种概念化过程。源于拉丁语，它原意有三层含义：第一，更新；第二，创造新的东西；第三，改变。创新是人类特有的认识能力和实践能力，是人类主观能动性的高级表现形式，是推动民族进步和社会发展的不竭动力。创造性（creativity）源于拉丁文 creare 一词，creare 意指创造、创建、生产和造就等。但是，在心理学中，关于创造性迄今为止并没有一个统一、精确的定义，不同的心理学家对“创造性”一词的理解和使用有很大的差异。有的强调创造的主观性，有的强调创造的目的性；有的侧重创造过程，有的侧重创造结果；有的从创造的认知风格方面出发，有的从创造的动机人格因素入手；有的采取兼顾的方法来界定创造性。

创造力的定义给人一种“只可意会，不能言传”的感觉。根据人的三个本质特征，应该从生物性、心理性和社会性三个方面着手来考察人的创造力。

创造力既是一种能力，又是一种产品。作为能力，它具有特定个体的特征；作为产品，它具有社会性的特征，需要与他人沟通、需要受到他人的评价、需要得到社会的认可。因此，根据我们的研究和认识，创造力应该是智力活动的一种表现，是人通过一定的智力活动，在现有知识和经验的基础上，通过重新组合和独特加工，在头脑中形成新产品的形象，并通过一定的行动使之成为新产品的能力。它受到个体所在环境的影响，并在很大程度上依赖于一个人的个性，在本质上由创造性态度、创造性行为和创造性产品以及其他影响因素组成，其核心是创造性行为，它包括创造性思维、创造性习惯和创造性活动。

经过对一些著名创造力研究专家对创造力的种种定义的回顾，新颖性（newness）或独创性（originality）和适当性（appropriateness）或有用性（usefulness）是得到各研究者公认的创造力的两个主要特征。

创造力这个概念还没有一个广为接受的标准定义，唯独从“问题导向”的观点来看，近半个世纪以来，有关创造力的研究取向不外乎下列四“P”：

1. Person——个人的特质：探讨创造力高的人具有什么样的特质
2. Product——产品：探讨什么样的产品创意高
3. Process——历程：创意产生于什么样的历程
4. Press——压力：探讨什么样的压力或环境因素有利于创作

创造心理学（psychology of creation）从心理学角度对人类创造活动的情绪和规律进行探索研究，是研究人在创造活动中的心理现象及其规律的科学，它是心理学与思维科学、脑科学、创造工程学、行为科学等多学科相互交叉而形成的学科。

创造心理学作为心理学的一个新分支，是研究创造性的活动过程中人的心理现象及其规律的科学。它是以文化学、社会学、创造学、教育学和生理学等学科的理论为研究基础的一门综合性学科。1950 年美国心理学家吉尔福特（J. P. Guilford）首次提出界定“创造心理学”，他认为创造心理学的研究对象是创造性人格、创造性思维。主要任务是揭示创造活动的心理过程，为激发创造潜能、培养创造型人才提供依据。主要研究内容有：各种类型创造活动的特点；创造心理的过程和类型；创造型人格（创造智能、兴趣、态度、性格和气质）；影响创造力发挥的因素；儿童创造力的挖掘和培养途径。

创造心理学是研究创造过程中创造者心理规律的一门科学，其宗旨是研究、揭示人类创造活动的心理机制，以及心理与生理的社会机制的关系，研究、指导、培养、开发人的创造能力，总结、归纳人类进行创造的一般心理特点、规律和方法。它涉及智力因素、非智力因素、社会心理因素对创造过程的影响。

创造心理学是一门年轻的学科，同时又有着古老悠久的历史。它真正成为一门独立的科学还是在近几十年。在 20 世纪初兴起科学学研究时，科学创造心理学也纳入了科学学的研究领域。当创造学出现后，创造心理的研究又与创造哲学、创造工程学、创造教育学等学科一起，构成创造学体系。它以日新月异的速度发展，创造心理的研究工作已发展成为一种综合性的科学探索。

1.2 创造心理学与创新学研究简史

1.2.1 创造心理学的研究简史

系统研究创造心理的先驱当推英国的高尔顿(F. Galton)。他在 1869 年出版了《遗传的天才》一书，这是国际上关于创造性心理学研究最早的科学文献，它标志着采用科学方法研究创造性的开始。

高尔顿是第一个明确提出普通能力和特殊能力主张的学者。他研究了 1768—1868 年 100 年间英国的 977 个(这些人在 4000 个人中才会产生一个)将军、首相、文学家、科学家的家谱，发现大多数名人出生于望族，据此做出论断认为天才是遗传的，还认为，遗传的不光是天才本身，还有天才的形式。比如，一个伟大的科学家往往出生于一个在科学上有杰出成就的家庭，而一名杰出的律师则可能出生于一个律师世家，这跟中国的古语“龙生龙，凤生凤，老鼠的儿子会打洞”说的是同一个道理。在调查的 30 家有艺术能力的家庭中，其子女有艺术能力的占 64%，一般家庭子女中只有 12% 有艺术能力。因此他断定，普通能力和特殊能力均是遗传的。此外，他还是第一个进行“自由联想”实验的研究者。而“自由联想”实验，实际上可视为最原始的发散思维测验。这种研究方式被后人广为采用，在现行创造性测验中，仍包含有与此相似的项目（如词语联想等）。他的工作为以后创造性研究奠定了基础。

自《遗传的天才》出版后，创造性引起了心理学界的兴趣，激发了一些有关创造性及其特征的争论和研究。许多学者在此之后陆续发表了不少有关创造性的理论文章，如贾斯特罗(Jastraw)于 1898 年发表了《发明的心理》，瑞伯特(Ribot)1906 年发表了《论创造性想象》等。然而，在这一阶段出版或发表的有关创造性的文献，大多是从理论上进行探讨，属于思辨研究，没有进行实证研究，理论建设也较少。

在 20 世纪初期，精神分析学派对于创造人格的研究处于领先地位，他们都将创造性划入“人格学”的范畴内，对创造性进行个性心理的分析和研究，从而形成了人格化的倾向。1908 年弗洛伊德（S. Freud）介绍了他们以升华说为理论基础对富有创造性的诗人、作家、艺术家等所做的研究，把充满想象的作品比作白日梦，指出童年的经历对于解释创造性作品是非常重要的。这一期间，还有阿德勒（A. Adler）的过度补偿说。这一学说所引起的有关研究并不多，其势力相当单薄。由于精神分析学派对于创造人格研究的作用，一般心理学家都将创造心理划入人格学的范围。当时有关创造的研究，无论是临床性的、传记性的或是其他对顿悟以及认知方面的研究论文，大多刊登在心理分析学的期刊上。

在这一时期除了以心理分析或个性心理分析的立场研究创造性外，也有学者从不同领域来探讨和研究创造性。如法国著名数学家彭加勒(H. Poincare)于 1913 年发表的《数学的创造》、德国西尔斯（Selz）对思维形成理论的研究、美国心理学家沃拉斯（J. Wallas）1926 年出版的《思维的艺术》，以及英国心理学家斯皮尔曼（C. E. Spearman）1930 年发表的《创造的心》等。其中值得指出的是沃拉斯提出的创造性思维过程的四阶段（准备、孕育、明朗、验证）论，至今仍为大家所采用。

克劳福特（R. P. Crawford）于1931年出版的《创造性思维的技术》具体设计了各种增强创造性思维的方法。杜威（J. Dewey）则出版了《我们如何思考》（1931年）和《艺术的经验》（1894年）。这三部著作虽不是对创造性的实验研究，却从哲学的高度为心理学对创造性的研究提供了实证主义的方向，对摆脱精神分析理论的影响起到了积极作用。

另外，德国心理学家韦特海默（M. Wertheimer）关于创造性思维的研究也很重要。1945年他出版了《创造性思维》，深入细致地论述了创造性思维的过程。他认为思维过程既不是形式逻辑的逐步操作，也非联想主义盲目的联结，而是格式塔的“结构说”。这种格式塔结构既非来自盲目的练习，也不能归因为过去经验的重复，而是通过顿悟获得的。他还指出，创造过程是一种摸索的过程，需要克服过去经验的障碍，重视对未知情境的观察，以寻找把各要素连接起来的可能关系及其相互依存的内在本质。他的这些思想观点都非常有价值，值得我们借鉴。当然也应看到，这种观点立足于知觉研究，并且对顿悟的机制未加以重视。当然，从历史的角度来看，用格式塔心理学的观点来解释创造性思维，可以说已经是将创造性的研究从以前偏重动机、人格的研究引向了认知方面的探索。

到20世纪50年代，创造性的研究开始了突飞猛进的发展，取得了许多突破性的成果，并成为心理学研究的一个热点领域。推动此时期创造性研究得以深入的动力主要来自以下几方面：

首先，1950年，时任美国心理学会主席的吉尔福特（J. P. Guilford），在美国心理学年会上发表了题为“创造性”的著名演讲。他根据对美国心理学摘要的统计，发现有关创造性问题的条目只有186条，指出了以往对创造性研究重视不足及由此产生的严重后果，号召心理学家加强对创造性的研究。他的演讲大大推动了创造性研究的发展，在他讲话后的10年中，每年有数百种与此有关的出版物问世，而且后来几乎以几何级数增加。因此他被认为是创造性研究新阶段的开创者。此时期，吉尔福特1967年的发散思维测验、托兰斯（E. P. Torrance）1974年的创造性思维测验等著名测验都已编制成功。另外，也编制了一些创造性问题解决能力和创造性人格测验。

人本主义心理学的兴起和发展使人们开始重视人的潜能开发和个体的充分发展，认识到创造性并非伟人所独有，而是每个人都具有，从而导致从广泛的领域和对象上去研究创造性。这启示我们可以在凡人和学生中研究创造的各种影响因素。在所有因素中，人本主义尤其重视人格、环境对创造过程和创造性发展的影响。

分析当时的研究成果，创造性研究工作大体涵盖了三个方面：一是针对创造性个体，研究创造性人才的人格特征；二是研究创造性思维过程；三是对创造性思维过程进行理论探讨，从精神分析学派到格式塔学派都企图找到其理论依据。创新学的飞速发展可以从量和质两个方面来说明。量的方面表现在相关的论文数量明显增加。质的方面，首先，拓展了研究范围，创造性研究的对象不再局限于伟人，已扩展到个体，同时更加注重实践性，对创造性及其发展的研究、创造性发展培养的应用性研究已日益受到重视；其次，对创造性本质的认识有了很大的发展，对创造性的概念趋向一致。吉尔福特（J. P. Guilford）根据因素分析提出了“智力三维结构”的理论，认为创造性思维的核心是发散思维，其特点是流畅性、灵活性、独创性和精确性，并对此做了详细的阐述；再次，心理测验作为研究创造性的工具开始系统地编制和使用。随着研究的开展和深入，对鉴别创造性的工具的需求愈来愈迫切，有关研究者纷纷开始研制测量工具，特别是创造性思维测验量表，这些量表的使用和完善提升了研究的普遍性和实用性。

以美国为例，1950 年的吉尔福特在美国心理学会中强调创造力的重要时曾统计在心理学文摘（Psychological Abstract）里面有关创造力的研究还不到 0.2%；施特恩贝格（R. J. Sternberg）和吕巴尔（T. I. Lubart）1995 年统计从 1975 到 1994 年间，有关创造力的文章，大约占心理学文摘的 0.5%；施特恩贝格和迪斯（N. K. Dess）2001 年则以文章的数目重新计算，他们发现在 PsycINFO 中 1950 年一共有 16 篇有关创造力的文章，在 1959 年总共有 56 篇，到了 1999 年则已经有了 328 篇，而且除了一些创造力相关的学报以外，至少有两个专业的学报：*Journal of Creative Behavior*（1967 开始发行），*Creativity Research Journal*（1988 开始发行），专门发表有关创造力的文章。在千禧年，美国国家科学基金会和其他私人的基金会都在赞助有关创造力的研究，这的确是个好现象，而美国心理学会的学会刊物 *American Psychologist*, 在跨入新世纪的一开始就以“创造力”作为当期的主题，似乎预示着 21 世纪将会是创造的世纪。

1.2.2 创新学研究简史

1）创新学的萌芽

近代以来人类文明进步所取得的丰硕成果，主要得益于科学发现、技术创新和工程技术的不断进步，得益于科学技术应用于生产实践中形成的先进生产力，得益于近代启蒙运动所带来的人们思想观念的巨大解放。可以这样说，人类社会从低级到高级、从简单到复杂、从原始到现代的进化历程，就是一个不断创新的过程。

创新不仅在每天改变着人类的历史，而且在每秒钟内为创新者凝聚着财富。在美国权威的《福布斯》杂志年度世界富豪排名榜上，微软公司的比尔•盖茨多次位居榜首。如果把微软当作国家，以 GDP 来衡量，它在全世界的排名居然达到了第 11 位！持有微软近 20% 股权的比尔•盖茨拥有的财富竟然超过了新加坡整个国家！而比尔•盖茨这些成就的取得，凭借的正是他的那颗塞满了创新思维的大脑。

比尔•盖茨有一句名言：微软离倒闭永远只有 18 个月。其实，在知识经济的时代，任何一家公司，甚至包括一个国家，如果离开了创新，从繁荣走向衰败，大概也只需要 18 个月，甚至更短。

马云 1999 年创办了阿里巴巴，现任联合国数字合作高级别小组共同主席。1995 年，他创办中国首家互联网商业信息发布网站“中国黄页”；随后创立淘宝网、支付宝，开拓了领先全球的 B2B 业务以及电商服务与网购的新形势，并带领阿里巴巴先后在香港、纽约上市。马云和阿里巴巴虽没有重大的科学发现，却在中国创造了新的商业奇迹，是中国当之无愧的创新企业家之首。

人类进入 20 世纪以后，以新能源、新材料、信息技术和生物遗传工程等方面的一系列发明创新为基本标志的新技术革命才开始专注于人类大脑和智力的开发，整个社会的思维方式随之发生了根本性的变化。在新技术革命浪潮的浇灌下，人们开始对创新的过程、创新的思维、创新的规律及其方法产生了兴趣，并开始关注起普通人的创新，创新学作为一门独立学科开始确立，而美国人奥斯本（A. F. Osborn）则在这一过程中扮演了重要角色。

20 世纪 30 年代，穷困潦倒的美国青年奥斯本怀揣一篇论文，来到美国的一家广告公司应聘。公司老板一看，文章中用词不当、词语不通的地方比比皆是，实在看不到熟练的写作技巧。但他还是决定试用奥斯本三个月，因为从论文中，他看到了许多创造性火花。

从此，奥斯本体会到了创新精神的重要意义。试用期内，他每天提出一项革新意见，其中不少在公司的发展过程中发挥了重大作用。同时，奥斯本的个人事业也得到了迅速发展，出版了一本又一本关于创新方法的专著，美国的一些高校也专门开设了这门课程。于是，创新学的萌芽率先在美国的土壤中迸发。

1938 年，奥斯本创造了一种激发集体智慧提出创新设想的思考方法——头脑风暴法。奥斯本发明头脑风暴法以后，便开始全身心投入创新学的研究和推广活动中，他在 1941 年出版了《思考的方法》一书，被誉为创新学的奠基之作。同时，奥斯本还在布法罗大学开设了“创造性思考”的业余学校，讲授创新的基本原理和技法。据测定，经过奥斯本的训练，学生们的创新能力平均提高了 94%。1953 年，奥斯本又出版了《创造性想象》一书，发行了 1.2 亿册，被译成了 20 多种文字，创新学也随之在世界各地得到了广泛的传播。日本、德国、苏联等国也结合本国实际，创立了适合本国国情的创新方法，取得了一大批成果，引起了人们的广泛重视。

头脑风暴法从“独奏”开始，到引起“共振”“共鸣”，为创新学的确立奠定了基础。鉴于奥斯本为创新学作出的突出贡献，人们尊称他为“创新学之父”。

2）创新学在美国、日本等国的发展

创新学一面世，就受到了美国企业界的重视和欢迎，其中较著名的是美国通用电气公司。

美国通用电气公司在董事长、大发明家爱迪生去世后，创新能力开始下降，竞争力也随之减弱。为改变这种被动局面，公司开办了“创新工程训练班”，对新录用的年轻工程师和普通员工进行创新方法的训练，结果职工的创新能力提高了三倍，公司面貌焕然一新！

创新学在企业界的成功，引起了学术界的广泛兴趣。一个以帕内斯（S. J. Parnes）为首的研究小组对一批大学生进行了长达 14 个月的创新教学研究，结果发现，实施创新教学的实验组学生与进行传统教学的对照组学生相比，在提出新设想的数量和质量上都明显多于后者。帕内斯的这一研究为美国的创新教育提供了科学依据，使美国的创新思维开发工作开始在理论的指导下进行。

同时，美国的教育界也始终对创新思维开发表现出极高的热情。1948 年，美国的麻省理工学院率先开设了《创新力开发课程》；1954 年，奥斯本又发起建立以推进创新教育为目的的“创新教育基金会”（CEF），该基金会每年召开一次世界性大会进行学术交流，使美国的创新教育进入了一个新阶段。接着哈佛大学、加利福尼亚大学等许多著名大学及军事院校也都相继开设了与创新学有关的课程。到目前为止，美国几乎所有的大学都开设了创新思维训练课程，不少大学还成立了创新教育研究机构，专门从事创新教育研究，大大促进了美国创新教育的发展。一些诺贝尔奖获奖者与当代著名的发明家也开始撰写专著，向人们传授创新

方法。美国的一些大公司甚至宣称，凡未接受过创新思维训练的大学生，必须修完这门课程后才能被聘为该公司的职员。

此外，美国教育界还十分重视开发中小学生的创新能力。“头脑奥林匹克竞赛”就是一项以开发中小学生创新能力为目标的群众性活动。

“头脑奥林匹克竞赛”是由美国葛拉斯堡罗州立学院的教育博士米克卢斯（C. S. Micklus）教授发起的一项用于提高中小学生的创新能力的竞赛活动。它不是出一张试卷让大家当场笔试，也不同于一般的智力竞赛，而是一种全新的创新力比赛。它倡导动脑与动手相结合，社会科学与自然科学相结合，科学与艺术相结合。

“让我们成为知识的探索者；
让我们在未知的道路上漫游；
让我们用创新能力把我们居住的世界变得更美好！”

这是每年在美国举行的“头脑奥林匹克竞赛”决赛前，所有参赛学生都必须宣读的誓言。

米克卢斯认为，未来是创新的世纪，世界的发展依靠创新，墨守成规是一个民族走向衰亡的开始。为此，他设计了大量创造性题目，要求参赛者不仅要有全新的解决问题的思路，而且还要有把思路变成现实的本领。竞赛题目分长期题和即兴题两种，每年 10 月公布长期题，让参赛学生充分准备，参加次年 3 月举行的初赛。对于这类长期题，参赛者有很多时间翻阅资料、思考，从而选择最佳方案。米克卢斯先生认为，科学家们的创新都不是在短期内完成的，长期题就是要让学生像科学家们那样，自己选择课题，自己去创新。为了反映学生的真实水平，“头脑奥林匹克竞赛”还设置了即兴题。即兴题在比赛时当场公布，参赛学生必须在规定的几分钟时间内完成。即使有学生在成人的帮助下在长期题上取得高分，在即兴题中也会失败。

“头脑奥林匹克竞赛”在美国被看作培养未来美国人的一项重要活动，上自美国总统，下至平民百姓，都十分赞赏这一竞赛，每年美国都有上万名中小学生参加，帮助美国培养了一大批创新人才。

除美国外，日本在创新学研究和全民创造力开发上也取得了很大的成功。

日本国土面积狭小，仅 37 万平方公里，人口却有 1.2 亿之多，矿产资源十分贫乏，是世界上最大的原材料进口国。第二次世界大战以后，日本近一半的工业设备遭到破坏，国民生产总值仅为英国的 1/29，法国的 1/38，还不到美国的 4%。

那么，日本是如何在短短的 40 年间迅速崛起，成为世界经济强国的呢?

其中缘由，可谓仁者见仁，智者见智。权威的美国《读者文摘》曾在一篇文章中指出：“土地狭窄、资源缺乏的日本之所以成为经济大国，其最大原因是创办了一大批创造发明学校。在这里，日本人的创新潜力得到了开发。”

确实，在日本，不仅高等学校十分重视培养、训练学生的创新思维，开设了大量与此相关的课程，许多大中型企业还自办讲习班，对员工进行创新能力的培训。

日本企业家经常说的一句话是：“我们不担心资源匮乏，只怕缺少智慧和创新力。”日本的许多企业都把职工的创新设想和发明看作是衡量该企业实力的一个重要因素，并把创新能力看成是用人的首要标准。

日本政府还在国民中普遍开展设想运动，并多次开展全国性的“每日一创”活动，收获颇大。他们还将每年的4月18日定为日本的“发明节”，在这一天要举行隆重的庆祝活动，表彰和纪念成绩卓著的发明家。此外，日本的东京电视台还开办了“发明设想”节目，掀起了轰轰烈烈的全民创新热潮。

全民创新活动在日本的推广使得日本国民的创新能力像火山一样喷发出来，收到了立竿见影的效果。比如日本丰田汽车公司仅1980年员工提出的建议就达86万条，人均19.5条，采纳率高达94%，公司为此支付的奖金约5亿日元，而当年制造部门的收益就超过了200亿日元；日本日产柴油汽车工业株式会社是生产柴油汽车的制造公司，该公司每年提出的创新设想就有几十万条，创造了几十亿日元的经济效益；松下电气公司也在员工中大力开展“每日一创”活动，取得了丰硕的成果，该公司董事长认为：松下电气公司的真正实力在于拥有每年能提出52万多项发明的生力军。被誉为世界发明大王的中松义郎在50多年的发明生涯中，共获得了2360多项专利，大大超过了爱迪生的1320项发明专利纪录……

1982年的一份调查材料表明，当时日本已有40%的企业对职工进行了创新思维的教育，日本国民每年进入各种创造发明学校学习的人数至少有50万。这些做法强有力地推动了群众性的创新活动，日本国民每年向专利厅申请专利的项目达到了60万件。从全球范围来看，全世界的发明者，每三人中就有一个是日本人！

为此，不少学者发表了这样的议论：对于一个国家的富强来说，具有群众性的创造发明的优势，比只拥有为数不多的稀世之才作用要大得多。有的学者甚至这样说；如果每个日本人每年都能申请一项专利的话，那么日本就不需要再担心自己的国土面积狭小和资源贫乏了！

3）我国的创新与创新教育研究

我国是一个历史悠久的文明古国，有着光辉的创造历史，取得过伟大的创新成果，我们祖先的“四大发明”，至今仍被我们引以为豪，激励着我们进取。我国有关创新学和创新教育的研究则可以追溯到春秋战国时期，在孔子、孟子等人的著作中，就有一些关于创新教育的论述。比如，孔子要求自己和学生“每日问”，认为“疑是思之始，学之端”。他说：“学而不思则罔，思而不学则殆。”“多闻阙疑，多闻阙殆”。《论语•季氏》里记录孔子的一段话：“生而知之者，上也；学而知之者，次也；困而学之，又其次也；困而不学，民斯为下矣。”孔子认为通过独立思考，经过实践，发明创造出前人所未有的方法、器具、理论是上等的。再如记载了子思和孟子思想的《学记》中指出教学重在“喻也”（诱导启发），主张“教学相长”。孟子还特别重视和倡导人的怀疑精神，提出了“尽信书，则不如无书”观点。此外，我国古代的玄学、禅宗在论道悟道方面也特别注重思维的引导和灵感的激发，从中我们可以看到许多创新教育的影子。

然而，这并不表明我们的祖先对创新学的研究领先于世界。相反，由于历代统治者出于政治需要，反对变革，即使在科学技术方面，也对创造发明者不屑一顾，因而我国虽然在古代科技发明中曾一度创造过辉煌，但到了近代的中国，则远远落后于世界了。

直到20世纪初，我国著名教育家、创新教育的先驱陶行知先生大力倡导教育改革，推行创新教育，这时，我国的创新学研究才有了起色。

早在 1918 年，陶行知先生便在《实验主义教育方法》等论文中提出了改革教育的创新教育思想。在 20 世纪 30 年代，陶行知先生又创立了他的创新教育理论，并对青少年和儿童进行了创新教育实验。1933 年，陶行知先生在“创造教育”的演讲中，明确提出了创新教育的目的、内容、方法和意义。随后，陶行知先生在 1943 年发表的《创新宣言》等论著中，又对“环境太平凡不能创新、生活太单调不能创新、年纪太小不能创新、我太无能不能创新”等阻碍创新的观点进行了批驳，提出了“处处是创新之地、天天是创新之时、人人是创新之人”的观点。陶行知先生的这些先进的创新教育思想，对于我们建立有中国特色的创新教育体系有着很好的借鉴作用。

20 世纪 50 年代，兴起于美国的创新学研究传播到了世界各地，西方各国相继开展了创新学研究和普及活动，并根据各国国情，创立了具有本国特色的创新学和创新教育体系，为本国经济、科技的发展培养了一大批创新人才。20 世纪 80 年代，随着我国国门的打开，西方的创新学传入我国，创新教育也随之受到关注，并出现过几次研究和宣传的热潮，上海交通大学、同济大学、复旦大学、东华大学等相继开办了创新学讲座，收到了一些成效。

进入 21 世纪，随着社会经济等领域的发展，中国各界对创新越来越重视。中国人民大学等相继成立了创新学院，2014 年 9 月，在夏季达沃斯论坛上李克强总理提出了“大众创业，万众创新”的号召，从国家层面上出台制度与扶持政策。创业与创新正逐步从民间自发走向国家战略，从高校走向整个社会，但总体而言，尚未形成完整的创新教育体系。

1.3 创造性心理与行为及创造者的种类

1.3.1 创造性行为的种类

将创造性行为概括为五种形式是有益的。

第一种，一些创造者往往致力于解决问题，当问题重大而且还没有被解决的时候，这是高度创造性的任务。一个现代的例子是沃森（J. D. Watson）和克里克（F. H. C. Crick）发现 DNA 双螺旋结构；另一个例子是近期对费马大定理（Fermat's Last Theorem）的证明。

第二种，一些创造者偏向于进行理论建构。如果创造者构造出一系列概念可以对现存的资料进行解释，并将这些资料组织起来，给他从事的领域带来新的阐述或指出新的方向，这种活动是非常有创造性的。比如爱因斯坦、弗洛伊德和达尔文的主要科学活动都伴随着理论建构的过程。

第三种，许多艺术家和发明家致力于创造某种用符号系统表达的永久作品。这个专业的行家可以检验、表演、展览和评价这些作品。典型情况是创造的时间与作品受人注意和得到评价的时间之间有一段距离。著名的例子包括艾略特（T. S. Eliot）的《荒原》、毕加索的《格尔尼卡》和贝多芬的《英雄交响曲》。

第四种，创造性活动是仪式化作品的表演（performance of a ritualized work）。一些作品只有通过表演才能被人把握，在这里创造力主要存在于表演所展示的特殊风格。最典型的例子是玛莎•葛兰姆的一个舞蹈表演。虽然从原则上说这个舞蹈也可以由别人来表演，但事实上玛莎•葛兰姆能以独特而精彩的方式进行表演，这种表演才能蕴含着一种天赋的创造力。在表演艺术中，当符号不存在或者符号不能占据比表演更重要的地位时，表演就是作品。

第五种，创造性活动涉及各种高风险行动（high-stake performance）。典型情况是，个体为了带来某些社会或政治上的变革而公开采取一系列行动。典型例子是甘地和他的追随者们所进行的抗议、绝食和非暴力对抗活动。与那种可以事先设计动作的仪式化的艺术表演不同，这种行动断然是“高风险”的，不可能在行动之前设计好细节，因为它在很大程度上取决于观众或战斗者的反应。其他的例子包括军事交战、体育竞赛和总统辩论等。

上述每一种创造力类型都与具体专业和学科有很强的（虽然不是唯一的）联系。可以发现科学家更经常解决问题和建构理论；而作家、画家、作曲家和发明家则经常致力于创造永恒的作品；舞蹈家和演员投身于富有风格的表演；而政治领袖从事着高风险的活动。

1.3.2 创造者的种类

正如可以有效地区分创造性行为一样，根据创造者在工作中的表现也可以将他们划分成几种不同的类型。这种划分有两个突出的维度：创造者在多大程度上接受现有的专业（与挑战专业的边界相比）以及创造者在多大程度上关心客体世界和代表客体及客体间关系的符号（与关注人的世界相比）。这两个轴可以划分四个领域，代表四种不同类型的创造者。

精通者（master），接受对于现有专业的描述，并试图将这种传统发扬到极致。典型的例子是莫扎特，莫扎特非常彻底地发挥了古典音乐时代的形式，唤起了（或者说可能是驱使了）一种浪漫主义的反应，这种浪漫主义在贝多芬、舒曼、肖邦和下一代的其他音乐创造者的作品中都有所体现。其他精通者包括像莎士比亚、亨利•詹姆斯和伦勃朗等艺术家、文学家。

制造者（maker），无论对当前专业掌握得如何，他的驱动力来自一种冲动，挑战现有的专业做法，并最终创造新专业或专业分支。像爱因斯坦、达尔文和弗洛伊德等科学家都被认为是最典型的制造者。在艺术领域，像斯特拉文斯基或斯克伯格、艾略特（T. S. ELiot）或詹姆斯•乔伊斯等人物都是传统的叛逆者，对于他们所从事的专业的通行做法提出挑战。

内省者（introspector），是指他的创造力表现在致力于探索自己的心灵。在 20 世纪的文艺家中，普鲁斯特（M. Proust）和伍尔夫（A. V. Woolf）都是具有代表性的内省者。另一个来自社会科学领域、以其对于内省的创造而著称的人物是弗洛伊德。

影响者（influencer），也探索个人世界，但其创造力表现在对其他个体的影响上。政治领袖是典型的例子。近现代有创造力的影响者有甘地、埃里诺•罗斯福和尼尔森•曼德拉。

当然，这四种类型都是想象的创造者类型。许多创造者体现了不止一种方式的创造力。这四个维度也可以彼此相互嵌套：弗洛伊德也可以是一个制造者，他的创新发生在个人领域；而莫扎特也可以是一个精通者，他的创新集中于操纵音乐符号系统。

1.4 创造力的心理特性与影响因素

1.4.1 创造力的心理特性

关于什么是创造性，很多专家、名人有自己的看法。韦伯斯特新大学字典这样定义创造力，即“创造的能力”。创造“带来存在，通过一系列行动带来或产生，通过想象技能产生，带来或使某事变新”。

迪士尼公司的麦克·万斯（Mike Vance）是这样定义创造性的：“创造性就是产生新事物和重新安排旧事物。”

创造学者 E. D. 沃诺认为创造性是一种能力，它将旧的观点、旧的思想从桎梏中释放出来而发展成新的观点和思想。

尽管创意专家们对创新及创新能力各有自己的见解，但有一点是达成共识的，那就是创造性技能是可以发展的，技巧可以传授，个人的创造性可以通过实践提高。专家们一致认为，创造性是一种可以学习和磨砺的技能。但也有人持不同看法，认为“创造力是不可教的”，因为我们天生已具备创意，培训的任务只是帮助个体发现何谓创意，发掘其创造潜能，帮助个体排除那些妨碍创意的东西。

综上所述，一般认为创造性是指个体产生新奇独特的、有社会价值的产品的能力或特性，故也称为创造力。创造性活动的特点是创新，不是重复，不是旧的成分的简单组合。创造不是墨守成规，而是推陈出新。鲁迅说得好：“什么是路？就是从没路的地方践踏出来的，从只有荆棘的地方开辟出来的。”

1）创造的特性是新奇独特

创造新奇独特意味着能别出心裁地做出前人未曾做过的事，但这并非空中楼阁。创造虽然是指前所未有的思想和事物，它的根本特性是新，但“新”必须建立在“旧”的基础上，并非无中生有。

一个新想法是旧的成分的新组合，它是开启新想法大门的钥匙。没有新的成分，只有新的组合。遍布世界的上千本不同的食谱，每一本书中的每一种烹饪法都是已有配料的不同组合；成千上万种新的物质也只是 118 种化学元素的不同组合。

每一个方面的突破，如无线电、电视、内燃机等都是老的东西的组合。一个单柄浴室龙头至少组合了三个“老的”成分：热水、冷水，还有一个混合阀。尼龙和其他“新的”合成纤维均是旧分子的新组合，支付宝的实质是一种中介担保，以保证网上交易的安全性。

2）创造与想象密不可分

丰富的想象是创造的基础。所谓想象，是指人们在生活实践中不仅能感知当时作用于自己感觉器官的事物，不仅能回忆起当时不在眼前而过去却经历过的事物，而且还能够在自己已有的知识经验基础上，在头脑中架构自己从未经历过的事物的新形象。这种在头脑中创造新事物的形象，或者根据口头语言和书面文字的描述形成相应事物形象的认识活动，就叫想象。

唐代著名诗人王维的五言绝句《鹿柴》：“空山不见人，但闻人语响。返景入深林，复照青苔上。”诗人把空山、深林、日光、青苔这些形象通过创造性的形象思维进行加工，给人描绘了空山静谷的美丽画面。

美国微软公司总裁比尔·盖茨名列全球富豪排行榜榜首，他拥有的财富总值近千亿美元，成功原因众说纷纭，最主要的一点归功于他善于运用其想象力即所谓的发散性思维。比尔·盖茨生于1954年，从小爱动脑筋，也不安分。他进入哈佛大学攻读，却中途退学，躲在家里研究他的电脑。他的思维十分活跃，发散性很强。比如他的妻子分娩，生了个可爱的女儿，他看到一堆堆的尿布却感到麻烦。小孩子的尿布不可避免，但可否使尿布不会发臭呢？他一下子想到可以发明一种能除臭味的尿布桶。

比尔·盖茨的发散性思维一直在引导着微软公司前进，比尔·盖茨20世纪曾构思一种电脑：未来的人们不再需要携带诸如现金、身份证、手表之类的东西，只要随身携带一个如钱包大小的电脑，一切就迎刃而解。现在已不需要携带电脑，一个智能手机就解决了所有的衣食住行。

想象的力量是巨大的，它常常要求以想象来遏制客观的现实，因为当人们立足于现实的时候，一般是很难想象将来会是什么样子的。

功能强大到能把人送上月球的计算机，在其庞大的体积需占用几个房间而不是几个平方厘米的时代，人们很难想象有一天它可以被放置在桌面上供个人使用，但正是由于史蒂夫·乔布斯的想象，才创造了一个崭新的工业情景。

在寄出邮件需要数天后，而且确切的天数永远也说不准才能被收到的年代里，人们很难想象有一天邮件只需经过一个夜晚就能并保证送到接收人的手中。正是由于弗雷德·史密斯的想象，创造了一个崭新的行业。

在大家只习惯于阅读本地日报或《华尔街日报》的年代里，人们很难想象举国上下会阅读同一种全国性的报刊，但由于阿尔·纽哈斯的想象，改变了报刊行业的状况。

在每天晚上只能通过新闻网络获取半个小时新闻的年代里，人们很难想象美国甚至整个世界有一天会采用新闻专用电缆讯道获取信息，但由于特德·特纳的想象，改变了新闻广播事业的面貌。

在化妆品被装在诱人的容器中，并以百万金钱大肆做广告的年代里，人们很难想象，有一天他们会购买装在无害于环境的可多次灌装的瓶子里，甚至不必进行广告宣传的化妆品。但由于阿妮塔·罗迪克的努力，护肤品公司得以创建，其所属的500家商店遍布在世界各地。

想象不是空想、胡思乱想，而是化成现实的一种动力。从上述事例我们可以看出，重要的是史蒂夫·乔布斯等人不仅能够构想，而且能够采用一定的方式令人们接受，并且花费巨大的精力使之成为现实。

站得高才能望得远，大胆想象，才能创造无限生机。阿尔伯特·爱因斯坦说得好：“想象力比知识更重要，因为知识是有限的，而想象力概括着世界的一切，推动着进步，并且是知识进化的源泉。”

3）创造力与智力的关系

美国心理学家吉尔福特（J. P. Guilford）研究人的智力结构，提出了智力三维结构模型，他认为智力结构应从操作、产物和内容三个维度考虑，操作有 5 种，产物有 6 种，内容有 4 种，它们相互合起来共有 120 种智力因子。

智力的第一个维度是操作，它包括认知、记忆、分散思维、集中思维和评价。认知是发现或再发现；记忆是保持已经认识的信息；在分散思维中，人们沿着各种不同的方向去思考，即去探索新的远景或去追求多样性；在集中思维中，全部信息导致一个正确的或最好的或最合乎惯例的答案；评价即做出决定。当今的智力投资中，人们往往重视认知、记忆力等能力，分散思维即创造力作为一个非常重要的因子却常常被人们所忽视，家长对孩子的早期教育往往厚此薄彼，家长们对孩子灌输的往往是知识、理论，而不是创造等其他的能力，智力与创造力往往不能同步发展。

创造力并不等于智力，组成智力的基本因素是：观察力、记忆力和理解力。观察力和记忆力的作用是获取、储存知识和信息；理解力是对知识、信息的理解程度；智力一般是在知识的精确领域中驰骋。而创造固然需要观察力、记忆力和理解力，但更需要的是想象力、思考力和意志力；创造力一般在知识的模糊领域中翱翔。我们常常可以看到一些知识渊博、智商很高的人，一生可能平平庸庸，没有什么创造发明的实绩。美国创造学基金会主席 J • 帕内斯教授说："创造力包含了知识、想象和评价的能力"。因此，创造力可以包含智力，但智力不能等于创造力。

一般采用统计分析方法求创造力与智力的相关程度，由此推知二者关系。吉尔福特的研究结果是：两者是正相关的总趋势。在正常情况下智商高创造力也高；智商超过 130 以后，这种相关关系减弱，创造力的高低也不一，有的很高，有的很低；创造力高的人必定具中等以上的智力水平。

4）创造力与知识的关系

创造与知识密切相关，不存在超越知识的创造力。如医生在实施外科手术时，必须根据不同病人的不同情况来制定手术方案进行手术，这其中就需要创造性，但这样的创造性必须建立在掌握了丰富的医学知识的基础上才能进行，如果随便让一个没有受过医学训练的人来创造，其结果是不堪设想的。一个成功的外科手术，90% 取决于平时的基本训练，10% 取决于当时的灵感。

但是创造力不等于知识，也就是说学富五车的人并不一定硕果累累，有的甚至可以是一事无成，毫无建树。在科学研究机构中，常常可以看到有些科学工作者的学历、背景、知识水平等相差无几，但取得的成果却天壤之别，究其原因就是创造性能力的大小。

我们主张每个人，特别是管理者既要有丰富的科学知识与经验，更要有丰富的创造力。知识丰富是创造的重要条件，但知识本身代替不了创造。

知识和经验是人们进步的两条不同的途径，不可偏颇。知识使人有深度，经验使人有魅力，能帮助人灵活地处理问题，它们相互作用，相互促进，为创造性思维提供需要的资料，知识和经验围绕问题的解决，使人产生灵感和智慧。人要有尽可能多的、尽可能广博的知识，也要有尽可能真、尽可能专的经验。

创造性思维在利用有关资料时，并不是简单地组合、推理，而是有机地结合。它要求以问题为中心，以现实为突破口，以知识经验为依据，以思维的技巧为手段，最后达成问题的解决。因而，要成功，不仅要广泛地吸收知识、扩大知识面，而且要掌握创造技能，才能双管齐下。

5）思维与激发创新

如你向别人提问：“哪两个互相连接的月份都是 31 天呢？”

大多数人会脱口而出“7 月和 8 月”，答案只对了一半，很少人会提出另外两个月份——12 月和 1 月也是。

每个人都习惯于把 1 月当作一年的开始，并把 12 月当作一年的终了。

为什么我们的答案不正确或不全面，这与我们的思维活动休戚相关。由于思维习惯是很固化的，思维产生的强大定势往往导致习惯性的思考，使人们局限于现有的框框，但是经过练习，可以打破这种习惯。

人脑对客观事物概括的间接的反映过程就是思维。思维的概括性指对同类事物的本质属性和事物之间规律性联系的反映。例如，我们通过感知，能够认识各种形状、各种颜色的笔，但思维不是对某一支笔或笔的某一种属性的反映，而是把所有笔的本质属性——书写工具一一概括出来， 舍去了笔的形状、大小、颜色等各种非本质属性。

思维的间接性指通过其他事物的媒介来反映客观事物。事物的本质属性和规律并不是表露在外，而是蕴藏在事物内部，只有间接地去获取。例如，早晨起床后，推窗一看，屋顶是湿的，便推知昨天夜里下过雨，虽然没有直接感知雨，却能通过屋顶湿这一媒介物，间接地推断出曾经下过雨。

根据人们在思维过程中的创新程度，可以把思维分为两种类型：习惯性思维和创造性思维。习惯性思维是指运用以前获得的知识和经验，不需更改地去解决类似情景中的问题的思维过程，在上述练习的例子中，大多数人的答案不正确或不全面，就是因为习惯性思维在作祟。创造性思维是指以新异的、发明性的方法来正确解决问题的思维过程。创造性思维不仅揭示客观事物的本质特征和内部联系，而且在此基础上追求创新、发明，打破条条框框，不拘一格，产生新颖的、前所未有的思维成果，给人们带来新的、具有社会价值的产物。

习惯性思维常常引起思维定势。思维定势就是人们相信自己以往解决问题的方法，不假思索地用这种方法来解决新的问题，是人们享受过去、享受人类经验的方法。思维习惯的正面影响是能熟能生巧、快速巧妙地解决问题，但也能带来负面影响，导致思维路径、方式、方法的单调、保守、惰性和僵化。思维定势让我们相信只有一种解决问题的办法，使思维之路越走越窄。因而在解决问题中，创造性思维就显得尤为重要，只有打破思维的框框，才能创新。

6）你的创意来自你的父母吗

创造力是不是天生的，是不是你的父母造就了你的创造力？由于天才史观的长期影响，人们总以为科学家、发明家的天赋好，他们的成就是由他们的天赋决定的。

其实并非如此，人与人之间在天资上虽然存在一定的差别，但对创造发明而言并非起决定性的作用。“勤能补拙”，任何一项成果的取得，任何一种幸福的获得，大多都始于勤，也成于勤。君不见古今中外许多伟大的思想家、杰出的科学家、史学家和大文豪们，无一不是在走过艰辛漫长的勤奋之路后，才攀上了科学文化的高峰。司马迁写《史记》用了 13 年，李时珍写《本草纲目》用了 27 年，哥白尼（N. Kopernik）写《论天体运动》用了 30 年，摩尔根（L. H. Morgan）写《古代社会》历时 40 年，歌德写《浮士德》长达 58 年……这些伟人之所以能够给后人留下如此珍贵的精神财富，与他们日复一日、年复一年，几十年的勤奋耕耘是分不开的。

一个人要想在所从事的事业上取得成就，不但要有才干、有能力，还需要脚踏实地、勤奋地去做。

“思考是最艰苦的工作,所以很少有人去思考！”亨利•福特说得好,很多人往往是由于“懒惰”和“怕苦”而妨碍了思考，而并非他天生就不会思考。创造要求大量的思考，但由于人们怕此艰苦的劳动，而将其归咎为天赋，以此来安慰自己：因为自己缺乏天赋，所以与创造无缘。

天才是以紧张的、长期的创造性劳动为前提的。请看看科学家们对天才的认识。门捷列夫说：“天才就是这样，终身努力，便成天才。”爱迪生说：“天才，那就是一分灵感，加上九十九分汗水。”华罗庚说：“天才是劳动的积累。”爱因斯坦是 20 世纪天才的科学家，但是这位天才科学家从来未以“天才”自居，并对别人的奉承感到厌恶。他的相对论诞生以后，朋友们以诚挚的感情，称颂他是天才，他却说：“有人称我为天才，或者诸如此类的东西，可是我阿尔伯特•爱因斯坦向你们发誓，我并不这样认为。”

1.4.2 创造力的影响因素

影响创造力的因素包括个人、组织与家庭因素，现分述如下。

1）个人因素影响

个人因素影响主要表现为个人人格特质影响创造力的发展。

阿玛拜尔（T. Amabile）访谈了 120 位来自不同公司的科学家，发现有九项人格特质有助于问题解决者的创造力发展。这些人格特质包括拥有：多项正面的人格特质、高度的自我动机、特殊的认知技能、冒险导向、丰富的专业经验、高水准的所属团体成员、广泛的经验、良好的社交技巧、聪颖以及不为偏见及旧方法所束缚的处事态度。

阿玛拜尔同时也发现下列 5 项个人因素会阻碍问题解决者的创造力发展：缺乏动机、不具弹性、缺乏专业的能力或经验、具有强烈的外在动机以及缺乏社交技巧。

综合近年来学者们对创造思考人格特质的研究结果，认为高创造力者具有下列的人格特质：广泛的兴趣、易被事物的复杂性所吸引、敏锐的直觉、高度的审美观、对暧昧情境的忍耐度高及强烈的自信心；这些人格特质与创造力测验的表现有稳定的正相关。

2）组织因素的影响

组织、环境因素对创意产品的影响力方面的研究指出，20 世纪初的组织所强调的规模经济（economics of scale）已经在近年来转变为研发多样产品以满足市场的特定族群需求，以求得组织的生存。因此想要在瞬息万变的全球经济上取得一席之地，创意与创新（innovation）对于组织的成功与适应是必备的要素。

美国公司过去由科学家独自在实验室研究的情形已经被研究团队所取代，其目的在于减少产生新点子与产品的时间，以便快速迎合市场的需求，才能使公司立于不败之地。因此，我们可以大胆推断个人单打独斗的时代已经过去，想要成功，就必须仰赖团队的合作无间，而创意与创新人才是公司的中坚分子，学习如何管理与领导这些研究人员，已成为经理人的当务之急。此外，管理的挑战不在于掌控高度创意员工，而在于如何创造环境允许他们有创意的自由来把工作做好，并能维持组织的基本规范。研究结果认为在研究团队里，领导者的行为影响团队的表现因素如下：（1）representative: 言行具有团体的代表性。（2）superior relations: 和高层关系和谐且具影响力。（3）good standing: 让团体保有崇高的地位。（4） exhibits trust: 充分授权。（5） autonomy: 提供自主性。

领导者的这些行为有助于团体成员得到组织的支持与资源，并免去组织的限制，而更能专心一致在工作上，发挥创意。综合近年来学者们对创意员工的调查研究，认为经理人所需的管理技巧如下：认同创意员工需要自主、创意员工需要创新，在复杂且需要解决的情况下进行适当的回馈是必须的。实证研究发现问题的复杂度（problem complexity）、时间架构的增加（time frame increase）和创意问题解决技巧（creative problem solving skill）可当作预测经理人角色的表现好坏的指标。

另外，组织成员的人格特质与工作的配合亦十分重要。

研究指出适应者与创新者如能被配置到适合角色偏好的工作，则团队的成功率会显著增加。因此，经理人在组织团队时应考虑团队成员与工作的适配性，并居间协调，以达成组织目标。

在一项实证研究中访谈了 25 位在不同组织工作的个人，运用内容分析法归纳出工作环境中 10 项促进创造力和 11 项阻碍创造力的环境因素。这 10 项促进创造力发展的环境因素为：挑战、同事的支持、自由与自主、组织结构（少量层级和具弹性的架构）、组织支持、生理环境（空间与摆设适宜）、薪水与福利、上司的支持、丰富的技术与材料资源以及训练；而 11 项阻碍创造力的环境因素为：上司特质（不鼓励创新、疏远下属）、缺乏技术与材料资源、缺乏训练、组织文化（不接受创新）、组织结构（僵化的官僚制度）、人际关系（缺乏对话与团队活动等）、生理环境（噪声、闷热）、行政影响（更动频繁、目标混乱）、薪水与福利不足、重复性工作以及工作量过多和时间压力紧迫。

另一项研究指出，就组织气氛而言，创意与创新可借由领导者的行为、自我效能的支持和鼓励独立来培养。就组织文化而言，一个有展望的工作环境，可以承认冒险与改变的价值与需求，以及持续的学习和团队合作等，可以激发创意与创新。

以上可以发现组织结构和政策会影响创新。创新的组织拥有开放与支持性的结构，并有清晰的远景，也能使成员获得充分资讯，并可以适当地冒险。此外，有的研究主张全面品质管理（Total Quality Management）中的改变策略可以提升创意。创意与创新不只可以因组织运作方式而不同，也会因为组织发展阶段不同而有所不同，另外也会随着资本投入与市场股份有所更动而变化。

另有研究发现：当员工处于兼具复杂性及挑战性的工作情绪中，而且主管人员抱积极支持的态度时，员工最能产生丰富的创意。这九项促进创造力发展的环境因素为：自由、良好的专案负责人、充足的资源、鼓励、正面的组织特征、认同与回馈、充裕的时间、具挑战性以及适当的压力。而九项阻碍创造力发展的环境因素为：负面的组织特征、限制多、缺乏组织热忱、不良的项目负责人、不适当的评价、不足的资源、缺乏时间压力、过分强调现状以及组织内的竞争。

3）家庭因素的影响

除此，研究发现：家庭因素也是影响创造力发展的一大因素。最近有关信息科技产业人员的研究发现，科技人员与非科技人员以及不同性别的信息产业人员，在创造性人格特质、环境特征知觉以及创造力的表现上均有显著的差异。因此，造成信息科技产业人员创造力发展之个别差异的原因，除了个人及组织环境的因素之外，来自家庭的影响因素也不容忽视。

一些研究指出，父母的教养方式、亲子关系及家庭环境均可能影响一个人的创造力发展。就父母的教养方式而言，以民主及尊重的方式代替权威的控制，给予子女适度的自由及避免过多的评价，有助于创造力的发展。

研究也发现下列教养方式与学龄前儿童的创造力有正相关：要求展现自我及开放经验、要求手脑并用、鼓励发表与要求尝新、运用新知精益求精、科学创新的问题解决、以及视觉生活的设计。

在亲子关系方面，多给予奖励及爱，较少的情绪投入与干涉等亲子关系有助于子女创造力的发展。就家庭环境而言，给予子女一个安全与自由的心理环境，以及一个充裕的物质环境对子女创造力的发展有正面的影响。

总之，良好的家庭及学校环境有助于创造力的发展。

1.5 我国在创新与创新教育上的误区

1.5.1 我国在创新与创造力认知上的误区

1）过分强调智商（IQ）而忽略创造力

当吉尔福特于 1950 年在美国心理学会演讲时，他其实就是公开指出美国教育过分重视智力发展而忽略创造力培养。我国若一味地重视应试教育，忽视素质教育，其实质即为重学业成绩，重视学生智力与智商，忽视学生的创造力培养。

2）强调考试结果，忽略学习过程

一个小孩考完试回家后，父母亲问他："你考几分？"小孩说："97 分。"妈妈很严肃地质问："还有 3 分到哪里去了？"这就是中国家庭的现实写照。

在以色列，孩子放学回家后，父母问的是："你今天在学校提出了什么问题？"这个例子正好说明了中国父母重视考试结果，而以色列的父母则是重视学习过程。从成就目标的角度来看，中国比较重视表现的成绩导向。

3）重视外在动机而忽略内在动机

学业成功和父母的赞许属于外在动机，注入心灵就是指内在动机。如果你没有注入心灵，学业成功不代表任何意义，而最后书本所教的永远比不上生活中所教给你的多。

4）强调知识来自权威的传授，而忽略意义的主动建构

我国有"满堂灌"现象，重视教师中心的教学，而忽略学习者中心的学习，我们很少问学生他们所学的对自己有什么意义。大学生表示对大学课程、教材不满意，认为许多材料脱离现实。

5）支持乖男巧女、标准答案，排斥好奇求变、独立思考

学生的道德推理还停留在传统的循规蹈矩阶段，也就是乖男巧女，服从法律和社会秩序的道德推理，这是人类发展的必经阶段。但大部分的学生应该已经超越传统而进入独立判断阶段。

如团队的成员能够独立思考，认识自己的优点，他们就比较容易表现"创造力"。但如果他们只在追求标准答案，也就是所谓对号入座的顺应常模，那么这种团体就比较难以表现创造。

6）重视纸笔测验、记忆背诵，忽略真实评量、多元表现

重视纸笔测验而忽略真实评量，就很难让学生有机会发挥多元表现。纸笔测验的缺陷在于强调记忆与背诵的题目，而忽略了包括创造力在内的高层次思考。在这样的考试制度当中生存和长大的学生，在众多的学习策略中，仍然最多采用演练复习的方式。

7）强调竞争表现、单打独斗，忽略团队合作、知识分享

团队学习与团队创造力的重要性已是面临知识经济时代所必要的合作方式。二人互动的合作学习有助学业成就，可是，这些学生并不喜欢合作的过程中所需要的互依和分享经验。

8）重视言教要求，忽略潜移默化

学习者中心的教学方法就是让学生有机会主动建构意义，可是以教师为中心的教学方法通常是重视言教要求，而忽略了潜移默化。华人社会中的父母和教师比较重视言教要求，但实际上当父母亲以言教的方式希望子女表现创意，孩子的创造力是没有提升的，反而是透过父母创意生活的实际行为来让儿女在仿效和潜移默化中培养出来。

9）重视学科本位，忽略课程整合

我国大学教育中忽略文理结合，只重视学科本位，而忽略文理科目的整合。当代社会需要的是文理结合的综合性人才，而不是知识面相对较窄的单一性人才。

1.5.2 我国应试教育忽略创新与创造力的开发与培育

1）变相的“科举考试”

1977 年，高校招生工作在取消十年之后重新恢复。高考本身只是一种为社会主义建设选拔合格人才的手段，被录取者获得的也仅仅是高等院校对其接受进一步教育资格的认可。然而，由于办学思想的弊端和封建传统的影响，高考成了莘莘学子苦读十几载的唯一出路，就像被封建统治者沿袭了一千多年的“科举考试”。

于是，学校的一切都围着高考这根“指挥棒”来运转，考试成了中国学生学习和生活中最晦暗、最无奈的一幕。甚至还有一些教师片面地认为：学生不是“学”出来的，而是“考”出来的。于是乎周末考、月末考、期中考、期末考，常考不懈；难题、怪题、歪题竞相出马。大题之中套小题，小题之中分甲乙，各种复习资料、书籍不断下发，直把学生考得“出门不辨东西、走路不分高低”，仍不肯作罢。

教育部尽管对一年一度的高考制度进行了多次改革，甚至一度取消高考，但至今还未能找到一种比它更好的选拔人才的方法。高考制度的片面导向作用使得考试题越来越向“偏、深、刁、怪”的方向发展，“小习题难倒大教授，考孩子考倒父母亲”的情况已不再新鲜。

2）忽视了非智力因素

1988 年，在世界各国诺贝尔奖得主的巴黎会议上，曾有人问一位诺贝尔奖得主：“您在哪所大学学到了您认为最重要的东西？”

这位白发苍苍的学者的回答大大出乎人们意料：“在幼儿园。”

“在幼儿园能学到什么东西？”

“把自己的东西分一半给小伙伴，不是自己的东西不要，东西要放整齐，做错事要表示歉意，要观察周围的大自然……”

这位诺贝尔奖得主提到的都是些非智力因素。

有人曾对世界著名科学家的成长进行了研究，结果发现知识固然重要，但更重要的是他们从小养成并受益终身的非智力因素，即强烈的责任心、顽强的意志、实事求是的学风等。

可长期以来，我国的教育却仅仅局限于科学知识的灌输，忽视了这些非智力因素，甚至还带上了“专制性”的色彩。学生在经历了从“赶鸭子”到“填鸭子”到“烤（考）鸭子”的过程后，都变成了一只只呆头呆脑的“板鸭”，无主动性、积极性、创造性可言。

几年前，在南京举行的一次国际教育研讨会上，美国西北理工大学校长谢佐齐博士在接受记者采访时认为，中国目前的教学方法培养出来的学生逻辑思考能力很强，但解决具体问题的能力较弱，特别明显的是缺少创造性。

随着改革开放的力度加深，越来越多的中国学生跨出国门，发现中国留学生无论是在普通大学还是一流大学，学习成绩都非常出色。但他们胆子小，老师没讲的不敢想，老师没教的不敢做。中国的小学、中学、大学和研究院的教育，是在将学生赶到一条越走越窄的道路上，把学生变成死读书的人。结果是学生习惯于接受而不会思考，没有创见，因而不容易培养出创造性人才。

3）学生不堪重负

联合国教科文组织曾提出："教育能够是，而且必须是一种解放。"但在"应试教育"的重压下，我们的大部分教师显然还不能适应这种作为解放的教育。因为经验告诉他们：在应试教育中，考试是唯一的手段，升学是唯一的目的。学生升不了学，考不好试，不仅自己的工资、奖金、职称评定等受影响，而且还会无颜面对望子成龙、望女成凤的家长们。这样的话，谈何解放？于是，为了应付那些题目越出越偏、越出越难的考试，老师们不得不借助多年的经验和对出题人心理的揣测，将书本知识捏合成一块块"精制面团"，通过包括节假日在内的一轮又一轮的强化训练，把几乎所有可能在考试中出现的题型灌输给学生。这种纯粹以提高学生"考试能力"为目的的题海战术和大量的训练，不仅浪费了大量教育资源，而且大大加重了学生们的负担。

据一项调查显示，13 岁的中国学生每年上课的天数为 251 天，俄罗斯为 210 天，英国为 192 天，美国为 180 天，法国为 174 天，就连竞争十分激烈的日本，也不过为 240 天。

日本小学生每天在家的学习时间为 30 分钟，而中国小学生竟高达 90 分钟，是他们的三倍；美国一年级儿童娱乐和运动的时间为每周 18.4 小时，而中国只有 9.2 小时，仅为美国学生的一半！

在这种重压下，靠吃"精白面"长大的学生们往往"体弱多病"，普遍表现出心理脆弱、厌学、精神紧张、失眠、不敢面对困难和挫折，在新问题前手足无措和缺乏创新能力等弱点，有些学生甚至因为不堪重负而结束了短暂的生命。1997 年第 9 期的《中国青年》发表了一篇题为"生命的价值在哪里"的报道，这是一个 14 岁的少年自杀的报告，从中我们可以看出在"应试教育"体制下，我国广大中小学生所能承受的压力。进入本世纪，因不堪学习压力而选择轻生的人数也在不断增加，并呈现年幼趋势。

由于我国目前的"应试教育"追求一个正确答案，学生们从进入小学开始，做练习也好，考试也罢，老师一般都只要求他们用一种方法来解决问题。如果谁想出了多种办法，而它们又并非"完美无缺"，那么老师非但不给加分，反而还要扣分。这样，久而久之，学生们的思维便趋于收敛，在处理问题时形成了根深蒂固的"非此即彼"的思维习惯，因而缺乏创新与创造力。

1.5.3 我国应提倡创新思维的教育

1）创新教育的核心

从人的发展角度来看，教育的作用由低到高应该有三个层次：第一，使受教育者知道世界是什么样的，成为一个有知识的人，一个客观的人；第二，使受教育者知道世界为什么是这样的，成为一个会思考的人，一个有分析能力的人；第三，使受教育者知道怎样才能使世界更美好，成为一个勇于探索和创新的人。可见，培养具有创新精神和创新能力的人是教育的最高境界和最终目的，基础教育的任务是为人的发展打基础，当然也为人的创新精神和创新能力打基础，而创新能力的核心是创新思维能力。因此，基础教育就应该重视培养学生的创新思维能力，大力开展创新教育。

人是教育的对象，教师面对的是一群生动活泼、思维活跃、身心不断发展的青少年学生，知识的学习只不过是他们成长过程中的一小部分，如果作为一名教师不研究学生本身成长的需要，只把他们看成一种吸纳知识的容器，显然是远远没有看到教育的本质，不了解创新教育的真正意义。

那么，什么是创新教育呢？

简而言之，创新教育就是培养创新人才的教育，是把创新学、发明学、教育学、心理学等有关学科的一般原理有机综合起来，通过教育、教学等途径培养受教育者的创新思维，提高受教育者创新能力的教育，它的核心是培养学生的创新思维能力。下面我们就从这件发生在美国教育界的小事，来看一下美国的中小学校是如何培养学生的创新思维能力的。

作文课上，老师要学生描述一场想象中的精彩足球赛，绝大多数学生写得很认真，他们把看过的球赛，加上各种形容词，将练习本写得满满的。

然而，老师却把最高分给了一名最偷懒的学生，他的作文只有短短的一句话："很抱歉，由于突然下大雨，人们盼望已久的这场球赛只得改期。"老师认为这个学生的作文突破了常规思维，自然应该得最高分。

同样的事情若发生在国内的学校，老师的第一个反应就是这个学生是属于学渣类的，非但不会给高分，接下来的重点就是找同学谈心要端正学习态度，甚至请出学生家长一起配合。学生倍感压力，久而久之，不再会有奇思妙想，只有循规蹈矩。

2）要大力提倡开展创新思维教育

创新教育是"素质教育"的一个重要组成部分，是区别于传统教育的一种新型教育。如果说传统教育是"传授—学习"型，那么创新教育就是"启发—思考"型。传统教育是以知识积累为目标，教师仅限于讲授、传授知识，学生限于学习、记忆知识；而创新教育则以培养创新能力为目标，教师不仅传授知识，而且启发、诱发思维，学生不仅记忆知识，而且研究、探索、发掘知识。因此，创新教育是对传统教育的扬弃，是教育理论与实践发展的产物，是我国教育改革的方向。

在西方语言中，"教育"这个词是由拉丁文"educare"转化而来的，原意是"引出、导出"。关于教育的目的，著名的物理学家劳厄（M. von Laue）曾有一段精辟的论述：

“重要的不是获得知识，而是发展思维能力，教育无非是将一切已学过的东西都遗忘后所剩下来的东西。”

当代科学学创始人默顿（R. K. Merton）的研究表明，科学研究犹如百米赛跑，往往有许多人朝着同一目标在同一跑道上竞争。例如，牛顿和莱布尼茨在微积分学上，达尔文和华莱士在进化论上，爱因斯坦和彭加勒在相对论上，爱迪生和斯旺在碳丝灯的发明上，都曾并肩前进过，而最先达到终点取得成功者，往往是在前进过程中巧妙地运用创新思维，发挥出更大创新能力的人。

因此，没有创新思维，科学将陷入黑暗的困境。只有掌握了创新思维方法，才能更好地做出创新发明。创新教育的实质就是创新思维的教育，它的核心是培养学生的创新思维能力。

然而，反观我国乃至世界各国的教育，却是“灌输”多于“疏导”，重视左脑的逻辑思维能力训练，而忽视右脑创新潜能的开发利用，这样的教育培养出的学生往往不会聪明。

1972 年，联合国教科文组织国际教育发展委员会做的《学生生存》的报告中指出：“教育具有开发创新精神和窒息创新精神的双重力量。”

如果我们再不大力开展创新思维的教育，那么就是在窒息青少年的创新精神。

◉ 思考与探索

1. 试述创造心理学与创新性的不同发展历史。
2. 分析我国在创新思维与创新教育上存在的问题及解决的途径。

第 2 章　创新与创造力开发的理论基础及创造过程

本章概要：

- 创造性系统模型
- 区分知识与创造力之间张力观与基础观在理论内涵上的差别
- 了解组织环境与创造力开发的五种理论
- 创造过程的 4 阶段和 5R 理论

2.1 创造力与智力的先天后天论

在人类历史上，对于一个人智力的形成一直存在两种针锋相对的观点：先天论与后天论。

先天论者迷信天赋和天资，认为人的思维能力的形成和发展取决于父母的遗传因子，环境的影响无关紧要，因此天资平平者无论怎样教育也成不了大器，他们的依据是神童的存在。

古今中外世界各地出了许多神童，比如唐代诗人白居易“半岁能识字，五六岁便学为诗”；李白“五岁诵文甲，十岁观百家”；杜甫“七龄即思壮，开口咏凤凰”；战国时秦国的甘罗 12 岁就当上了宰相。德国数学家高斯（J. C. F. Gauß）10 岁时，计算能力就相当于一名大学教授；近代化学奠基人、英国化学家波义耳（R. Boyle）3 岁时就提出了气压与沸点之间关系的新见解；意大利诗人但丁（Dante Alighieri）的成名诗作是在 9 岁时写的……

确实，现代科学研究表明，遗传对智力或多或少有些影响，一个颇具说服力的例子是美国独立战争时期有个名叫马丁的军人与一智力低下的女子结婚后生育的子女，他们的后代大部分智力低下；而独立战争后，马丁与一智力正常的女子结婚后，他们的后代无一低能。还有人研究了一群智商在 140 以上的人，结果发现，他们后代的子女平均智商在 128，大大超过了一般孩子的智商。而另外 144 对智力低下的夫妇共生育的 200 多个孩子中，却只有 6 个是正常的。上述这些事例无疑为“先天论”者提供了有力的论据。

而后天论者则否认一切与天赋有关的能力，认为每个人生下来天资都基本相同，对智力起决定性作用的是环境，任何人只要培养得当均可成才。比如伟大的发明家爱迪生（T. A. Edison）不仅不是神童，他的童年时期甚至没有常人所具备的起码的灵性，他小学时学习成绩很差，属于成绩最不好的学生。他的小学老师认为他长大后将很难自立，他的母亲只好将他领回家，自己教他学习。蒸汽机的发明者瓦特（J. Watt）小时候学习成绩也不好，老师对他的评价是“不爱学习，是个劣等生”。大哲学家康德（I. Kant）小时候是个身体发育不全的人，而且他为人腼腆，性格内向，感情脆弱，可后来却成了伟大的哲学家……

其实“先天论”和“后天论”都是片面、极端的，对于脑子真正有问题的人，恐怕再努力培养也难以使其成才；而神童如果不加培养或培养不当，也会退化成庸才。

1920 年 10 月，一对夫妇在狼窝里发现了两个出生不久即被母狼叼走的女孩，这对夫妇决心抚养她们，便费尽心机遍请名师来教化。但小狼孩第二年就死了，大狼孩经过八年的“精心培养”仅学会了 6 个单词！

同样，在人类历史上，神童退化的事例也不少见。宋朝的仲永，五六岁即能“指物作诗立就”，受到著名诗人王安石的称赞。但由于培养不当，十几岁时便智力减退，不到 20 岁便“泯然众人矣”，写的诗文连一般人都不如了。王安石为此专门写了《伤仲永》一文表示遗憾。韩国神童金维正 4 岁就到大学当旁听生，他的智商高达 210，被《吉尼斯世界纪录大全》称为“世界上智商最高的儿童”。但与仲永相似，由于缺乏正确的培养，长大后表现平平，未能有任何作为。

具备相应的知识和技能是创造新事物的前提，而要获取这些知识和技能，离不开先天条件和后天的培养。智力经常被认为是创造力的关键组成部分，曾有科学家试图用智力测试量表来预测孩子们的创造能力。特曼（L. Terman）在北加利福尼亚跟踪随访了一群在斯坦福—比奈智商测验中取得超高分、被定义为“天才”的孩子，发现这群孩子们长大成人以后，虽然大部分人都很成功，但表现出极强的创造力的并没有很多。威廉•肖克利（W. Shockley）曾参与他们的研究，但由于智商测试的结果未达到特曼所设的“天才”的标准而被排除在随访人群外，而他因为对半导体的研究和发现了晶体管效应，获得了 1956 年度的诺贝尔物理学奖。路易斯•阿尔瓦雷茨（L. W. Alvarez）同样因为智商不够高而未进入这个天才群体，而他在“二战”中参与了雷达的开发，参与了著名的“曼哈顿计划”，与加州大学伯克利分校的同事一起升级了液氢气泡室，也因为对实验粒子物理学做出的重大贡献而获得 1968 年诺贝尔物理学奖。类似的例子还有很多，可见要成为一个创造力出众的人，极高的智商并不是不可或缺的。

我们所说的天才（genius）一词源于拉丁语，原意为“繁衍之神”，在印欧语系中是生产的意思，蕴含着创造出新事物的含义，而斯坦福 - 比奈智商测试并不能用于创造力的评估，自然也无法定义“天才”。1981 年法兰克•巴伦（F. Barron）发现一个人的创造力和智商之间的相关性较弱，虽然创造力的产生需要达到一定的智商阈值，但是一旦达到这个阈值，IQ 的高低并不能用于预测创造力的高低。我们现有的大部分智商测试，都需要被测者利用已有的知识寻找正确答案或运用收敛性思维找出共同点，而它们却并不包括创造力的重要组成部分——脱离性思维和发散性思维。我们不能否认创造力需要智力的参与，但仅仅有智力是远远不够的。

国外有人对神童现象进行了调查，结果发现近两个世纪的 70 多名神童中，仅有 8 名成为杰出人物！

因此，“天赋”固然重要，环境的影响也不可忽视，除个别超智者和智力不健全的人，初生婴儿的智力水平基本相当。这时，后天的教育、培养和智力开发便成了决定思维素质优劣的因素了。

唐纳德·赫布（D. O. Hebb）曾在《行为的组织》一书中提出，共同发挥作用的神经元之间总是相互连接，而知识和技能的获取是基于模块化网络中神经元之间突触强度的改变。如前所述，一个人在特定神经网络中拥有的神经元越多，该网络中的神经元分支越大，这一神经网络可以存储的知识就越多。因此，在某一领域中具有高水平认知的人可能拥有更多神经元，并且这些神经元之间存在更多的相互连接，从而在他们的大脑网络中存储这些知识。

罗森茨韦克（J. E. Rosenzweig）等在 1996 年发现，在幼年时期被置于复杂环境中的啮齿动物成熟后，比没有接触过这种环境的啮齿类动物能更快速地学习并储存更多的知识。对这些啮齿动物的大脑进行解剖后，发现接触过复杂环境的一群有着更厚的大脑皮层。此外，这些动物的皮质神经元的树突棘数量增加。之后，又有研究发现后天训练可以改变人类大脑皮层的不同部位。例如，从幼年时期就开始学习音乐课程的孩子通常会具有更大的听觉皮层。在音乐领域，许多世界上最具创造力的作曲家都在一个充满音乐的环境中长大，如莫扎特（W. A. Mozart）的父亲同样是一位作曲家，同时也是一位音乐老师并担任着一个交响乐团的艺术指导；贝多芬（L. van Beethoven）的父亲和肖邦（F. F. Chopin）的母亲也都是音乐老师。与这些童年时期经历丰富的作曲家形成鲜明对比的是，那些被送入孤儿院的儿童，幼年时期受到的刺激很少，有很大一部分人都被发现具有非常低的智力和认知障碍。

虽然创造力很大程度上依赖于后天的培养，而这种培养最关键的时期就在童年时期，但孩子们必须首先具有遗传和生物学方面的能力，才能从后天培养中受益，也就是说先天条件是必不可少的。但是，还有许多聪明的人，他们拥有高智商和丰富的知识储备，并受到了各个方面的后天培养，但他们的职业生涯却并没有展示出太多的创造性。因此，学习和存储知识的能力（即智力）以及获取专业知识和技能的能力，都是发挥创造力的必要组成部分，但仅凭这些并不足以进行创新。

2.2 创新与创造力开发的系统观

2.2.1 创造性系统模型

创造力是个人心智事件，同时也是文化和社会事件。为了阐述这一观点，美国创造性心理学家希克森特米哈伊（M Csikszentmihalyi）1993 年提出一个相当完善的创造性系统模型，见图 2-1。

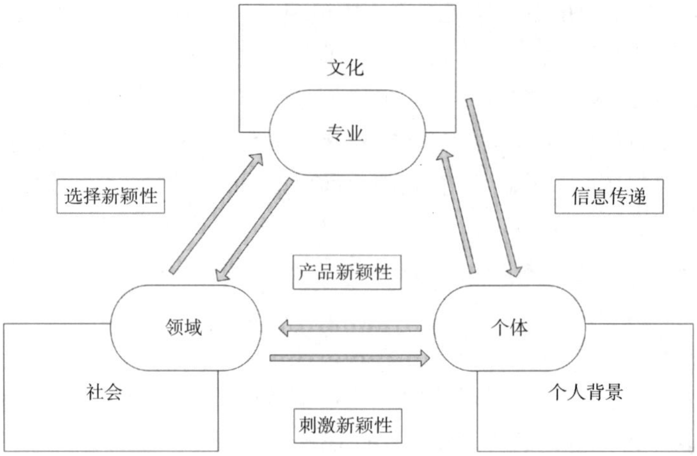

图 2–1 创造性系统模型

从图 2-1 中可见，为了产生创造力，一系列法则和实践必须由专业传递给个体，个体必须在专业的内容上产生一种新的变异，该变异必须由该领域做选择以决定是否包含在该专业之内。

专业是创造力的一个必要元素，因为，不可能引入一个变异而不参考一个存在的模式。“新”只对“旧”才有意义。独创性思维不可能在真空中存在，必须对一个已经存在的客体、规则、表征或符号进行操作。一个人之所以能成为木匠、厨师、作曲家、化学家或牧师，是因为木工专业、烹饪学、音乐、化学和宗教专业存在，而且，可以根据其传统标准来评价一个人的表现。没有规则就不会有例外，没有传统也就没有新颖性。

当一个人在一个专业上做出改变时，创造力就出现了，这种变化将随时间而被传递出去。

但是绝大多数的新颖想法会很快被遗忘，变化要得到采用，除非这些想法能被某个有资格决定什么应该、什么不应该被包括到某专业之中的团体所采纳。这些有资格的人看作是该领域的资深人士，他们可以对新颖想法进行判断，决定是否可以纳入本专业中来，这些信息传递者（gatekeepers）我们也称之为领域（field）的看门人。领域这一术语经常被用于指整个学科。

在物理学领域，很少的几个领头的大学教授就足以认定爱因斯坦（A. Einstein）的想法是有创造性的。数以百万计的人们都接受了这一微小领域中的判定，并在不理解它到底在说什么的情况下惊叹爱因斯坦的创造力。

从这一点来看，从事创造力研究的心理学家也可以构成一个领域。该领域通常是由给儿童或其他学生的产品作评判的教师或研究生组成，是他们决定哪种测验反应、拼图或代表作可以被认为是有创造性的。

1）文化作为一组专业

在这一情境下把文化看成是相互关联的各个专业的系统是有益的，表 2-1 展示了从文化的这一定义中引出的一些问题和假设：

表 2–1 有关文化如何影响创造力的问题和假设

1. 信息是如何储存的?（例如，是口头还是书面记载）信息存储得越久越精确，就越容易吸收以往的知识，因此在下一步革新中就能得到很好的利用
2. 信息是如何可接近的?（例如，有基于深奥的语音、有限的训练或继承地位的限制吗?）信息越容易接近，可从事创造性过程的个体的范围就越广
3. 信息是如何得到的?（例如，它的传播是否由于物质的或社会的约束而受限制。）
4. 文化是如何被分化的?（例如，文化包括多少分化了的专业，如宗教、哲学、数学?）文化所包含的专业越细化，信息就越专门化，因此前进也就越容易
5. 文化是如何被整合的?（例如，不同专业的内容能被相互转译成彼此的术语吗? 再如，科学和宗教一致吗?）文化的整合程度越高，在一个专业上的进步也越有可能与整个文化有关。这可能使在某个专业上一种个性更难以被接受，一旦被接受，它将被很快传播
6. 一种文化对于另一种文化的开放性如何? 一种文化对来自其他文化的信息和知识越开放，革新出现的可能性就越大

2）专业在创造性过程中的作用

文化由各种专业组成：音乐、数学、宗教、各种技术等。导致创造性贡献的发明不会直接在文化中发生，而是在某一个专业中发生。表 2-2 展示了与理解专业在这一过程中的作用有关的一些考虑。

表 2–2 有关专业如何影响创造力的问题和假设

1. 信息是如何被记录的? 符号系统越清晰越精确，就越容易吸收过去的知识，因而也越容易采取革新的下一步行动
2. 专业内的信息整合得怎样? 如果信息是很紧密地整合在一起的，那么改变它就困难；但如果它的组织太松散，那么认识到有价值的革新就更困难
3. 专业在文化中的中心程度如何? 在不同的时代一两个专业会在文化中处在先行位置（例如，中世纪的宗教、20 世纪初的物理学），而且它会吸引更多的天才人物，从而更可能产生创造力
4. 专业的可接近程度如何? 当因为意外或计划一个专业被认为是精英学科时，在其中引入创新会变得更加困难
5. 对于文化的其他方面，专业的自主性如何? 在不同的时代，一个专业可能相对于其他专业处于霸主位置（如宗教或政治相比艺术和科学），在这样的情况下，在其下属的专业中产生变异就更为困难

3）社会情境

（1）与创造力有关的社会条件

系统模型的第二个主要元素是社会，或者说是在一个时间—空间框架内起作用的所有领域的总和。领域是由从事某个特定专业并有权利改变它的人组成的。例如，以同样的规则开业的所有会计构成了会计学这一领域，那么，就是由他们来认证一种新的结账方式是不是可以作为一种创造性的提高而获得接受。于是，一个社会就可以被定义为它的各个相互关联领域中的个体的总和——从建筑师到动物园管理者，从孩子妈妈到计算机配件的消费者。表 2-3 指出了一个社会可能影响创造力频度和强度的一些途径。

表 2–3　有关社会如何影响创造力发生的问题和假设

1. 剩余的能量是否可获得？如果社会所有物质和精神的能量都必须用于解决生存问题，那么革新便不太可能被鼓励和认可
2. 社会重视鼓励创造力吗？不论物质条件如何，不同社会对革新的重视程度是有所区别的
3. 社会和经济组织有益于变化吗？一定的经济形态（如租赁）对允许发生的变化没有兴趣，商品社会也许对变化更加开放
4. 有多少流动和矛盾？社会外部的威胁和内部的冲突似乎鼓励新颖性产生和被人接受；社会流动也同样会产生这样的影响
5. 社会系统的复杂性怎样？社会的分化和整合都会影响新颖性的产生和被采用的速度

（2）领域的作用

表 2-4 展示了新颖性的产生和被接受的可能性受各领域影响的一些方式。

表 2–4　关于领域如何影响创造的产生的问题和假设

1. 这个领域能够从社会中得到资源吗？如果一个领域不能向它的实践者提供经济和地位上的回报，它就有可能不景气
2. 这个领域独立于其他的社会领域和社会机构吗？当一个领域的评判过分依赖于宗教、政治或经济时，它就不可能选择最好的解答。另外一方面，如果完全独立于社会的其他领域也会降低该领域的效力
3. 这个专业对该领域的判断的约束如何？当一个专业的判断标准没有具体说明哪一种新颖性是一种改进时，这个领域就在决定创造力方面有更多的判断自由。一个领域中自由度太少或太多对创造力很可能都是有害的

（续表）

4. 这个领域如何制度化？一定量的内在组织是一个领域存在所必需的。把太多的能量用于自我保守的组织常会导致高度的官僚并且拒绝改变
5. 这个领域支持多少变化？接受新颖性的标准过于宽松可能会以贬低该专业而告终；而标准太狭窄则会导致该专业停滞不前

当一个领域能够为一个人提供做实验的机会并在实验成功时给予奖励时，这个领域就有可能吸引独创的想法。正如我们将看到的，尽管试图改变专业的个体通常是受内部驱动的，即热衷于在该专业工作的人是出于自己的兴趣，但外部奖励如金钱和名声的诱惑力也是不能小看的。

4）创造性过程中的个体

（1）创造性个体的背景

我们首先要考虑的一个论题是，个体是否出生在一个有着足够剩余能量来鼓励好奇心和兴趣发展的环境（表 2-5）。

表 2–5　关于个人背景如何影响创造力的问题和假设

1. 家庭和社团是否有剩余的能量可用？如果现存的物质条件太脆弱靠不住，一个儿童可能就不会受鼓励去表达好奇心和兴趣
2. 在儿童的环境中是否有尊重学习和文化的传统？种族和家庭传统在孩子的兴趣指向特定的专业方面起着很重要的作用
3. 家庭是否能将孩子引入一个专业？文化资本（如家庭学习，学校教育）对一个儿童在某一专业上发展是非常重要的
4. 家庭是否能成为孩子和领域的纽带？辅导者、导师和各种联系常常是必不可少的，这些因素可以大大提前个体的想法得到组织协会帮助的机会
5. 早期条件是支持顺从还是支持创新？处于边缘社会的，种族的，经济的，宗教的背景似乎比保守的、中产阶级背景更有益于打破常规

（2）创造性个体的个人特质

有一个合适的生活背景对做出创造性贡献的个体而言确实是不可或缺的，但肯定不是充分的。因为，他必须还要有能力和意愿将新颖的东西带入某个专业中去。这些就是心理学家研究最多的个体特质（表 2-6）。

表 2-6 关于个体素质影响创造性发生的问题和假设

1. 这个人是否有特殊的才能？在特定的专业中（如音乐、数学），遗传因素可能在指导个体对专业的兴趣和帮助掌握该专业方面起着重要的作用
2. 这个人是否表现出好奇心、兴趣或内在的动机？在激励一个人去吸收相关的谜底并坚持不懈进行革新的冒险历程时，需要大量的内在动机
3. 这个人是不是一个对发现感兴趣的发散性思维者？如流畅性、变通性和发现倾向性这种认知能力，对成功地进行新颖创造的过程是必需的
4. 这个人是否有相关的人格特征？为了能够成功创新，一个人需要具有合适的人格特征——这些特征会随领域和历史时期的变化而有所不同。一般来说，个体必须坚持不懈并对经验持开放态度，同时又能采取表面上矛盾的行为

系统模型类似于学者们用于描述进化过程的模型。当某一个体的有机体发生了一种变异，这种变异被环境接受并传递给下一代时，进化就发生了。发生在个体水平的变异好比一个人对创造力所做的贡献；选择是领域的贡献，而传递则是专业对创造性过程的贡献。于是，创造力可以被看成是进化的一个特例。具体地说，创造力之于文化进化，正如突变、选择和基因变异的传递之于生物进化。

2.2.2 创新与创造力开发系统观的意义

在系统模型中，除了重视做出创造性贡献的个体外，还强调了文化和社会这两个因素。这对创造性的研究来说是很有意义的。

1）它形成了创造性研究的一种新理念

创造性系统模型说明了创造性不是一个纯粹的心理过程，在研究创造性的时候要把文化和社会因素提到与个体因素同等重要的地位。在创造性研究早期，从 1870 年高尔顿（F. Galton）推动了创造性的研究以来，研究的重点一直都只集中在个体因素上。如精神分析学派的“人格论”和格式塔学派的“思维论”等，都主要说明了创造中的个体因素。但随着研究的不断发展，研究者们从大量的事实和研究中看到文化和社会因素的重要性。系统观的形成代表了创造性研究中的一种新概念。这种观念被创造性研究者们普遍承认和接受，为创造性研究指引了一个大方向。

2）它描述了创造产生的过程

系统模型描述了创造产生的过程。它的观点是：为了产生创造，一系列的规则和实践必须从知识领域传递给个人，个人则在这个知识领域传递的内容中使之产生新的变化，而且这个变化要在接受社会的选择后才能成为这个知识领域的一部分。也就是说，文化，即知识领域，把创造所需的知识、信息传递给个体，个体在这个领域中加工、联系组合知识、信息，产生某种变化。同时社会也刺激个体使此领域产生变化，社会再对产生的新东西评价、选择，把有价值的新东西归入这个知识领域中。从这个过程中可看出，一个人没有学习某个领域的知识，是不可能在这个领域做出创造性的成就的。同时，即使产生了某些新的思想或理论，没有人认识到它的创新性和价值，那么个体也不可能被认为是有创造性成就的。有人认为，这个模型类似于生物进化过程的模型。在生物进化模型中有机体发生变化，而且这种变化被环境选择出来并传到下一代，就会发生进化。创造的产生也是这样，个体在创造过程中起了产生新东西的作用，领域在创造过程中起了传递的作用，而社会起了选择的作用。在生物进化中，不考虑环境因素，仅仅出现了某个特别的基因变化，是没有意义的，而且不能传递到下代的基因，从进化论来说也是没有用的。同样，创造性也可以这样来考虑：当创造被看作一种文化水平上的进化时，一个变化必须得到社会环境的接受，而且它必须传递下去。

3）它为一些难以理解的奇特现象提供了合理解释

在人类历史上有这样的现象：在一定地理范围的某个特定时期，创造性人才特别多。有四个典型的例子：古希腊时期、文艺复兴时期、美国革命时期以及 19 世纪中期以来大批犹太天才做出的巨大贡献。这种分布不均衡的现象表明，并非只有生理学因素，而且还有特定的环境因素决定着创造性的发生。创造性人才的数量可以同社会甚至历史的背景联系起来。

创造性人才成群地出现的这种现象，自古以来就为人们所知，但早期没得到足够的解释。瓦里尤斯 • 庇特库勒斯是公元前 19 年到公元 30 年的罗马历史学家，他在著作中曾指出持续数年的一段不寻常时期可以产生出伟大人物。他在列举了大量的例证后，提出了这么一个问题：“为什么有着相同才干的人们唯独出现在某个特定时期，成群地追求着一种事业并获得相同的成功呢？”虽然他提出了问题，却没有找到任何可以肯定为正确的答案。当今天对创造性、对天才的研究有了长足的进步时，人们可以用文化、社会和个体相互作用的系统观念来解释这个问题。

系统模型能很好地解释了为什么有的东西、有的人在某个时期被认为是没有创造性的，而在另一个时期却被人们评价为人类的创造性精品和高创造性的天才。这样的例子有很多，如凡 • 高（Van Gogh）和他的作品；孟德尔（G. J. Mendel）作为基因实验的创始者，是在他死后半个世纪才出名的。这些人一直都具有创造性，只是由于社会的评价不同，所以他们的名气在不同的时期就会不同。但系统模型认为创造性是不能从社会的评价和接纳中脱离出来的，孟德尔在他活着的时候没有被认为有创造性，是因为那个时候，实验中的发现并不重要。直到 19 世纪晚期，英国的许多遗传学家才认识到他的发现在研究中的价值。诸如这样的问题有很多，把创造放到社会、文化的环境中来进行研究，才能对这些问题做出比较合理的解释。

总之，创造性的研究者们，比较一致地认为，应该用系统论的观点，在社会、文化的背景中去看待个体的创造性的心理结构和功能。

2.3 知识与创造力之间的张力观

尽管心理学家们提出的各种理论观点在表面看来是不大相同的，但是其中很多观点都有一个关于知识与创造力关系的关键假设。这种假设的观点分为张力观与基础观两种。

张力观认为，创造力和知识之间是一种矛盾关系。一个人掌握的知识越多，越有可能对新问题形成新的假设和新的设想，拥有越高的创造力，但同时固有的知识也越容易形成思维定势。知识与创造力之间的关系存在着一种张力，虽然人们普遍承认一个人如果想在某一领域弄出点新东西的话，他必须拥有该领域的知识，但人们同时也广泛地假定，太多的经验会使一个人陷入老套，从而他就不能超出固定模式的反应方式。该理论还得到了一些实证研究的支持。

张力观可以说是传统的关于知识和创造性关系看法的典型理论。该理论认为，一方面一个人要想在某领域有所建树，他就必须具备该领域的知识；但另一方面，该领域的知识经验太多，又会使一个人囿于常规，因此他也将难以有所创造。因此，知识和创造性的关系被看作是一种倒 U 形关系，特定领域的最大创造性发生于该领域中等程度的知识水平。

张力观的关键之处在于，在知识和创造性的关系上，绝不是知识越多越好，太多的知识会限制个体的思维，从而阻碍其创造性的发挥。其中有些研究者甚至认为先前的知识经验有害无益，个体只有打破原有知识的束缚，才会有所创新。

教育与创造力之间的 U 形关系。西蒙顿（D. K. Simonton）1984 年曾分析过杰出的创造性成果与正规教育水平之间的关系。他考察了出生于 1450—1850 年的 300 多位著名人士，这些人曾是早期“天才起源”研究中的被试，其中包括达•芬奇、伽利略、莫扎特、伦勃朗和贝多芬等人。西蒙顿考察了这些人所受的正规教育水平，并在档案分析的基础上对这些人的成就进行了量化，对每个人所达到的杰出水平打分，然后把杰出程度作为受教育程度的函数在坐标轴上进行描点。

当把杰出性作为教育水平的函数时，我们会发现它们呈曲线关系——倒 U 形，杰出水平的顶点发生在中间阶段，也就是本科训练。较短时间的训练或更长时间的训练（包括博士后训练）则与较低水准的杰出水平相联系。因而，人们可以认为，知识水平高于一定程度（假设这些知识是由研究生训练得来的），将给创造力带来负效应。

已有经验的负迁移作用。当一个人用某种特殊的方法成功解决了某问题时，在（其他的）问题解决情境中表现的效率（可能）会很差。有时，参加实验的被试面对新问题如此盲目而固执地沿用先前成功的解决方法，对更简单的解决方法则视而不见。虽然富有经验的人解决不了新问题，但新手可以毫无困难地解决它，因而，已有的成功使很多知识丰富的人陷入习惯性的思维模式的陷阱，当世界变化时，原先成功的解决方法不能奏效，他们就不能够适应新的世界。

为此，在创造性高的成人和儿童身上经常观察到以下思维风格：（1）突破定势，也就是说，突破你对某些事情的旧有思维模式；（2）打破照本宣科，这与（1）大致是同一回事；（3）以新鲜的方式来感觉世界，也就是说，改变旧有方式。

对张力观的评价。的确，存在有过多知识阻碍创造性发挥的现象，但不能因此就得出“知识多一定不利于创造”的结论。毕竟知识是人类生活和实践经验的总结，是人们吸取新知识、解决问题的基础。世界上任何发明创造都是建立在一定的知识经验基础上的，创新和继承是密切相关的，创造实际上就是对原有知识在更高层次上的重新组合。很难想象，一个没有丰富物理或化学知识的人会在物理或化学方面有所建树。因此，认为只掌握一定程度的知识就可以有很高的创造性似乎不大可能。

另外，张力观所赖以立足的实证研究的结果实际上并不能支持张力观。因为仔细思考后就会发现，受教育程度和知识的多少并不是一回事，因此受教育程度和创造性之间的倒 U 型关系并不必然说明知识和创造性之间也一定呈倒 U 形关系。而实验室中的问题解决研究与实际生活中的真实情境是否接近也是一个问题，如果它比较远离生活实践中的发明创造，那么也不能绝对说明问题。而后来的研究威斯伯格（R. W. Weisberg）于 1999 年也的确推翻了这两类实证研究对张力观的支持。

2.4 知识与创造力之间的基础观

虽然上述“张力”观是现代理论中的主导观点，还是有人提出关于知识与创造力关系的另一种观点。许多研究者主张张力观的对立面，也就是说，知识是与创造力成正相关的。与“破旧立新”观点不同的是，该观点认为创造性思维是建立在知识基础上的，这一观点被称为“基础”观，也称地基观。

基础观所持的观点是，知识越多越好，越有利于创造性的发挥，而且认为一个人只有学习了大量的知识才会有所创造。该观点的支持者们也提出了大量的证据，并且还驳斥了张力观。基础观与张力观截然不同，它认为知识和创造性之间呈正相关关系，知识越丰富，创造性就越强。知识就如同地基一样，地基越扎实，建起的高楼大厦就越牢固。

海斯（R. Hayes ）等人是基础观的积极支持者，他们于 1989 年对几个需要创造性的领域进行了研究，结果提出了达到专家级水平所应遵循的“十年定律”的观点：从接触某领域到第一件有意义的作品问世，个体要投入大量的时间——“十年”，并由此间接说明要有所创造就要掌握该领域的大量知识和各种技能，为创新打下基础。而且，有迹象表明，个体在有所成就前所进行的专门练习几乎需要达到最大量，而不是像张力观所认为的那样只需达到中等水平就行了。研究者对多个领域的研究都说明了这一点。

在创造性领域中达到创新成绩的发展：十年规则。海斯研究了他所谓的“准备”在创造性生产中的作用。海斯研究的基本问题是要达到精通水平的表现需要多少时间。他考察了在要求创造性思维的若干领域的职业生涯发展，例如音乐作曲、绘画和诗歌。其结果具有跨领域的一致性，显示出即使是引人注目的“天才”，在他声名远扬的作品问世之前，也需要多年的准备。

作曲家

为了考察在音乐领域作曲技能的发展，海斯考察了列于标准参考作品中的 76 位作曲家的生平，这样就有足够的信息确定他们是何时开始学习音乐的。海斯计算出每位作曲家开始作曲的时间（即最初接受音乐教育的时间）到个人第一部“杰出的”作品或“大师之作”产生的时间跨度。在界定这样一部作品时，海斯使用了“档案”测量法：现存作品记录的数量。

根据这个标准，海斯确定了 500 多部著名作品，这些都是他取样的作曲家们在其职业生涯创作的作品。这些作品中只有 3 部是在作曲家开始作曲的前 10 年中完成的，且都是在第 8 年和第 9 年完成的。海斯认为，作曲家的职业生涯中的第一部杰作的问世通常在“十年沉默期”结束时；从最初杰作的问世，到其作曲生涯的 15 ～ 25 年间，杰出作品的数量飞速增长。然后，在作曲生涯的 25 ～ 49 年间是稳定的创造期；最后则逐步下降。

作为广泛存在的这种职业生涯的一般性例子，我们可以考察莫扎特的职业生涯，在所有作曲家中，他被认为是最早慧并且无疑也是产量最多者之一。莫扎特创作于 1777 年的首部杰作是第 9 号钢琴协奏曲（*Piano Concerto No.9, k271*），是他那种风格中的第 12 部作品，创作于其作曲生涯的第一个十年之后。因而，虽然莫扎特的作曲生涯开始得很早，但在他的成名之作问世以前仍需要大量的时间。

画家

海斯对于画家的职业生涯发展做了类似的分析。他研究了 131 位画家的传记，以便确定每个人开始绘画的时间。然后他也确定了首部杰作问世的时间。在这项研究中，杰出作品被定义为至少在一本标准的绘画历史书中被复制过的那些作品。画家的职业生涯发展显示了与音乐家相同的模式。最初的 6 年被海斯称为无创造力时期，它随着第一部杰作的出现而结束。紧跟这段时期的下一个 6 年，是杰作数量的快速增长期；然后创作水平稳定地保持约 25 年，随后逐步下降。

这里再次显示，即便是最早慧、最多产的画家如毕加索，也可以用这种函数关系描绘。他在画家父亲的教导下开始作画时刚刚 9 岁，首幅杰作创作于 15 岁。毕加索声称，他开始画画时像拉斐尔的风格，但实际情况似乎并非如此。帕里塞（D. Pariser）1987 年考察了青少年时代的毕加索、保尔 • 科勒（P. Klee）和图鲁斯 • 劳特累克（T. Lautrac）的作品，得出结论说，所有这三位艺术家都经历了一种发展次序——首先学会用铅笔画画和用颜料绘画。他们必须面对并战胜如何用画笔表现事物——这个问题是所有儿童都要经历的，此后，他们才能将物体精确地表现在帆布或者画纸上。有证据表明这些艺术家处理这些问题的方式，与较少天分的儿童一样，虽然也许在步伐上更快一点。

诗人

美国学者威斯博（Wishbow）1988 年对 66 位杰出诗人的生平进行了研究。杰出诗歌是指曾被一部重要诗集收入的作品。我们又一次发现职业生涯发展的相同模式：在诗人创造生涯开始的前 5 年中，没有杰出的诗歌作品。而且，所考察的 66 位诗人，其中有 55 位都需要十年时间才有第一部杰出的作品问世。

继彻斯和西蒙（W. G. Chase & H. A. Simon）之后，海斯提出，准备，也就是沉浸在一门学科中，是创造性成果所必需的。作曲家、画家、诗人，像彻斯和西蒙所研究的国际象棋大师一样，都需要一段重要的时期去获取足够的知识和技能，以使在他们的领域达到世界级的水平。应该注意的是，在一个特定的专业，发展到有能力产生著名的创造性作品需要的时间量，所有能够说的就是，这要包含很长的一段时间，远远超过简单了解该专业基本知识所花的时间。当然，“十年规则”的标签是有一点误差的，因为我们已经看到在海斯的研究中不同专业是有差异的。

布鲁姆（B. Bloom）及其同事在 1985 年对不同专业内（如雕刻、数学、网球）达到世界级水平的杰出人士进行了访谈研究，结果也支持“十年规则”。同样，加德纳（H. Gardner）1993 年展示了对各领域杰出个体的研究，7 个假设的智力范围，每个范围列举一个人：阿尔伯特 • 爱因斯坦（逻辑—数学智能）、巴勃罗 • 毕加索（视觉—空间智能）、斯特拉文斯基（音乐智能）、马莎 • 格雷厄姆（身体—运动智能）、穆罕默德 • 甘地（人际关系智能）、西格蒙德 • 弗洛伊德（自我认识智能）、T. S. 艾略特（语言智能）。该研究的主要结论是：在每个人职业生涯的发展中，需要很长时间的全身心投入才能创作出个人的首部重要作品。也就是说，这些杰出人士的职业生涯是“十年规则”极好的例证。此外，他们每个人都创作了不止一部重要作品，如，毕加索 1907 年的作品《阿维侬的少女》（*Les demoiselles d'Avignon*）和 1937 年的作品《格尔尼卡》（*Guernica*）。加纳德得出的结论是，“十年规则”对每一部杰作都适用。也就是说，在每部杰作之间也需要间隔很长时期。

2.5 组织环境对创造力发展影响的理论模式

创造力相关的理论或模式甚多，其中较为强调组织环境的影响之理论或模式包括阿玛拜尔（T. M. Amabile）于 1983 年提出、1996 年完善的的成分模式；希克森特米合伊（M. Csikszentmihalyi）于 1990 年提出的三指标系统模式；加德纳（H. Gardner）于 1993 年提出的的创造力互动模式；斯滕伯格（R. J. Sternberg）与鲁伯特（T. Lubert）1996 年提出的的创造力投资理论；以及叶玉珠于 2000 年所提出的创造力发展的生态系统模式。下面分述如下。

2.5.1 阿玛拜尔（T. M. Amabile）的成分模式

早期的创造力研究，鲜少有人注意到特殊社会和物理环境对创造力的影响，阿玛拜尔 1988 年呼吁发展“创造力的社会心理学”。阿玛拜尔（1983 年）从“产品”的角度定义创造力，并提出创造力的成分模式（componential model）以作为社会心理领域研究创造力的理论基础。她认为创意产品的诞生至少必须仰赖三个基本成分：领域相关的技能（domain-relevant skills）、创造力相关的技能（creativity-relevant skills）和工作动机（task motivation）。领域相关技能构成创造的准备状态；创造力相关技能则关系着对讯息反应的搜寻；一个人工作动机的高低，则会影响其在领域相关技能和创造力相关技能上的学习与准备以及在创造过程中对任务的认知与对讯息的搜寻，而创造的结果也会回过头来影响一个人的工作动机。1996 年，阿玛拜尔修正其成分模式并加入"社会环境"的成分，此"社会环境"是指组织环境。她强调支持的社会环境会直接影响内在动机（intrinsic motivation）及统合外在动机（synergistic extrinsic motivation），进而影响创造历程。根据阿玛拜尔的看法，统合外在动机与一个人的自我抉择感（sense of self-determination）有关，她可与内在动机结合并产生正面效果。统合外在动机促发者，如肯定能力表现但不具控制意味的奖励，以及能所使个体主动从事喜爱工作的奖励。

2.5.2 希克森特米合伊（M. Csikszentmihalyi）的三指标系统模式

希克森特米合伊于 1990 年所提出的三指标系统模式（three-pronged systems model）包括个人（the person）、学科领域（the domain）、工作领域（the field）三个指标系统。他认为创造力不是独特人物或产品的某种特征，而是个人、产品和环境互动的结果。在此模式中，个人从所处文化中获取的讯息会产生一些变异（variation），而这些变异的产生可能源自个人认知的变通性、动机或不寻常的生活经验。希克森特米合伊并认为创造力必定是在某个特定的专业领域中所产生的，创意的产生需要以特定的专业知识为基础。例如，一个剧作家若没有传统戏剧及脚本写作的知识，他绝不可能写出有创意的剧本。此外，一个"工作领域"（field）或一个特定领域的社会结构有变异性的存在也是很自然的，因为此领域的成员可能影响此领域的社会结构。例如一个剧场是由戏剧老师、观众、导演、演员等所组成的，一个"被认为"有创意的剧作家必须能在这个组织结构中取得一个平衡点。

2.5.3 加德纳（H. Gardner）的创造力互动模式

基于希克森特米合伊的创造力模式，加德纳 1993 年提出了创造力的"互动观点"（interactive perspective），该观点强调的是个人（individual））、他人（other persons）和工作（the work）三者间互动的重要性。"工作"指的是学科领域中的相关象征系统。在孩童时代，影响个人创造力的"他人"主要为家庭及同伴，当成为一个学有专精者时，影响个人创造力的"他人"主要为竞争对手、评断者和同行中的支持者。加德纳认为："有创造力的个体是一个能经常性地解决问题、产生产品或能在一专业领域中定义新问题，而此定义是在一特定的文化脉络中起初被视为新奇而最后被接受的。"加德纳同时也认为产生创造力的专业领域往往受创造者的智能、个人特质、社会支持和领域中的机会所影响。

2.5.4 斯滕伯格（R. J. Sternberg）与鲁伯特（T. Lubert）的投资理论

斯滕伯格与鲁伯特于 1996 年所提出的创造力“投资理论”（investment theory）强调个体必须“买低卖高”（buy low and sell high）以成就创造力，也就是说个体应该追求新奇或不受欢迎的观点（买低）以增加产生创意产品的可能性（卖高）。根据投资理论，创造力的表现需要六种不同却互有关联的资源之汇聚，即智力能力（intellectual abilities）、知识（knowledge）、思考风格（thinking styles）、人格特质（personality）、动机（motivation）、环境（environmental）。斯滕伯格与鲁伯特强调，创造力的产生需要一个支持及有回馈机制的环境。

2.5.5 叶玉珠的生态系统模式

叶玉珠于 2000 年提出了生态系统模型。她认为创造力乃个体在特定领域中，产生一个在所处的社会文化脉络中具有“原创性”与“价值性”的产品之历程；亦即创造性产品乃为个体的知识（含经验）、意向、技巧 / 策略与环境互动的结果，她因此提出了“创造力开发的生态系统模式”（The ecological systems model of creativity development）（图 2-2）。模式中包含小系统（microsystem）、中系统（mesosystem）、外系统（exosystem）及大系统（macrosystem）。模式中的外系统是指与个体工作有关的组织环境（包含个体所处的组织环境与专业领域的社会组织中之人、事、物），此系统会与小系统产生互动而影响创造历程及创造性产品的产生。

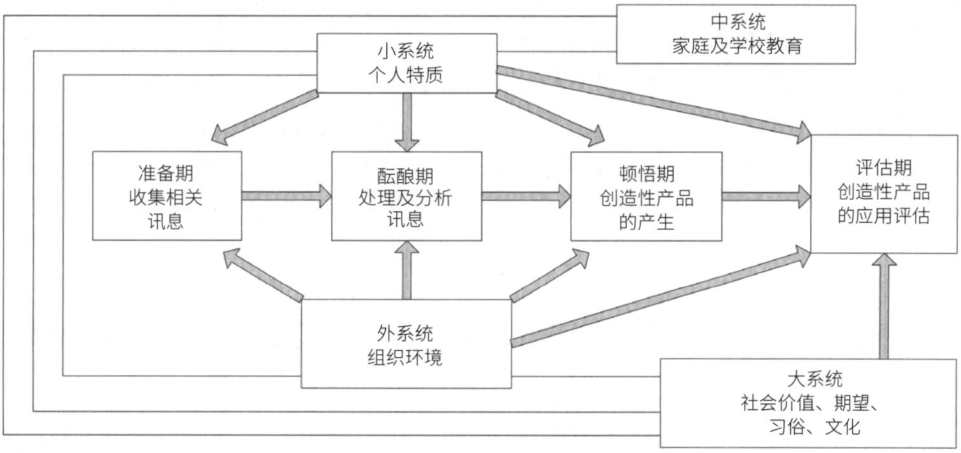

图 2-2 创造力开发的生态系统模式

2.6 创造过程探析

王国维是清代学者，在他的名著《人间词话》中，他对创作的过程作了如下的总结：

“古今之成大事业、大学问者，必经过三种境界：‘昨夜西风凋碧树，独上高楼，望尽天涯路’，此第一境也。‘衣带渐宽终不悔，为伊消得人憔悴’，此第二境也。‘众里寻他千百度，蓦然回首，那人却在，灯火阑珊处’，此第三境也。此等语皆非大词人不能道。”

这里可以看出，创造性思维过程可以分为三个阶段：第一阶段可以看作是寻找目标的发现问题阶段；第二阶段是不断探索、寻找答案的阶段；第三阶段是顿悟的阶段。这可以看作是对创造性思维过程的最早描述。

有些人把创造性活动说得很神秘，使人望而却步。其实创造性思维是人的思维活动的高级阶段，是个人在已有经验的基础上对事物做出新颖的活动，一般包含孕育和发展的阶段。了解创造性活动的过程，有助于人们自觉地进行创造性活动。创造的四阶段和 5R 理论很好地阐述了创造的过程。

2.6.1 创造的四阶段

创造性思维是人的思维活动的高级阶段，它伴随创造活动而产生。创造性思维活动一般经过以下四个阶段。

1）准备阶段

第一阶段是准备期，开始有意识或无意识地沉浸在一系列有趣的、能唤起好奇心的问题中。这一阶段的任务是收集资料和有关信息，为创造做事前准备。一个人在创造之前，都需要对前人所积累的同类问题的知识和经验有所了解，然后才可能从旧问题中发现新问题，从旧关系中发现新关系。从前人的经验中不仅获得了知识，也会获得启示。因此，无论是哪一种创造活动，都必须经过发现问题、了解问题、阅读有关资料、搜集有关信息、分析前人经验等准备工作。马克思写《资本论》时做了巨大的准备工作，他参考了 1500 多本书，做了不计其数的笔记。

如果一个伟大的想法是老成分的新组合，那么最重要的一步就是尽可能地收集与主题相关的所有材料，只有在你对一个情况或问题掌握了充足材料的基础上，你才能找到最好的新的解决方式。

2）酝酿阶段

在这个阶段，想法在潜意识中翻腾。正是在这个阶段，不同寻常的联系有可能被建立起来。当我们有意识地想要解决一个问题时，便会以线性的、符合逻辑的方式来处理信息。但是当想法自己互相呼应，没有被我们的理性引导到一条笔直而狭窄的道路上时，它们之间就会出现意想不到的组合。

这一阶段的任务是消化和转换信息，在头脑中进行象征性尝试，以重新组合概念。经过准备阶段，不仅对某些方面的信息有了相当深度的了解，而且开始从事更深刻的思考。当象征性尝试无法解决问题时，思考者可能将问题暂时搁置一边而从事其他活动，表面看来他对这一问题的思考活动已经中断，但思考却仍然可以在潜意识中断断续续地进行，有时还在睡梦中出现。这种潜意识的思考活动可能就孕育着解决问题的新观念，一旦酝酿成熟，就会脱颖而出，使问题得到解决。

在酝酿阶段要求你走出自己的领域，将自己的先入之见放在一边，打破程式化的思考，将你大脑中的成千上万种信息静静流淌，也许关于畜牧问题的答案可能恰好来自你在足球世界的徜徉。

3）豁朗阶段

这一阶段为灵感来临的时期，有时也被称为“啊哈”时刻。就是阿基米德跑出浴室，大叫“我想出来了”的那一刻，也是将一片片拼图成功拼在一起的时刻。

经过潜伏期的酝酿，创造性的新观念会随着头脑中事物各部分和关系的突然接通，出现豁然开朗的感觉，真可谓“山重水复疑无路，柳暗花明又一村”，这一心理活动又可称为所谓的灵感。灵感的来临，有时是突然的，有时是有戏剧性的，有时会出现在半睡眠的模糊状态中，甚至还会出现在正在从事的其他活动中。

在你临睡前，回忆你的问题，还有理想的解决方法，将之放入“大脑库”，交给你的潜意识去接管，也许转机就在睡眠中，就如“苯”分子式的发现是梦带来的灵感一样。

灵感的出现不是轻而易举的，而是在艰苦的脑力劳动以后出现的。灵感出现的时机不是在体力和脑力劳动相当疲劳、心情烦躁或高度焦虑时产生的，而是在思维活动长期紧张以后的暂时放松状态下产生的。因为当大脑处于紧张状态时，是难以接受新信息并进行有效思考的，只有当大脑处于较为松弛状态时，外界的有关信息才有可能与脑中原有信息重新组合沟通，使问题得到顺利解决。因而，利用音乐或自然放松、参观艺术走廊、散步都会有助于思考，凡是能让大脑开始做新的组合的活动都可以做。

4）验证阶段

这一阶段是把灵感中所产生的思维结果付诸实施。这个过程可能花费的时间最多，工作也最辛苦，这就是爱迪生为什么说创造力是 1% 的灵感加上 99% 的汗水。其实，创造性活动在前一阶段已基本完成，例如就艺术家的创作来说，当思维豁然开朗后，就已构成了解决问题的端倪和作品的轮廓。但是，新观念是否切实可行，还有待于实践的进一步检验。

这一阶段也是将创意变为革新的重要阶段，是从思想层面转向行动层面。如果不顺利地实现二者的转化，再好的创意也只是纸上谈兵。

创造力的过程更多是循环的，而不是线性的。经过多次反复、涉及多少循环、需要多少顿悟，取决于正在处理的问题的深度与广度。有时酝酿期会持续数年，有时则需要几个小时。有时富有创造力的想法包含一个深刻的见解和无数小的顿悟，就像达尔文进化论的构想过程，一些彼此没有联系的思想小火花经过数年酝酿，合并成一个清晰的观点。我们必须记住，在现实中，四个阶段并不是各自独立的，一般它们会彼此交叠，反复出现，直到问题创意完成。

2.6.2 创造过程的 5R 理论

创造过程也可以分为五个步骤，可以用 5R 理论来概括，按照这 5R 一步步地做，就能更好地创造。5R 是指认识需求（Realize the need）、回顾资料（Review the data）、保持数据（Rest the data）、辨认火花（Recognize the spark）、提炼（Refine），我们可以形象地用图 2-3 表示。

图 2-3 创造过程的 5R 理论

具体内容详述如下：

1）认识需求（Realize the need）

人的行为都是在某种动机的驱动下为了达到某一个人目标的有目的的活动，也就是说人类的行为模式是受需求驱动的：需要引起动机，动机引起行为，行为又指向一定的目标，具体可用图 2-4 表示。

图 2-4 人类行为模式图

要使自己所在的组织成员表现出创造性的共同行为，首先必须让全体成员对目标达成共识，知道他们该往何处去。

创造的结果，即我们达到的目标必须非常明确，必须符合 SMART 原则。即 S：SPECIFIC（具体的），M：MEASURABLE（可衡量的），A：ATTAINABLE（可达到的），R：RELAVANT（相关的），T：TIME BOUND（时间范围）。

符合 SMART 原则的目标才是一个真正的目标，如果目标太笼统就等于没有目标，如获取合理的利润、加强信息沟通、提高生产部门的劳动生产率、培养更好的主管人员、安装一个计算机系统等目标显然是不可考核的。

此外，我们必须强化员工的需要，了解并激发他们真正的需求，以满足一个具体的想法和目标。下列的创造需求评判可以帮助你更好地了解和开发他们的需求（图 2-5）。

创造性需求评判

你的组织层次或职称：__________________

你在这个公司工作了几年？__________________

指导语：测量所在公司的创造性气氛。探索四个领域（创造性；创造性和自己所在的公司；冒险和公司；创造性和你），每一个领域的陈述描绘了你对创造性的看法。阅读下列每一行，并决定你代表的创造性等级，在相应的格内画圈。

记分：1= 很不同意，2= 不同意，3= 有些同意，4= 同意，5= 很同意

通过对上述问题的逐一了解，可以了解整个组织创造性的状况。

创造性	得分				
1. 创造性是一种天赋的能力	1	2	3	4	5
2. 创造性可以学习	1	2	3	4	5
3. 个人的创造性是可以改善的	1	2	3	4	5
4. 创造性在工作中是必需的	1	2	3	4	5
5. 创造性是和生产力相连接的	1	2	3	4	5
6. 创造性是浪费时间	1	2	3	4	5
你还希望知道关于创造性的什么其他东西？					
创造性和我们的公司	**得分**				
1. 创造性在这儿是受鼓励的	1	2	3	4	5
2. 革新在此是受奖励的	1	2	3	4	5
3. 管理层提供创造性的方式	1	2	3	4	5
4. 员工可以自由地发展新的想法	1	2	3	4	5

（续表）

5. 我们的竞争对手比我们更具革新的想法	1	2	3	4	5
6. 我们的公司是一个创造性的组织	1	2	3	4	5
我们公司是如何鼓励或窒息创造性?					
冒险和我们的公司	得分				
1. 冒险在这儿是受鼓励的	1	2	3	4	5
2. 人们被允许使用他们的判断	1	2	3	4	5
3. 建立的实践可以被挑战	1	2	3	4	5
4. 失败和错误是可以接受的	1	2	3	4	5
5. 非常规的想法得到公平的倾听	1	2	3	4	5
为鼓励冒险必须改变些什么?					
创造性和你	得分				
1. 我喜欢寻找新的想法做事	1	2	3	4	5
2. 我希望有更多的时间用于创造	1	2	3	4	5
3. 我喜欢增加我的创造性能力	1	2	3	4	5
4. 我愿意为一个好的想法冒险	1	2	3	4	5
5. 我是有创意的	1	2	3	4	5
6. 相信我是有创造性的	1	2	3	4	5
你的想法、观点或问题:					

图 2-5 创造性需求评判

第一部分对创造性的理解，可以了解员工对创造性的认识程度，他们是否认识到创造性的重要，他们对创造性到底持什么态度。

第二部分可以帮助我们了解所在公司对创造性的想法，整个公司和管理层是注重创造性的，还是认为开发员工创造力是多此一举。

第三部分可以帮助我们看看我们的公司是否鼓励创造，怎样对待失败与错误。

第四部分帮助作为一个个体的你进一步了解自己对创造性的看法，看看你自己是否有创意，是否迫切需要进行创造性的培训。

了解上述四个问题以后，我们可以很好地知道我们所处的水平，我们真正的需要是什么。

第三，有了既定的目标，也知道了我们目前的水平，我们就可知道二者的差距，为以后制订改善的行动计划打好基础。行动计划必须围绕目标，扭转现状，达成理想状态。

2）回顾资料（Review the data）

创造性过程的第二步是收集所有可以收集到的数据，并将信息放入我们的脑中，以便我们可以组织它和整理它。收集信息的过程包括确定目标、确定所需信息、确定信息的来源、收集信息的方法、收集信息以及分析信息六大步骤。

第一步：确定目标 在计划收集信息前，第一步要做的就是确定你的目的，换句话说，你为什么要收集这些信息。

第二步：确定所需信息 收集信息的目的一旦确定，你所要收集的信息其实也就确定了。例如：如果你的目的是想发明一种新型的牙刷，那么你就需要收集如下信息：

- 现有牙刷的种类、功能、价格
- 消费者对牙刷的期望
- 制造牙刷的投入

第三步：确定信息的来源 当你知道了你所需要的信息，你下一步所要确定的就是从哪里寻找相关的数据和信息。

一般来讲，数据或信息有两种来源：二手信息和一手信息。二手信息指的是那些已存在的信息，它可以是以前为某一目的而收集过的信息，主要来自公司内部：公司的销售统计、业务报表，销售主管的日报、周报，公司的财务报表，先前的研究报告等。

- 官方出版物：如行业统计分析、统计年鉴
- 报纸、杂志
- 市场研究公司的报告等

一手信息指的是那些为本次目的而收集的原始数据。市场调研是收集一手信息的常用方法之一。

第四步：确定如何收集信息 当我们确定了信息的来源，下一步就是确定如何收集这些信息。如果信息的来源是二手信息，那么相对来讲比较简单，可以通过阅读和查询公司内部的信息来收集；如果信息的来源是一手的，那么就需要确定收集的方法及由谁、什么时候、去哪些地方收集。

- 确定收集方法

收集一手数据的主要方法有：观察法和调查法。

观察法：通过拜访用户并在现场观察以收集信息的方法，例如，我们可观察某一设备的使用情况等。

调查法：通过设计一些问卷，以书面或口头的方式，询问以了解消费者或用户对产品或事物的看法，常用的有抽样调查法。

- 确定谁去收集

你可能需要一个小组的人去收集信息，可以将信息收集工作作为日常工作的一部分，让他们随时收集市场的信息和用户的反应；也可以要他们专门集中在一段时间内收集市场信息。

- 确定什么时候收集信息

也就是要确定收集信息从何时开始，在何时结束。

- 确定去哪些地方收集

在收集信息时选取一个有代表性的样本很重要。我们不仅应当从现场收集信息，也要从其他渠道中获得信息，如图书馆、阅览室、展览馆等。

第五步：收集信息 经过了前面四步，这一步就是具体地做，尽可能地收集更多的信息，不要轻易地舍去这些原始资料。

第六步：分析信息 这是信息收集的最后一个步骤。如果说收集信息是制定策略的基础，那么，分析就是制定策略的关键。分析信息的方法有很多，如SWOT分析（分析事物的优势——Strength、弱势——Weakness、机会——Opportunity、威胁——Threat，它是市场分析中常用的方法）等。分析信息时可以按照一定的步骤和标准，去粗取精，去伪存真。

3）保持数据（Rest data）

彻底地回顾一次数据，让之保持。创造过程的第三步是保持这些数据。

这里关键的要点是保持和整理信息，列出所有你收集到的信息，让它流淌在你的脑中，你慢慢地消化这些信息。有时可以做一些其他的事，一些与你的想法无关的事，试着睡觉和做梦，围绕第三步进行一次讨论，睡觉前做好下列准备：

- 将笔和纸放在床边以备用，开着灯
- 记录梦境，寻找模式和再现
- 放录音机在你的床边
- 在你入睡之前，给自己一个心理上的暗示：你会记住你梦见的东西
- 睡觉之前，想类似隐喻之类的问题，潜意识是“喜欢”比喻的，要求自己的潜意识给出解决方法
- 假如你在睡眠中说话，让人叫醒你
- 让想法发酵
- 以后才恢复它，“看”它的角度会不同
- 时间可以提供更多的数据
- 试着梦见它

4）辨认火花（Recognize the spark）

如果你完成了前三个步骤，接着就是第四步，随时准备好辨认或捕获那些创造性时刻，你或许称它为火花、想法，或者灵感。

在一个小组里提倡创造性：利用脑力激荡等分享他们捕捉观点的方法，并随时准备好增加它们。

创造性来自瞬间的火花，你好好辨认并捕获它并将之书面化。随身携带笔和纸，带着它们到达你尽可能到达的地方。

- 如果在半夜醒来，记下你刚才梦见的想法
- 保持一个运转的笔记便签
- 阅读时做记录
- 请一个人在你睡觉说梦话时唤醒你
- 重复信息三次
- 每天检查这些笔记
- 利用目标或言语来协助
- 告诉其他人使用现代化的方法（例如 24 小时电话接听、手控口授留声机、工作场所或家里的个人电脑）

5）提炼（Refine）

创造过程的第五步是提炼。如果没有完成最后一步，创造性的火花就可能因缺乏燃油而熄灭。

将你最近正式的创造性的思维火花收集好并提炼它，你会判断并决定这些想法的命运，决定什么行什么不行。

J，Justify it's existence 证明它的实用性（积极面）。证明它的存在，列出你的想法所有好的方面。为什么它是好的？它将创造什么样的好处？

U，Undermine its development 破坏它的发展（消极面）。为什么你的想法不行？列出所有的理由，扮演你自己的恶魔的鼓吹者。

D，Delay your personal biases and attitudes 延迟你个人的偏见和态度（保持中立）。延迟你的个人偏见和态度（保持中立），不要让自己太快地下结论，提醒自己别在这个时候做决定，不要太匆忙。

G，Generate the decision 做出决定（运用一套程序）。利用一套你曾经有效使用过的准备好的具体的一类决策工具，你可以运用一致同意、专家意见、权威规则、多数投票、少数控制或其他任何参加人员熟悉的方法，以及在处理过程中插入信息。有时甚至可以采用投掷硬币的办法来帮助你判断。

E，Execute your decision 实施你的决定（行动）。实施你的决定（行动），去做！观点停留在画板上是没有价值的。计划预算，期待你的目标。定出时间计划表，准备一个行动计划，并做一个妥善的计划以应付突发的事件。

判断你的想法，赢是一切。记住，JUDGE，去做，去实现梦想！

◉ 思考与探索

1. 详述创造性系统模型的内涵，及其对创新与创造力开发的意义。
2. 你怎样理解创新与创造力开发的“先天论”与“后天论”？它们对创造力的开发有何启示？

第 3 章　创造力的神经生理基础

本章概要：

- 左右脑的职能分工
- 赫曼的全脑模型学说
- 发散性思维的生理基础
- 收敛性思维的生理基础
- 创造力的神经生理基础

我们可能会忽略一个事实：自己身边所有的一切几乎都是人类的创造性思维产生的成果，无论是科学、人文还是艺术，无论是那些最新颖的思想和发明，还是早已被我们熟悉的日常生活，所有的一切都源于创造力。

1972 年布鲁诺斯基（J. Bronowski）将创造力定义为一种在看似复杂的事物中发现统一性的能力，即找出一条将不同事物串联起来的线索。流传千古的画作，往往都包含了纷繁的色彩、形状和结构，但它们又能恰到好处地融合为一个整体；伟大的音乐作品也具有不同的音调、节奏、强弱变化，但又有一条主旋律贯穿始末；爱因斯坦的相对论、牛顿的万有引力定律、哥白尼的日心说……这些我们耳熟能详的科学发现也都是找到了整个世界中存在的普遍规律。多年来研究者们试图从不同角度阐述大脑产生创造力的机制，也提出了各种假说，但与我们已知的部分和复杂的大脑神经网络比起来，可能只是沧海一粟，关于创造力的探索似乎永无止境，仍然需要我们付出更多的努力去探究。

3.1 创造力开发的脑生理研究

3.1.1 大脑定位功能的假说及研究

19 世纪初期，法国解剖学家加尔（F. Gall）和施普茨海姆（J. Spurzheim）共同创立了颅相学，他们认为根据不同部位头盖骨隆起的程度和特征，能够判断相对应的心理功能的发达程度及其特点。虽然此学说并没有被科学所认可，但在这一学说中他们提出了大脑特定的解剖部位介导特定的脑功能，且用于某一功能的脑组织越多，这一方面的功能也就越强。这一假说的诞生推动了大脑机能定位的研究。

19 世纪中叶，法国外科医生、人类学家布罗卡（P. Broca）的一个病人只能发出一个音 tan，受到加尔理论的影响，他在这名病人去世后对其进行了脑部的解剖，发现大脑左半球额叶区存在缺损。1863 年，布罗卡又报道了 8 例左侧大脑半球受损后失去语言功能的右撇子患者，进一步证实了加尔关于大脑功能定位的假说。1968 年，格什温德（N. Geschwind）发现左脑负责听和理解的感觉语言（Werncke）区比右侧的大；1995 年施劳格（G. Schlaug）等人发现音乐家的听觉皮层区大于普通人，且在音准好的人之中左脑的听觉联络区大于右脑。然而，由于对大脑的刺激可改变大脑的发育情况，并不能确定这种大小上的改变是天生的还是由于后天刺激造成的。1999 年韦斯伯格（R. W. Weisberg）对知识与创造力之间的关系进行了探究，证实了发挥创造力的前提是要具备某领域的专业知识。众多研究都表明创造力除了需要基本的智力和基础知识以外，还与某个特定的领域及相关脑区息息相关，但这仅仅是一个普遍的结论，至于那些创造力超群的人们，他们与普通人的差异究竟在哪里？

说到天才，一定有很多人会想到爱因斯坦。遵照爱因斯坦的遗愿，在他去世后，病理学家托马斯•哈维（T. S. Harvey）对其大脑进行了解剖。他将爱因斯坦的大脑分成了 170 个小的室区后进行切片，并与普通人的大脑对比，惊喜地发现爱因斯坦的左脑外侧裂比大部分人的短，且普通人的大脑外侧裂后端有一个向上升的裂隙称为外侧裂升支，将顶叶的缘上回分为两个区域，但在爱因斯坦的大脑中却缺少了这一外侧裂升支。顶叶负责很多功能，而爱因斯坦未分离的左脑顶叶下部可能提升了他在物理学中需要的计算能力。左侧外侧裂较短、缺少升支可能表明爱因斯坦左脑的下部顶叶皮质及后侧颞叶发育不如普通人，且其顶叶的神经元数量偏少。爱因斯坦 3 岁时仍旧不会说话，这些左脑的异常或许可以解释他的发育障碍，因为左颞叶后部对于语言功能发育十分重要，而左顶叶损伤则会引起失读症。然而 1992 年坎塔（S. S. Kantha）则提出这些左脑顶叶的异常结构也许只能解释他的阅读障碍，而不能解释他的天才。

爱因斯坦提出，思考并解决科学问题主要依靠空间推理和空间想象能力，而就大多数人而言，左脑负责语言，包括说、读、写及理解能力，右脑负责空间推理能力。因此，也许正是因为爱因斯坦负责语言能力的左脑发育延迟，反而促使了他负责空间推理能力的右脑发育更加专业化，使其拥有了超越常人的空间运算能力。这一推论在 2000 年得到了部分的佐证，米勒（B. L. Miller）等人报道了几个左脑额颞叶变性患者，他们都成了出色的艺术家，米勒认为或许这正与他们左脑的发育障碍有关。然而，加西比（G. A. Ghacibeh）等人对一些因癫痫切除了左脑前颞叶的患者进行了研究，发现他们的视觉创造力却并没有因为手术而得到提升，但不能确定这是不是因为癫痫患者的大脑可能与常人存在差异而造成的。

随后，科学家们对于创造力与不同大脑分区之间的关系进行了一系列研究。甘斯勒（D. A. Gansler）及其同事为了研究视觉空间性的创造思维能力与相对应区域的大脑灰质体积是否存在联系，以 TTCT（Torrance Test of Creative Thinking，托兰斯创造思维测验[1]）为量表，运用

1 托兰斯创造性思维测验（TTCT）：测验由美国明尼苏达大学心理学教授托兰斯编制（1966 年），是目前应用最广泛的创造力测验，适用于从幼儿园到研究生水平的个体。它是一项主要考查发散性思维创造性成就的智力能力测试，涵盖发散性思维能力、好奇心、假设性思维、想象力、情感表现力、幽默感、打破常规的能力等方面。

高分辨率核磁共振扫描，对行 TTCT 测试时对应解剖区域的大脑皮质进行了基于体素的形态学回归分析，发现体积与 TTCT 显著正相关的一个焦点位于右侧顶叶的大脑灰质内。根据对顶叶功能和 TTCT 测试的研究，扩大的区域通常在调节注意力和视觉空间处理能力的全局中发挥重要作用，包括控制空间表征的能力。

也有国内学者运用类似的方法研究了创造性成就与认知灵活性之间的关系，他们发现取得较高创造性成就的人背外侧额叶和腹内侧前额叶皮层的体积较大；也有学者发现左脑额叶区域在口头语言方面创造性强的人群中体积较大；日本科学家健内（Takeuchi）及其同事也发现，背外侧额叶区域（主要为右侧）与发散性的创造性认知相关。

众多研究都表明，外侧额叶区对于分离性和发散性推理思维至关重要，而这些思维功能是产生创新的首要条件之一。芬克（A. Fink）等人发现在口头语言方面有创造力的人中，左脑楔叶和楔前叶的大脑灰质体积增加；而张伯伦（R. Chamberlain）及其同事在视觉方面的艺术家中同样发现大脑同一区域的灰质增加，但这一改变发生在大脑的右半球。荣格（R. E. Jung）及其同事运用量表对创造力进行了定量，并运用磁共振成像技术分析了皮质体积后，发现右脑后扣带回与受试者复合创造力指数的得分呈正相关。我们尚不清楚为什么会产生这些结果，但楔叶、楔前叶、后扣带回都是大脑默认网络的重要组成部分。当人们闭上眼睛并产生内部思想和图像时，默认网络就会被激活，而内部思想和画面的生成正是产生创造力的关键要素。

3.1.2 左、右脑的职能分工

1962 年在洛杉矶的一家医院里，有人患了严重的癫痫病，在药物治疗无效且征得病人同意的情况下，医生进行了一次大胆的手术：通过切开胼胝体来割断左、右脑之间的联系，以减轻病人的痛苦，他们把这种手术称为裂脑术。结果手术效果很好，大大减轻了病人的痛苦。美国著名的神经心理学家斯佩里（R. Sperry）教授抓住这一难得的机会，对该病人做了深入研究，结果发现，当把一束光刺激投射在由病人右脑控制的左眼时，尽管病人用左手按键对刺激做出反应，但他却说什么也没看见。由于病人已用左手按键确认，表明他的右脑确已看到了光刺激。但是由于左脑并未看到，所以由左脑控制的语言中枢做出否定的回答。

这就是斯佩里的割裂脑实验，斯佩里的这一重大发现将脑科学研究带入了一个新的时代，他本人也因此获得了 1981 年度的诺贝尔医学奖。

关于脑科学研究，自 70 年代以来不断取得突破性的进展。先是罗杰 • 斯佩里（R. Sperry）、波根（J. Bogen）、葛萨纳嘉（M. Gazzanage）三人进行的著名的“分脑手术”发现了左、右脑结构与功能的区别，提出了左、右脑分工说。图 3-1 和表 3-1 分别说明了左、右脑分工的职能。

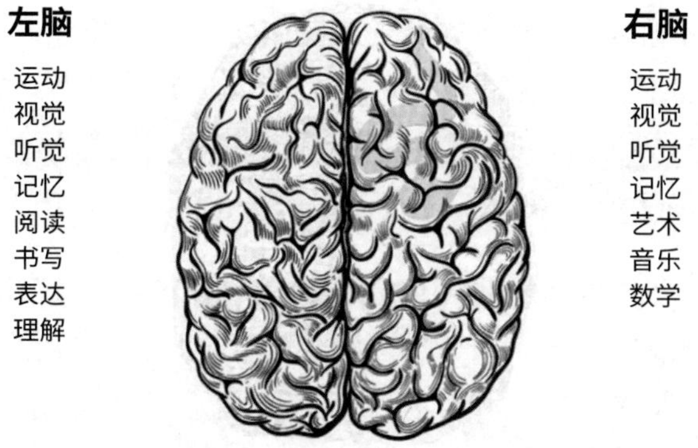

图 3-1 左、右脑分工优势

表 3-1 左、右脑分工优势

左脑（右半边身体）	右脑（左半边身体）
语言、文字	空间、音乐
逻辑、数学	整体的
线形、细节	艺术、象征
循序渐进	同时并进
自制	易感的
好理智的	直觉的、创造力强的
强势的	弱势的（安静）
世俗的	性灵的
积极的	感受力强的
好分析的	综合的、完形的
阅读、写作、述说	辨人面目
顺序整理	同时理解
善于察知重大秩序	感知抽象图形
复杂动作顺序	辨识复杂的数位

这一发现在20世纪70年代初期影响很大，也影响到了教育领域。一些教育研究者纷纷进行关于右脑的教育开发研究，发表了许多研究报告。

3.1.3 麦克连的边缘系统模型

到20世纪70年代中期，美国国家健康学会的麦克连（P. Mclean）提出“脑部三分模型”，依照人类进化历程划分人脑的功能区：从爬虫类脑、哺乳类脑到新皮层（图3-2）。虽然有这种新理论出现，但在70年代，甚至到了80年代，秉持左、右脑二分法的人一直占优势。关于边缘系统的研究成果不被重视。

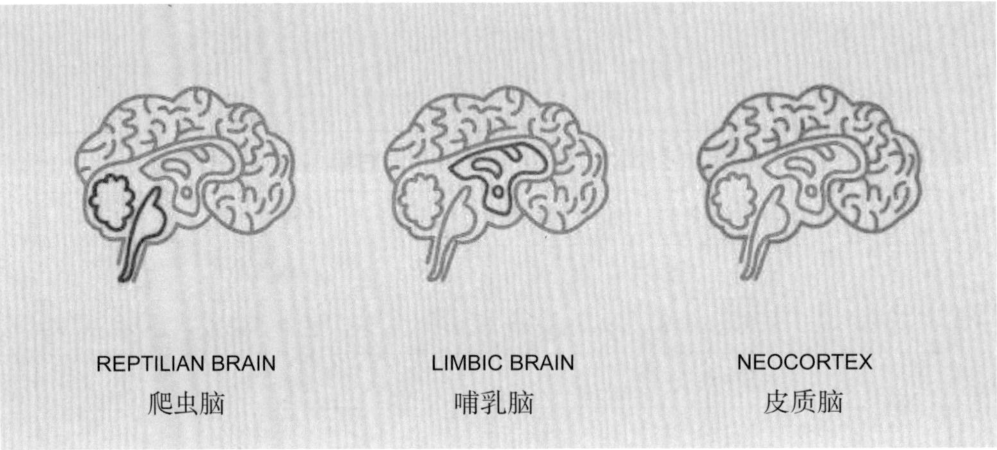

图3-2 脑部三分模型

3.1.4 赫曼的全脑模型

1）全脑模型

赫曼（N. Herrmann）在斯佩里（R. Sperry）和麦克连（P. Mclean）两个研究成果基础上，把二者综合起来，提出了全脑四分构造模型，并认为这个四象限的模型可以当作大脑运作方式的一个组织原则：四大象限类型分别比拟人大脑皮层的两个半脑（斯佩里的理论）和边缘系统的两个半脑（麦克连的理论）。这一全脑四分构造模型可用图3-3、图3-4描绘出来。

而这四个构成部分之间相互联系、依存，构成一个统一的整体。对于四象限分别由ABCD代表，构成图3-5。

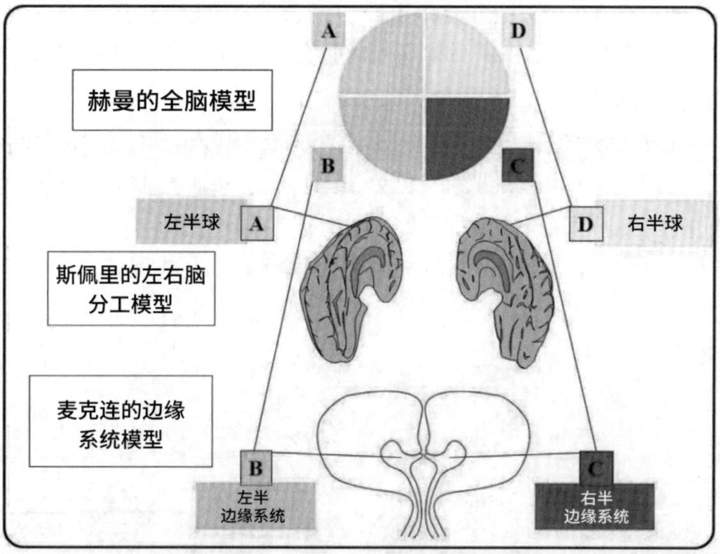

图 3-3 全脑模型及其生理学上之根据

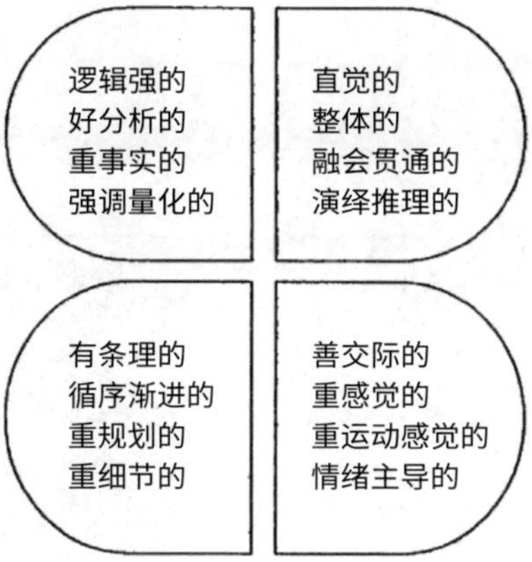

图 3-4 全脑模型

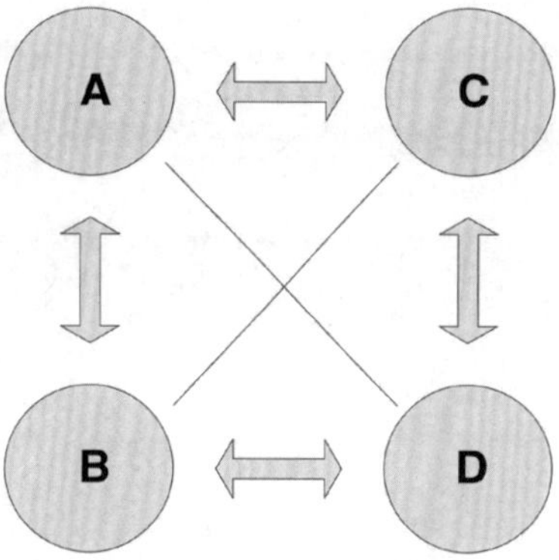

图 3-5 全脑四象限结构

全脑 A、B、C、D 象限结构。四大分工的心智运作模式交错的作用依情境反复联合运作，组成整个大脑。在这大脑中，自然会以某一部分或某几部分为优势。

2）全脑模型对开发创造力的启示

人的大脑由左半脑、右半脑、左半边缘系统和右半边缘系统四个部分组成。这四个部分相互依存和影响，并不是严格独立的，亦即大脑是一个整体。这启示我们：开发学生创造力的脑生理基础是大脑的整体。单独开发右脑或左脑，都是难以奏效的。作为培养人才的教育活动，必须使用各种有效的材料、途径和手段，开发学生的左、右半脑、左边缘系统和右边缘系统，使它们有机协调、配合，共同激发出创造的灵感火花，产生创造性的行为，为学生的创造性成长和培养提供条件。

全脑模型为学生的创造行为过程提供了一个全脑式模式。赫曼（N. Herrmann）认为，大脑是创造的源泉。有许多人认为创造、创新是纯粹由右脑控制程式，但赫曼却认为这是一个全脑活动的过程。他运用全脑模型研究创造或创新的过程，提出了一个新的由兴趣、准备、酝酿、领悟、检验、应用六个阶段组成的全脑创造过程模式。在不同的阶段上，大脑发挥作用的部分（即黑色部分）不同，但整个过程的启动和完成阶段要靠全脑发挥作用，详见图 3-6 和图 3-7。

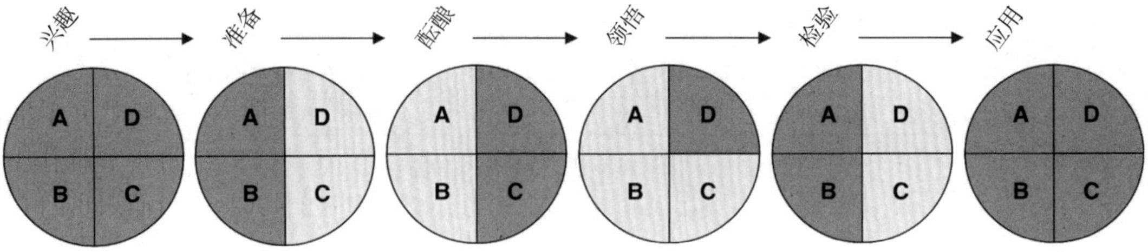

图 3-6 全脑创造历程

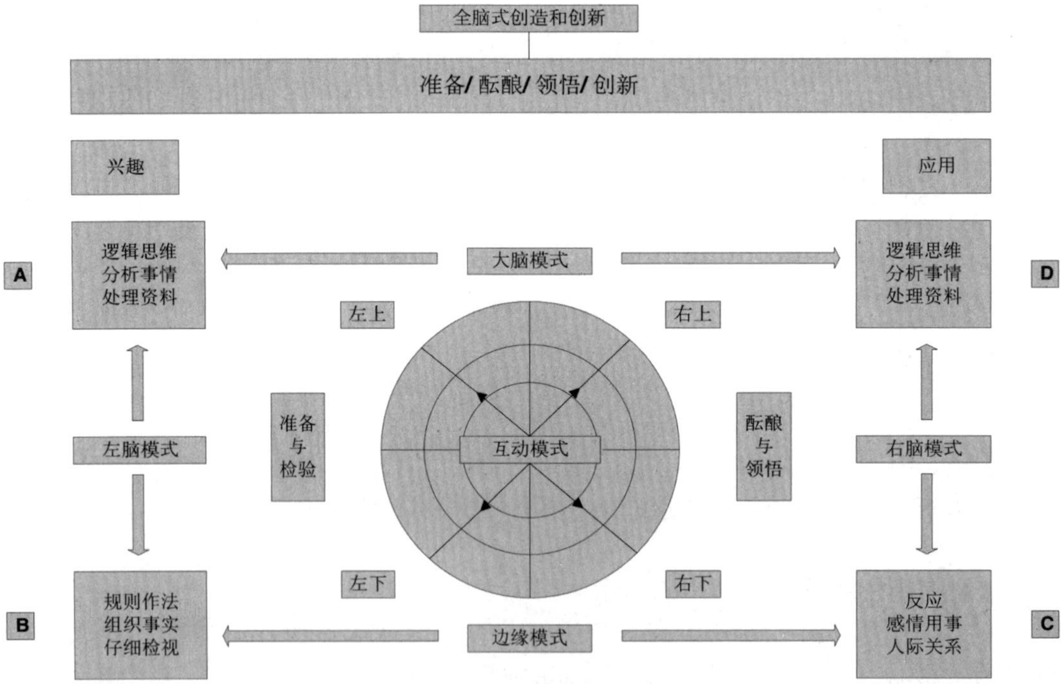

图 3-7 全脑式创造和创新模型

兴趣是创造或创新活动的启动阶段，它表明主体对某一问题集中关注，并产生创造、创新的动机。在这一阶段，大脑的四个部分均发挥作用。在准备阶段，进行资料收集和事实分析，并将事实按照时间排列出来，正确说明问题所在。这一阶段上脑 A、B 两部分发挥着作用。酝酿是大脑在有意识和无意识两个层面上同时处理问题，主要是右脑的心智活动，运动的是直觉概念式的理解能力，将可能的解决办法提升到意识的层面上来。在酝酿的基础上产生领悟，使问题的解决突然发生，犹如茅塞顿开、豁然开朗。在这个阶段主要是大脑的 D 部分发挥作用。之后是对产生的解决办法进行检验等，在这个阶段上起作用的是大脑的 A、B 部分。应用的是对检验成功的解决办法投入使用和推广的阶段，在这一阶段设计的因素很多，因而大脑的四个部分都投入运行，综合发挥作用。这样一个系统的创造过程模型对于我们在教育中指导学生完成一项创造性活动，具有规律性的启发和指导作用。

3.2 大脑功能的开发

人类大脑的进化简史最早要追溯到古海洋时代，当时在大海中沉浮的单细胞生物还没有大脑，但是他们已经有了能够感知和适应外界环境变化的能力；大约 5 亿年前，有些动物发生了基因突变，这些突变逐步演化出复杂的大脑，使得大脑分化出不同的脑区来表达不同类型的神经递质，使大脑产生各种不同的功能变化。它是我们身体中最奇妙的器官，由 3 磅（1360 克）灰色啫喱状物质组成，它可以在 85 年的每一秒接收、加工、处理 600 个以上的记忆单位。也就是说，每分钟 36 000 个记忆单位，每小时 2 160 000 个记忆单位，这意味着，人的一生中每一天有 51 840 000 以上个记忆单位。

神经心理学的鼻祖查尔斯 • 斯科特 • 谢灵顿爵士（C. S. Sherrington）研究了脑细胞之后，感怀至深，文思泉涌：“人脑乃是一台施了魔法的织布机，千百万只梭往复翻飞于斯，织就花纹转瞬即逝，图案寓意何其深远，几曾又有过驻留时刻。小小图案似合若离，此消彼长，宛若银河舞于九天。”

在每个人的大脑中，估计有 1 万亿（1 000 000 000 000）个脑细胞。每个脑细胞都包含一个巨大的电话复合体和功能强大的微数据处理及传递系统，尽管它异常复杂，可是它只有针尖那么大。这些脑细胞看起来都像是超级章鱼，中间有个身体，带有十根、百根，或者上千根触须。如果我们再放大一些，会发现每根触须都像是树干，从细胞中央或者细胞核向四周发散，形成了一个错综复杂的树干结构。不幸的是，大脑使用严重不足。它一天 24 小时为你服务，但你却只使用了上百亿大脑细胞中的一小部分。人们曾经认为人类已经用了 10% 的大脑容量，但今天的科学家相信爱因斯坦可能是唯一一个使用如此高百分比大脑容量的人，其余的人只用了大脑的 2% ～ 3%。

那么大脑的其余部分干什么去了？这是个尚未解答的问题，但可以肯定的是，你的大脑一定有足够的空间提供给创造性思维，首先需要唤醒与训练你的大脑。

3.2.1 了解自己的用脑习惯

根据生理及心理的证据，我们可以知道，大脑包括尚待开发的无边的潜力，为了找到大脑真正的潜力，我们要认识自己的大脑，开发自己的大脑。

为了发掘人脑潜在的创造功能，首先让我们来认识自己的大脑，看看自己的用脑习惯，是善用左半脑，还是右半脑？

训练一：你是哪一种思维方式

1. 在礼堂、影剧院或演讲厅里，你愿意坐在：

A. 右边　　B. 左边　　C. 中间

2. 当你回答一个需要想一下的问题时，你喜欢看：

A. 左边　　B. 右边　　C. 提问人

3. 你的性格是：

A. 外向的　　B. 内向的

4. 你喜欢：

A. 白天学习或工作　　B. 晚上学习或工作　　C. 白天晚上都行

5. 从下面排出 4 件你善于做的事情、4 件做起来困难的事情（在你善于做的项目中标上 G，在你做起来困难的项目上标上 D）：

（1）安排时间；（2）组织工程项目；（3）作计划；（4）创造性地解决问题；（5）劝说别人；（6）积极锻炼身体；（7）管理监督别人；（8）使事物概念化；（9）控制；（10）具有动机性；（11）锻炼自我约束能力；（12）研究过程；（13）遵守规则；（14）预算；（15）积累；（16）鼓动别人；（17）询问；（18）谦恭；（19）对问题反应敏感；（20）负责任；（21）预见事物；（22）可依靠；（23）有洞察力；（24）是实际的；（25）精力旺盛；（26）凭直觉办事

6. 从下面选出 5 个能最好地说明你的词：

（1）分析的；（2）逻辑的；（3）音乐的；（4）艺术的；（5）数字的；（6）语词的；（7）改革的；（8）直觉的；（9）自我控制的；（10）细心的；（11）激动的；（12）能够掌握全盘的；（13）支配的；（14）理智的；（15）能综合的；（16）能空间定位的；（17）能线性定位的；（18）能点定位的；（19）能选择类型的；（20）能用类比法的

7. 从下面选择 4 个最适合于你的句子：

（1）我有很强的领导能力；（2）我情愿单独工作；（3）我倾向于与外部世界和社会紧密联系；（4）我非常热爱艺术；（5）我是认真负责的；（6）我认为自己是非常敏感的；（7）我喜欢参加集体活动；（8）我不好打交道；（9）我对社会有清醒的认识；（10）我经常批评自己；（11）我关心社会活动和自我社会价值；（12）我有时提醒自己的智力不行

评分表：你的思维方式

1. A=1	B=10	C=5
2. A=10	B=1	C=5
3. A=2	B=8	
4. A=2	B=8	C=5

5.（1）G=2	D=7	（2）G=7	D=2	（3）G=2	D=7
（4）G=8	D=2	（5）G=2	D=8	（6）G=7	D=2
（7）G=2	D=7	（8）G=7	D=2	（9）G=2	D=8
（10）G=7	D=2	（11）G=2	D=7	（12）G=7	D=2
（13）G=1	D=8	（14）G=2	D=7	（15）G=2	D=7
（16）G=7	D=2	（17）G=7	D=2	（18）G=1	D=8
（19）G=8	D=2	（20）G=2	D=7	（21）G=7	D=3
（22）G=2	D=7	（23）G=8	D=3	（24）G=2	D=8
（25）G=7	D=3	（26）G=8	D=2		

6.（1）=3	（2）=2	（3）=9
（4）=9	（5）=3	（6）=4
（7）=8	（8）=8	（9）=2
（10）=3	（11）=7	（12）=8
（13）=3	（14）=3	（15）=8
（16）=8	（17）=2	（18）=5
（19）=8	（20）=8	

7.（1）=2	（2）=8	（3）=2
（4）=8	（5）=2	（6）=7
（7）=3	（8）=7	（9）=3
（10）=7	（11）=3	（12）=7

对照上面的评分表，统计你的得分。你的总分是多少？如果你的总分相加，分数在41 ～ 84 分之间说明你是左半脑型；129 ～ 172 分为右半脑型；85 ～ 128 分为中间型。

明确了自己的用脑习惯，还要进一步加强脑功能的训练，只有这样，才能激发大脑的活力。

3.2.2 右半球的创新功能

思维是人脑的产物，人脑是思维的器官。人们经过研究发现，人的大脑分左、右两个半球，在多数情况下，左、右两个半球的分工是：左半球控制人体右侧活动以及抽象思维、分析思维、数学推理及语言等功能，右半球则控制人体的左侧活动以及艺术的、形象的、直觉的思维活动。将人脑的左、右两个半球联结起来的神经纤维——胼胝体以每秒 40 亿次的神速在左右脑间传递着信息，使功能不对称的左、右脑随时沟通。

以前，人们一直认为大脑具有优势半球和劣势半球之分，人们依靠左脑进行理性的思维活动，而右脑则感知外界。因此，左半球是高级的“理性半球”，而右半球则是低级的“感知半球”。

后来，诺贝尔奖获得者、美国教授斯佩里通过裂脑人试验，发现右脑也有许多高级功能，纠正了前人把右脑看作劣势半球的错误观点。随着神经科学研究的发展，今天我们知道，右半球有着不同寻常的功能，它是进行创造性思维活动的中心。一个人要想在事业上有所作为，必须注意开发自己的右脑。

相对论和量子力学，是现代物理学的两大支柱，这两门学科的创始人——德国物理学家爱因斯坦和普朗克（M. Planck）是当代最伟大的物理学家。同时，他们都非常热爱音乐，有很高的音乐素养。爱因斯坦是出色的小提琴手，他在进行思考时，常常拉起他心爱的小提琴，优美的琴声激发了他的灵感，唤起了他的创造欲望；普朗克是出色的钢琴家，他常常在和谐的旋律中构思着伟大的创造。这两位物理学家对音乐的爱好是不是一种偶然的巧合？音乐与他们的物理学成就有没有联系？研究表明，正是音乐的熏陶启迪了右脑，提高了右脑的创造思维能力。他们能够在物理学中取得杰出的成就，应该感谢音乐，音乐浇灌着创造的智慧火花。

从进化的角度看，低等动物只有右脑，没有左脑，高等动物才分化出左、右脑。左脑是人的“本生脑”，记载着人出生以来的知识。右脑则是人的“祖先脑”，储存着从古至今人类进化过程中的遗传因子的全部信息。研究发现，如果初生婴儿的左脑受损，可以照常吃母亲的奶，可如果右脑受损，就不会吃奶。另外，左脑和右脑储存的信息量也是大不相同的，人脑所储存的信息绝大部分在右脑，右脑信息储存量是左脑的一百万倍。思考的过程是左脑一边观察提取右脑所描绘的图像，一边将其符号化、语言化。换言之，右脑储存的形象信息经左脑进行逻辑处理，才转变成语言信息。如果说人生短短几十年积累的知识是一滴水的话，右脑存储的祖先千百万年遗留给我们的遗传信息则是一片汪洋大海！

一位禅师说过：“搞自然科学的人认识世界，就像竹筒里的老鼠，一节一节地啃，总在无尽的黑暗中摸索。而禅的顿悟就像老鼠从竹筒侧壁打一个洞，一下子就见到光明世界。”确实，左脑掌管语言，根据现有的知识进行逻辑推理，这是非常重要的功能。但左脑产生的语言一般没有启示性，也难以得出新的理论，在解决问题时，只能像“竹筒里的老鼠，一节一节地啃”。而右脑的功能在于感悟、想象和预料，具备图形、空间、绘画、形象的认识能力，即形象思维的能力，使它处于大脑感知世界的前沿。碰到一些百思不解的难题，如果能调用储存在右脑中的信息，就会出现某种启示，问题往往就会迎刃而解。

科学家们应用示踪原子研究发现，当遇到新问题需要进行创新思考时，示踪原子的密集区恰好落在右半脑。这进一步说明右脑不仅不是劣质半球，反而是创造性半球，是创新思维的发源地。

在美国早期西部淘金的疯狂年月，年轻的亚默尔带着发财梦随着人流来到加州。严酷的自然环境，恶劣的社会治安，特别是缺水，使亚默尔备尝艰辛。当听见人们呼喊“谁给我一桶水，我给他两个金币时”，一个念头从这年轻人头脑中闪过。他挖蓄水池引水，经细沙过滤制成干净的饮用水，转而卖水。当许多瞧不起亚默尔“追求蝇头小利”的人一无所获空手而归时，亚默尔已经挣了 6 000 美元，奠定了他日后发展的基础。

在这里，亚默尔的“一闪念”，使用的就是右脑思维。

当然，我们强调开发右脑的重要性，并不是要用右脑思维取代左脑思维，事实上右脑思维也不可能取代左脑思维。右脑储存着大量信息，但它的知觉都必须经左脑语言的描述和逻辑的加工才具有最终的价值。然而右脑毕竟是我们的弱项，被我们的传统教育所忽视。因此注重开发右脑潜能，肯定是“少投入，多产出”，能得到事半功倍的神奇效果。

3.2.3 右脑开发训练

下面是几种简单易行而效果明显的右脑训练方法，如果能持之以恒，肯定会有所收获。

1）左侧身体训练法

右脑支配左半身，控制左手运动，反过来，左手、左半身器官的运动也刺激右脑。有意识地调动左手、腿、眼、耳，特别是左手和左手指的运动，对大脑皮层产生良性刺激。美国巴尔的摩约翰霍普金斯大学的科学家对美国的 10 万名 12 ～ 13 岁儿童进行调查后表明，在学习上测验得分最高的儿童中 20% 以上是左撇子或左右开弓的，这一比例是一般儿童的两倍。左撇子儿童早慧多，这是因为左撇子具有把左脑的逻辑思维与右脑的直观性、艺术性巧妙结合的能力，所以他们在许多方面独树一帜。对于大部分习惯用右手的人，如果有意识地多用左手，多使用左侧身体，将有利于右脑的开发。下面就介绍几种活动左侧身体训练右脑的方法。

（1）左书

我们绝大多数人习惯于用右手写字，这时左脑主管着书写的过程。为了开发创新思维，强化对右脑的训练，脑科学家主张用左手写字。左手写字是强化右脑功能的一个简单而有效的方法。

（2）左操

由于右脑负责左侧身体的运动，因此左侧体操与左手写字一样，能够促进右脑的活动，有利于右脑能力的提高。

左侧体操包括一些基本动作和游戏训练。

基本动作：

a）左上肢侧举运动：脚向左侧跨一小步；左手侧平举，掌心向下；左手经侧向上举；左手还原。

b）左上肢前举运动：左脚向左跨一小步；左手经左胸前向上举至水平；左上肢再经胸前上举，与身体平行；左上肢经胸前行下复原。

c）左手指运动：伸出左手，做握拳运动；将握紧的拳头松开，重复进行；将拇指依次与其他各指的指端接触，进行对指训练。

d）左腿侧举运动：立正，目光向前，双手叉腰；重心放在右脚，左脚向左侧外提起，脚伸直，直到与地面平行；复原。

e）左脚前举运动：目光平视，双手叉腰；左脚向前踢，达到与地面平行；复原。

以上各节每次做 10 ～ 20 遍，每天早晚各做一次，每次约 5 分钟。

2）右脑训练游戏

左手猜拳游戏：左手握拳，进行“石头”“剪刀”“布”的游戏。这一游戏在左手握拳、展掌的过程中，锻炼了右脑的灵活性。

在地上画两个同样大小的圆圈，每个圆圈中都放入同样数量的小石子。两人同时提起右脚，用左脚将石子拨到另一个圈内，先完成者为胜。右脚落地一次，在自己圈内加一块石子作为惩罚。

3）左、右脑协调训练法

人的左脑和右脑各有优势，右脑是创新思维的发起者，但创新过程的完成过程中同样也需左脑的参与，因此左、右脑合作得不好，也会影响创新思维的开发。因此，我们在开发右脑时，不能忽视左、右脑协调训练，打字训练和乐器练习（左右手并用的乐器）就是两种比较适合广大中小学生进行左、右脑协调训练的方法。

（1）打字练习

打字需要左右手高度协调，这本身就锻炼了左、右脑的协调。而且在输入汉字时，大脑首先需将汉字拆成字根，这是一个分析过程，主要由左脑完成；接下来还需将字根转换成英文字母，然后再将它们组合在一起，这是一个综合的思维过程，一般由右脑完成。而且在打字时，手指指尖经常与键盘接触，苏联著名教育家苏霍姆林斯基说：“儿童的智力发展表现在手指尖上。”他将双手比喻为大脑的“老师”，因为人体的每一块肌肉在大脑皮层中都有着相应的“代表区”——神经中枢，其中手指运动中枢在大脑皮层中所占的区域最为广泛。因此打字练习能使左、右脑不断得到协调的训练。

（2）乐器练习

无论是弹奏乐器、吹奏乐器还是打击乐器的演奏，都需要左右手的高度协调，手指指尖也经常能得到刺激，因此它和打字练习一样，也是协调左、右脑的一种有效的训练方法。

4）审美意识早期培养法

心理学家认为，审美意识的培养越早越好。审美意识的早期培养可以作为一种潜意识存储在右脑中，使人的思维和谐、流畅。现代脑科学研究表明，音乐也是一种形象思维，具有开发右脑潜能，具备调整大脑两个半球功能的奇特功效。美国加利福尼亚大学戈登・肖（G. Shaw）教授曾将 78 名 3 ～ 4 岁智力相同的幼儿分成两组，一组学习莫扎特和贝多芬的音乐曲，另一组不接受训练。结果 9 个月后，他用拼图游戏对这两组孩子进行智力测试发现，学习音乐的孩子的得分平均提高近 35%。因此让母亲在怀孕期经常听听优美的音乐，欣赏美丽的图画，有利于胎儿右脑的发育。婴儿和学龄前的幼儿是存储信息最敏感和最快的时期，也是培养审美意识、开发右脑功能的最佳时期。中小学生在做作业时，如果欣赏一些与之相适应的音乐（音量低、节奏慢），不仅不会干扰学习，而且能使擅长形象思维的右脑在潜意识状态下，与正在进行逻辑分析的左脑相互配合，使左右脑保持高度的一致，增强两者的协调能力。

5）入定

科学家研究发现，经常进入没有语言的无意识状态有利于右脑开发。据说测定坐禅高僧的脑电波图后发现，脑波速度有所降低，处于一种接近睡眠的状态。但坐禅与睡觉有本质的差异，它是一种清醒的无意识状态。

传说中有高僧可面壁数十年，连身影都印入石壁中，终得以“大彻大悟”，近代一些企业家、政治家也尝试在繁忙的公务中坐禅，排除干扰，求得灵感，做出创新。

当然普通人不可能去禅寺坐禅，但我们完全可以每天抽十多分钟的时间冥想。选一个舒适的位置，可以坐在椅子上，最好是盘腿而坐。调整呼吸，排除干扰，使大脑处于空白状态，这时就可以在不受左脑干扰的情况下，拥有单独使用右脑的时间，使右脑潜能得到开发。

3.3 发散性思维和脱离性思维的生理基础

就像第一章提到的一样，创造力有多种定义，但与创造力的定义一样，每一个提出的定义都具有新颖性。因此，为了建立新的想法、艺术作品、科学发现或是新产品，一个人必须首先能够脱离已有的理论、思想、信念、实践方法和现有的产品，这就被称为脱离性思维。我们的文化和宗教往往希望维持稳定，不接受甚至痛恨戏剧性的改变。因此在许多领域，这种脱离往往被阻挠甚至被蔑视。比如伽利略为哥白尼的日心说找到了有力的证据，但他受到了天主教会的惩罚。直到 1992 年，教皇约翰・保罗二世向教会对伽利略的行为表示后悔，并发表声明承认了天主教会犯下的错误。

德里克・丹尼布朗（D. Denny-Brown）提出，患有额叶病变的患者或实验动物容易表现出不恰当的接近行为，比如当患者的手靠近他们所看着的物体时，会表现出触觉抓握反射和磁性失用[1]（Magnetic apraxia）。相反，顶叶病变则似乎会诱发触觉回避反应。根据这些观察结果，丹尼布朗指出，所有动物，从变形虫到人类，都具有两种主要或基本的行为形式：接近或回避，而通常额叶介导回避行为，而后颞顶叶则介导接近行为。因此当患者出现额叶损伤时，他通常会表现出脱离行为受到影响，从而表现出异常接近行为。1983 年莱尔米特（F. Lhermitte）报道了一个很好的案例：他在额叶损伤患者面前的桌子上，放置了一支笔和一张纸，或一壶水和一个空杯子。他注意到，与大多数正常人不同，这些额叶损伤的患者在没有被要求使用这些物品的情况下，会直接拿起笔开始书写，或将水从壶中倒入玻璃杯中并喝掉这些水。这说明他们的分离性思维是明显缺少的。

卢里亚（A. R. Luria）1969 年发明了几项床边测试，以了解额叶损伤的患者是否具有三种不同形式的运动性脱离受损。其中一项关于模仿行为的测试是“2-1 任务”，在这个测试中，患者接受了指示：“当测试者举起一根手指时，患者需举起两根手指；当测试者举起两根手指时，患者举起一根。”患有额叶功能障碍的患者通常会与测试者举起相同数量的手指，这意味着他们没有办法脱离他们所受到的视觉刺激。反射抑制障碍是另一种类型的脱离运动障碍，测试者让患者将手放在他们的膝盖上并闭上眼睛，当测试者触摸他们的左手时，要求他们举起右手，反之亦然，而反射抑制障碍的患者往往会不自主地举起被触摸的那只手。第三种类型的脱离障碍是持续性运动，指当一个人需要做出不同的行为时，他仍继续执行之前相同的动作，这一持续运动可以是连续进行的，也可以多次反复。持续性运动最简单的测试之一是要求患者写一系列交替的 m 和 n（即 mnmnmnmn），而表现出持续性运动的患者通常会重复其中一个字母（例如，mnmnmnmmmmm）。

以上这些脱离性测试检测的是运动意向和行动，此外还有神经心理学测试来评估认知性脱离。其中一个便是斯特鲁普测试（Stroop 测试[2]：一些表示颜色的词语被用不同颜色的字体写在纸上（如蓝色、绿色），要求被测试者说出字体的颜色，而不是文字所表达的颜色。

虽然脱离性思维是产生创造力的关键因素，但仅仅凭借脱离性思维并不能带来创新。因此，在“脱离”后产生创造力的一个关键因素就是建立与普遍的模式或表达方式不同的思想。这种思维过程被称为“thinking out of box”，即打破常规。

1966 年，赞威尔（O. L. Zangwell）认为，由于额叶对于发散性思维至关重要，额叶功能障碍可能会扰乱发散性思维的产生。1948 年，伯格（E. A. Berg）开发了威斯康星卡片分类测试（Wisconsin Card Sorting Test）[3]，受试者会拿到一副卡片，这些卡片上有几种不同颜色、大小、数量的各种形状的图形，受试者的任务是根据这些特征之一对这些卡片进行排序，直到测试

1 磁性失用（Magnetic apraxia）：19 世纪 50 年代，丹尼 · 布朗用来描述额叶切除术后出现的单侧手强迫抓握及摸索动作。

2 斯特鲁普测试：起因于 1935 年美国心理学家 J.R.Stroop 的实验发现。实验中，呈现的刺激包含着两种信息（字义和书写它的颜色），而对这两种信息的加工是不同的。当这两个信息同时输入时，想只对其中一个信息加工而不对另一个加工是难以做到的。因为对字义的加工容易，所以人总是倾向于报告字义，然而这个实验又不允许作这种反应。因此，两种加工过程容易发生竞争，从而导致字义对书写它的颜色的干扰。这种同一刺激的颜色信息（红色）和词义信息（绿）相互发生干扰的现象就是著名的 Stroop 效应。从广泛意义来说，就是一个刺激的两个不同维度发生相互干扰的现象。

3 威斯康星卡片分类测试（Wisconsin Card Sorting test）：一种单项神经心理测定，首先由伯格（1948）用于检测正常人的抽象思维能力。反映的认知功能包括：抽象概括，认知转移，注意，工作记忆，信息提取，分类维持，分类转换，刺激再识和加工，感觉输入和运动输出等。病理生理学意义：能够较敏感地检测有无额叶局部脑损害，尤其是对额叶背外侧部病变较为敏感。

者不认可受试者的这种排序策略，并要求受试者必须找到新的排序方法。米尔纳（P. Milner）证明了癫痫波发自额叶，并受手术治疗切除这部分额叶的顽固性癫痫患者，往往无法改变他们的分类策略。这一发现说明额叶对于执行发散思维的能力十分重要，为赞威尔的额叶假说提供了支持。后续又有脑功能成像研究为这种发散性思维假说提供了进一步的证据。

通常用于评估发散性思维的测试之一是替代性用途测试（Alternative Uses Test）。测试者会口头告诉受试者一个常见的物品（如“砖头”），并要求受试者在 3 分钟内尽可能多地说出这种物品的用途，而测试者将根据说出的用途的流畅度和新奇度对其进行评分。例如，如果受试者说出的是该物体的日常用途（如建造房屋），他们将获得 1 分；如果他们提供了一些不那么寻常的用途（如用作门挡），他们将得到 2 分；如果非常不寻常（如用来在浴缸中移除脚上的老茧），受试者将能获得 3 分。将这些分数相加得到的总和即为最终的分数，可表示受试者在测试中展现出的流畅度和新奇度。通过脑功能成像，研究者们发现当受试者说出一些新奇的用途时，他们的额叶皮层比说出普通用途时被激活的程度更高。

另一个常用的测试是简化版托兰斯（E. P. Torrance）创造思维测验（brief TTCT），该测试包括了言语和视觉空间两部分的测验。在言语类测试中，受试者会被给定一个场景（如一个人们只能看到其他人的脚的大雾天），并且要求受试者基于该场景讲述一个故事。在视觉空间测试部分中，受试者会拿到一张画着一些曲线的纸，并被要求以这些曲线为基础创作一幅画。

目前我们仍不清楚为什么前额叶在发散性思维中起着如此重要的作用。关于如何使用某件物品的知识存储在大脑的语义网络中，位于颞叶和顶叶。根据赫布（D. O. Hebb）“共同发挥作用的神经元之间总是相互连接”的理论，储存某物品最常见用途的语义网络应该是最强大且最容易激活的。在进行发散性思考时，一个人必须脱离这些强大的思维网络，同时激活更多的远程神经网络。额叶与颞叶和顶叶存储信息的部分具有很强的连接，且额叶可以促进这些远程网络的激活。尽管我们尚未完全了解大脑额叶如何促进这些更远端网络的激活，但额叶是大脑皮质中为数不多的能够控制蓝斑活动的区域之一，它为大脑产生去甲肾上腺素，可能影响了远程网络的激活。

富有创造力的人不仅仅是具有好奇心，好奇的人会去搜索和发现，但有创造力的人会发现并开发出一些新奇的、与原先不同的东西，他们是新奇事物的寻求者。当产生一个新奇的有创造性的想法、发现新的东西或创造出一种创新产品时，人们常常会感受到深深的喜悦和兴奋，也就是我们所说的“啊哈”或“Eureka！”的体验。伟大的作曲家彼得 • 伊里奇 • 柴可夫斯基曾说过：“当一个新的想法出现时，所有的文字都无法描述它给我带来的巨大的欣喜若狂感。”许多药物（如可卡因）也可以引起一种欣快感，许多富有创造力的人，特别是作家、作曲家、音乐家和美术家，滥用药物的比例非常高。一项关于创造性的研究比较了使用这些精神活性药物的学生和没有使用的学生，发现使用药物的学生往往更具有创造力。对于这一结果，一种可能解释是这些药物能通过某种方式提高人的创造能力，然而另一项研究却显示，人在使用药物后创造力并没有得到提升。著名电影制片人、导演，好莱坞电影之父之一的塞西尔 • 德米莱（C. B. DeMille）曾说过：“创造力是一种离开它我就无法生存下去的药。”另一种可能假设是，这些精神活性药物带来的欣快感，与产生创新时带来的那种欣喜若狂感，具有相同的大脑神经网络基础。

詹姆斯·奥尔兹（J. Olds）和彼得·米尔纳（P. Milner）将电极插入老鼠的大脑伏隔核中，当这些老鼠按下开关时，这些电极就会刺激隔膜区域产生兴奋，而这种刺激可对老鼠产生奖赏效应，使它们不断按下这个开关，直到筋疲力尽。同样，腹侧被盖区包含的多巴胺神经元可通过中脑边缘系统投射到伏隔核，刺激这一区域也会产生奖赏效应。伏隔核与腹侧纹状体系统相连，脑功能成像研究显示，在产生奖赏效应时腹侧纹状体系统被激活。帕金森病患者大脑中负责生成神经递质多巴胺的神经元数量减少，因此通常使用多巴胺受体激动剂进行治疗，这可增加大脑对多巴胺的敏感性。临床资料显示，使用这种多巴胺受体激动剂治疗可能会使这些患者成为高风险爱好者。有研究证据表明，接触新奇事物也会激活中脑边缘多巴胺系统，这与调节精神活性药物带来的奖赏效应使用的是同样的神经系统。这些现象表明，和滥用精神活性药物一样，新奇的事物、发现和创造同样可以激活这一腹侧纹状体奖励系统。近年来多位科学家的研究证实，使用多巴胺受体激动剂治疗的帕金森病患者，创造性思维能力得到了一定的提升。

3.4 联想性思维和收敛性思维的生理基础

创造力被定义为新的发现、理解、发展或表达方式，或者“找出一条将所有事物串联起来的线”，有人曾提出“创造力即需要找到各个元素之间闻所未闻的组合方法和微妙关系”，“创造性的想法源于两个或多个以前互相独立的想法的结合”。如前所述，从布罗卡（P. Broca）的研究开始，越来越多的证据证明我们的大脑是以一个个模块为单位进行工作的，因此创造力往往是各模块之间进行连结并一起作用后的结果，我们的大脑右半球和左半球分别存储了许多不同形式的信息，而许多创造性作品的产生需要两个半球共同参与。比如，左半球介导数学运算，而右半球似乎在空间认知能力中更为重要，包括空间想象能力。因此，一个成功的物理学家若想要建立新的物理理论，必须同时运用到两个大脑半球。利普曼（H. Liepmann）曾研究证明，在右利手的人中，技术性动作的指令主要是由大脑左半球发出的，但按照我们之前所说的，右半球在调节空间关系方面占有主导地位，因此，艺术家在对画作进行布局和绘画过程中也往往需要使用到两个半球。此外，在进行绘画时，艺术家必须专注于所画的物体，同时还必须关注这个物体如何与画作中的其他物体融为一体。有人曾证明，虽然左半球控制我们集中注意力，但右半球是调解我们全局注意力的。可见，创造出一幅伟大的绘画作品需要两个大脑半球的共同协调参与。即使是在创造音乐作品时，也必须通过两个半球之间的整合，因为右半球主要参与旋律的形成而左半球更多地参与节奏的处理。

我们还可以举出无数的例子，来说明两个大脑半球间的联结胼胝体（Corpus Callosum）在创作过程中是必不可少的。在我们的大脑中，负责联结左右半球模块系统的结构被称为胼胝体。有一个用于评估创造力的测试是洛夏墨迹测验（Inkblot Test/Rorschach Test[1]）。部分癫痫患者发病时，大脑神经元异常放电形成的癫痫波会从一个半球扩散到另一个半球，而一般的抗癫痫药物无法成功控制这些患者的癫痫发作。因此，为了防止这些患者的癫痫发作跨半球扩散，神经外科医生想到了切断胼胝体的手术方法。路易斯（R. T. Lewis）在 1979 年进行了一项测试，他找到了 8 名接受了胼胝体切断术的癫痫患者，分别在手术之前和手术后对他们进行了洛夏墨迹测试，并对他们言语反应方面的创造能力进行了评估。经过测试发现，在这些患者接受了胼胝体切断术之后，他们在洛夏墨迹测验中表现出的创造力有所下降。大脑右半球在视觉空间感知和全局视觉注意力的调节中起主导作用，而左半球主要控制语言能力。所以，把介导这些认知活动的两个半球之间的联结切断后，会削弱这些患者的创造力。梅德尼克（S. A. Mednick）曾指出，当对一个外部刺激产生联想反应时，富有创造力的个体往往表现出能够激活高度散布的语义概念网络的能力。根据路易斯（R. T. Lewis）的观察结果，创新的产生也是来源于原本分散的认知网络的独立性被打断，从而产生相互之间的作用。之后的研究进一步支持了梅德尼克的理论，通过对正常受试者的脑电图进行分析后发现，当产生创造性思维时，原本大脑中解剖上分散的部位表现出了脑电波振幅一致性地提高。换句话说，这项脑电图研究表明，我们似乎找到了生理基础方面的证据，来说明在创造性认知过程中，大脑正在“找到不同事物间相互连接的共同线索”。

3.5 系统激活大脑网络

3.5.1 孵化期（Incubation）

许多人都曾有过这样的经历：当他们试图解决一个问题但无法一下子就找到解决方案时，经常能在处理其他问题或进行其他形式的认知活动时，突然想到原先问题的解决方案。人们经常把这种体验定义为“Ah-Ha”或“Eureka”。亥姆霍兹（H. Helmholtz）1826 年和沃拉斯（G. Wallas）1926 年都认为，创造力产生的一个重要阶段是孵化，即在无意识的状态下解决问题的过程。狄克思特修斯（A. Dijksterhuis）和诺格伦（L. F. Nordgren）于 2006 年进行了几项研究，来探索无意识状态（即孵化期）与有意识思维状态下引发的洞察力。比如，他们让受试者从两个新房子中选择一个，而每个房子都有各自不同的属性。这些调查者发现，如果让受试者们分散注意力一段时间，即让他们无法有意识地思考如何做出决定，往往会比一直进行有意识的思考能带来更好的决策。许多无法立刻做出决定的人会经常说：“让我考虑一下。”然而，在大多数情况下，这些人经常会忙于其他事务，之后却能“考虑”出最好的决定。虽然通过无意识思

1 洛夏墨迹测验（Inkblot test/Rorschach test）：洛夏（H. Rorschach）于 1921 年首先用于想象力测验中，后纳入投射测验中，是人格测验的一种。由纯灰至黑和浓淡不匀的彩色墨迹图组成，每次呈现一张给受试者，告诉他，在这些墨迹中看到像什么便说出来。让受试者在情境中作出反应，这反应是按情境对他的意义有何感受来作出的。在此测验中将前一个回答阶段称联想期，后一个阶段称询问期。这两个阶段与受试共同进行，主试来处理和分析回答结果。

维转移注意力可能会带来创造性的思想和“啊哈”时刻，但我们的大脑是如何产生这种无意识的洞察力的，其具体的神经基础机制仍有待进一步研究。另一方面，并不是所有的创新都是在无意识状态下产生的，在人们有意识地解决问题的过程中，也会产生许多创新性的思想或成果。

3.5.2 睡眠

许多富有创造力的人都曾说过，当他们入睡时或者从睡梦中醒来时，有时就会对一个困难的问题有所发现，或者产生一些创造性的想法。虽然关于这个故事的真实性存在很多争论，但是关于睡眠和创造力之间关系的最著名的例子之一是凯库勒（A. Kekule）的故事。当时的化学家们已经发现了苯有六个碳原子，但还不清楚这些原子在空间上是如何排列的。直到1865年，或许是在睡眠期间，或许是在昏昏欲睡的状态下，凯库勒梦见了一条蛇在追逐它的尾巴，从而形成了一个圆环。正是因为这个梦，凯库勒产生了苯具有环状结构的想法。狄昂（S. Dehaene）1997年在他名为*The Number Sense*（数感）的一书中提到，许多数学天才都声称他们在睡眠过程中曾出现过一些最具创造性的时刻。

睡眠是如何帮助大脑产生创造力的，这其中的机制我们尚不完全清楚。德拉戈（V. Drago）等人对这之间的关系首先进行了研究，指出有几种不同的生理状态都与睡眠有关。我们的睡眠过程包括了快速眼动睡眠（REM）和非快速眼动睡眠（NREM），NREM睡眠又可以分解为4个阶段，这些阶段是以脑电图中慢波活动的程度为特征进行划分的。在非快速眼动睡眠期间，还存在脑电图活动的循环交替模式（*Cyclic Alternating Patterns*，CAPs），而根据脑电图上波的频率，这些循环交替模式还可以被分成三个子类（A1-A3）。德拉戈及其同事试图了解睡眠期间CAP活动与创造力之间的关系，他们在健康的年轻人中进行多导睡眠图描记录来进行研究，并连续记录三个夜晚。在进行这些记录之后的第二个和第三个早晨，这些受试者进行了简化托兰斯创造思维测试。测试结果表明，非快速眼动睡眠的几个阶段的数量与创造力相关。此外，他们还发现创造力与快速眼动睡眠程度之间存在负相关关系。然而，非快速眼动睡眠与更高水平的创造力之间相关的原因尚不完全清楚，但我们可以猜测，非快速眼动睡眠与低水平的大脑皮层觉醒相关，而低程度的皮层觉醒可以增强大脑产生远程联结的能力，而这一过程通常对创造力的产生至关重要。

3.5.3 休息和放松

神经理论的创始人、诺贝尔奖获得者圣地亚哥•拉蒙•卡哈尔（S. Ramony Cajal）在1897年写了一本名为《给年轻研究者的建议》（*Advice for a Young Investigator*）的书。在书中，他提出了一些关于开发创造性解决方案的建议：“如果在尝试过所有的办法和尽各种努力后，仍然没有找到解决方案，但却感觉成功就在拐角处马上就能到来，请试着休息一会儿。通过几个星期在郊外的放松休息，并享受宁静的氛围，可以给人们的心灵带来平静和清晰。就像清晨的霜冻一样，这种智力上的焕然一新，可以使被寄生虫感染或萎靡的植物枯萎，防止它们抢走好种子的养分。最后，能够爆发生长而盛开的是真理之花，它的花萼通常在长时间深度睡眠之后的黎明开启。” 这一平静的时刻在歌德和其他许多人的心中都是最适合去探索发现的。

库恩（T. S. Kuhn）在他的重要著作《科学革命的结构》中将科学思维中的巨大变化称为“典范转移”。现代误差理论中一些最伟大的典范转移包括爱因斯坦的相对论、孟德尔的生物遗传学理论以及由此带来的遗传学的发展、达尔文的进化论、牛顿的微积分和引力理论的发展等。虽然这些“典范转移”对科学发展产生了不同的影响，但这些伟大的科学革命都是在这些科学家处于相似的心理状态时发生的。达尔文当时正乘坐贝格尔号游艇航行；爱因斯坦每天在专利局工作 8 小时，但在他的工作之后，他会留在办公室工作至深夜；因为黑死病的流行，在剑桥大学工作的艾萨克•牛顿爵士不得不在大学关闭时暂时离开，牛顿去了他母亲的农场，在农场放松的时间里，他发现了万有引力定律和微积分；当格雷戈尔•孟德尔建立遗传——基因学理论时，他正在修道院里种植甜豌豆。所有这些典范转移都发生在这些有创造力的人处于放松的状态时。

3.5.4 抑郁状态

在 1921 年，埃米尔•克雷佩林（E. Kraepelin）可能是第一个注意到躁郁症通常与创造力的增强存在相关性的科学家。后续又有一些研究者报告说，我们许多最富有创造力的作家、作曲家、画家和科学家都患有抑郁症，无论是单向抑郁障碍还是双向情感障碍。安卓森（N. C. Andreasen）和格利克（I. D. Glick）指出，在严重的抑郁症中，有创造力的人群能有丰富的作品或成果产出是不寻常的。皮克林（G. Pickering）则阐述了他的观点：这些疾病期可能对富有创造力的个体有正面作用，因为这可能为他们提供了可以发展创造性思维的孵化期。

放松状态和抑郁症往往能带来创造性的发现，其中的原因尚不完全清楚。然而，伊斯塔布洛克（J. A. Easterbrook）认为，压力或应激状态可引起高水平的脑皮质激活，可能会以某种方式阻碍或抑制大脑神经网络中远程联结的出现。相反，较低程度的皮层觉醒可能会使一些不寻常的神经元联系变得更为明显。如前所述，大脑神经元远程联系的激活是产生创新的一个非常重要的方面，但新的问题又随之产生了：为什么较低程度的皮层激活会带来大脑神经元远程联系的激活？

3.5.5 去甲肾上腺素

去甲肾上腺素是大脑中最重要的神经递质之一，在调节大脑的觉醒中具有关键作用。因此，可以将创造力与抑郁、休息和放松、睡眠或梦境连接起来的线索，可能就是去甲肾上腺素这种神经递质水平的改变。

已有的研究证明，心理压力会导致去甲肾上腺素处于较高水平，而放松状态会使去甲肾上腺素的水平较低。关于抑郁症的产生机制，有研究表明可能是由于大脑内去甲肾上腺素和5-羟色胺的含量减少引起的。这一理论得到了临床观察结果的支持：对于重度抑郁症患者，最有效的治疗方法之一是使用5-羟色胺-去甲肾上腺素再摄取抑制剂,这些抑制剂可增加大脑中这两种神经递质的水平。

远程联想测验（Remote Associates Test，RAT）是由梅德尼克（Mednick）于1962年开发的创造力测试，用于评估一个人的创造潜力。在进行该测试时，会向受试者展示三个看似不相关的常用词（例如：美国、蓝色、山羊），并要求受试者想出一个与前三个词中每一个都相关的第四个词（例如：奶酪）。该测试旨在评估人们激活大脑远程词汇语义网络联想的能力，如果受试者在进行这项测试时处于应激情况下（焦虑状态），他们的测试结果会变差。应激状态会使去甲肾上腺素系统的活性增强，去甲肾上腺素可抑制由外部传入信号引起的内在兴奋性突触电位，从而改变大脑信噪比。去甲肾上腺素诱导产生的这种活动变化使大脑偏向于对外部刺激产生反应，从而对“战斗或逃跑（fight or flight）”反应产生重要作用。然而，创造性的想法是通过对内部刺激产生反应，而去甲肾上腺素抑制一个人对内部刺激产生反应的能力，并且会收缩对创造性创新如此重要的广泛神经网络。

美国SAT测试的问题可以通过已学到的具体知识来回答，此外也包括了一些需要通过推理才能解答的问题。在参加此项测试时，若学生有严重的焦虑，他们的考试成绩往往会比平时表现出应有的成绩更差。使这些焦虑的学生遇到最大困难的是那些需要推理技巧的问题，而不是仅仅依靠固有知识就能回答的问题。然而，法伊格尔（H. C. Faigel）1991年发现，当这些学生在参加SAT考试之前立刻服用普萘洛尔时，他们的分数得到了提高。普萘洛尔可阻断去甲肾上腺素对大脑的作用，而这种阻断可能使这些学生大脑中的语义网络扩大，同时增加他们认知的灵活性。

由此，有研究者想要验证这样一个假设：使用普萘洛尔阻断去甲肾上腺素的作用，是否能增强认知的灵活性，从而让服用这种药物的人“找到串联起事物的线索”。研究者们让健康人群使用麻黄碱或普萘洛尔药物，之后测试他们解决字谜的能力。研究结果显示，这些健康的受试者们在完成测试之前服用普萘洛尔时表现得更好。

产生去甲肾上腺素的神经元存在于中脑的蓝斑核中，迷走神经将信息从内脏传输到大脑，同时迷走神经的激活可以激活中脑蓝斑核，从而增加大脑中去甲肾上腺素的产生量。在临床实践中，当其他治疗措施失败时，我们可以通过刺激迷走神经治疗癫痫。有研究者对正在接受迷走神经刺激治疗的患者进行了创造力的测试，在他们的迷走神经被刺激时以及未被刺激时分别进行测量。他们使用TTCT来对创造力进行评估，并使用字谜测验来评估认知的灵活性，在进行测试时受试者并不知道迷走神经是否正受到刺激。测试发现在刺激迷走神经过程中，认知灵活性降低且创造力下降，这项研究的结果进一步证明了认知灵活性和创造性思维与蓝斑活动减少相关。从这些研究中，我们似乎可以发现大脑肾上腺素能系统的活动可增加大脑的信噪比，从而提高大脑感知输入的能力，也降低了大脑征用大规模网络的能力。

正如我们前面提到的那样，人们在处于放松状态的时候似乎比处于很大压力状态下更有创造力。通常，当对清醒但处于放松状态的人进行脑电图检查时，脑电图通常会呈现出 α 活动（脑电波每秒发生 8 ～ 12 次循环）；当处于压力状态下或大脑皮质高度唤醒状态时，这种 α 活动会减弱，大脑活动在脑电图上呈现出更高频率的波。贝里奇（C. W. Berridge）和福特

（S. L. Foote）于 1991 年提供的证据显示，蓝斑核的激活可以使脑电图上的波形发生改变，从较慢的 α 活动变为更快频率的活动。马丁代尔（C. Martindale）和哈森弗斯（S. Hasenfus）于 1978 年对受试者写创造性故事的能力进行了研究，根据这些故事的创造力强弱，这些受试者被分为创造性组和非创造性组。研究者们还记录了这些受试者们在休息时和编写故事时的脑电图，对这些脑电图的分析显示，在静息状态下，这两组人群之间的脑电图没有明显差异，然而在他们构思故事期间（即“创新阶段”），创造性组明显比欠缺创造性组的人群大脑 α 活动更为活跃。这些研究结果为上述的假设提供了生理基础的支持，即保持低水平的大脑皮层觉醒可以增强创造力。

正如我们之前所说的那样，许多患有抑郁症或者双相情感障碍的人都被发现富有创造力，同时有研究发现抑郁症患者通常对增加大脑去甲肾上腺素水平的药物有所反应，这些发现可作为间接证据，表明去甲肾上腺素水平介导的大脑皮层觉醒可能会影响创造力的呈现。对这一假设的进一步证据支持来自对抑郁症患者的觉醒水平研究，科学家们通过使用脑电功率分析，发现患有抑郁症的人大脑觉醒水平降低，并且通过治疗可以逆转这种降低的觉醒水平。

创造力是人类最重要的活动之一，也是一种珍贵的天赋，但在我们所有的行为能力中，它是目前研究最为缺乏的之一。我们不仅需要更好地了解在多个领域中调节创造性活动可能的大脑神经机制，还要在此基础上去了解如何优化提升我们的创造力。衰老以及神经或精神疾病可能对创造力产生重要影响，因此，我们还需要了解衰老和各类疾病是如何影响创造力的各个不同方面的，以及如何治疗这些疾病。目前，尽管神经心理学家和神经病学家评估了许多不同的认知功能（例如：情景记忆、语言、计算、工作记忆、执行功能、感官知觉、智力等），但很少有临床医生会去测试患者的创造力。虽然现在已有一些测试可以用于评估创造力中的部分元素，如脱离性思维可用斯特鲁普测试、威斯康星卡片排序等；发散性思维可用替代用途、托兰斯测试等；而融合思维可通过梅德里克远程联想测试[1]进行评估，但这其中的一些测试很少会真正用于评估患者。此外，进一步开发创造力测试十分有必要。最后，我们知道童年时期的刺激可以增强认知能力，甚至可以在解剖学和生理学上使大脑产生变化，但我们仍然需要更多地发现可以采取哪些措施来增强儿童的创造力。

总之，对于大脑的研究仍在探索的路上。

◉ 思考与探索

1. 深刻领会开发大脑右半球对于创新与创造力的实际意义。

2. 简述替代性用途测试。

---

1 梅德里克远程联想测试：梅德里克于 1962 年发明，它是测量创造性的有效方法。RAT （Remote Associates Test）的理论依据与发展 RAT 测验是基于该测验的创始人梅德里克的远距离联想理论（Theory of Associative Creativity）而提出的。该理论认为创造性思考是将联想得来的元素重新整合的过程。新结合的元素相互之间联想的距离越远，这个思维的过程或问题的解决就更有创造力。

第 4 章 创造性人才的构成心理因素——创造性思维

本章概要：

- 思维及创造性思维的含义特征
- 问题意识与创新思维的开发与培育
- 创意解决问题的过程

4.1 思维与创造性思维

4.1.1 思维及其属性：概括性与超越性

思维是一种复杂的心理想象，心理学家与哲学家都认为思维是人脑经过长期进化而形成的一种特有技能，并把思维定义为："人脑对客观事物的本质属性和事物之间内在联系的规律性所进行的概括与间接的反应。"

辨证唯物论告诉我们，人们对客观事物的认识，第一步是接触外界事物，产生感觉、知觉和印象，这属于感性认识阶段；第二步是将综合感觉的材料加以整理和改造，逐渐把握事物的本质、规律，产生认识过程的飞跃，进而构成判断和推理，这属于理性认识阶段。我们所说的思维指的就是这一阶段。概括性和超越性是思维的两个最基本的属性。

思维的概括性是指思维能够反映事物的本质。比如，通过感觉和知觉，我们只能感知铅笔、钢笔、圆珠笔、毛笔等各种具体的笔，而通过思维，能概括出所有笔的本质属性，即写字的工具。再如通过感知，我们只能知道太阳从东方升起，至西方落下，而思维则能揭示出这种规律性变化是地球自转的结果。

思维的超越性是指思维能够超越具体的时间和空间，能够超越具体的客观事物。比如，中学生根据《上下五千年》或《五千年演义》等书的描述，能够超越具体的时间，想象出几个世纪前"秦始皇统一中国""陈胜、吴广大泽乡起义"等历史情景；建筑工人根据设计图纸能想象出未来建筑物的形象；从未到过江南的人，读着白居易的"日出江花红胜火，春来江水绿如蓝"的词句，头脑能够超越具体的空间，想象出祖国江南的秀丽景色；作家在创作神话故事时，头脑能超越客观的具体事物，塑造出"孙悟空""狐狸精"等现实中根本不存在的荒诞离奇的形象。

而我们的身体则不具备思维的这种“超越性”，我们既不能超越具体的时间提前进入 22 世纪，也不能再回到从前；同样，如果想从一个空间移动到另一个空间，往往需要一番周折，而不能像思维那样仅仅是简单的超越。

正是由于思维具有概括性和超越性，人类才可以超越具体的时间、空间和具体的客观事物，去认识那些并没有直接作用于人的事物的本质，从而进行创造发明。比如，人类不能直接感知天体运行的规律，但能借助思维，揭示天体运行的规律，从而创造出了预测未来的史书；人体不能直接感知电磁场的存在，但能借助于思维，揭示出电磁间转变的规律；马克思生活在 19 世纪，但他能借助于思维，揭示出千百年来人类社会运行的基本规律，构想出数百年后的社会制度；爱因斯坦则更是超越了具体的时间和空间，提出了引起科学革命的相对论……

1914 年，德国气象学家魏格纳（A. L. Wegener）卧病在床，他望着挂在墙上的世界地图，忽然发现了一个有趣的现象：在大西洋西岸、非洲西部的海岸线和南美洲东部的海岸线正好彼此吻合。于是，魏格纳大胆地超越了时间和空间，大胆超越了具体的客观事物，提出了“在远古时代，这两块大陆本是合为一体的，后来由于某种原因，经过长期演变，才逐渐断裂漂移开来”的观点。此后，魏格纳又在此基础上，经过进一步的考察和论证，概括出了对研究地球演变具有极其重要意义的“大陆漂移”学说。

魏格纳的这一发现，可以说是思维的概括性与超越性的杰作。

当然，对每一个具体的人来说，思维的概括性和超越性是相对的。外部环境、教育背景等都会制约人们的思维，而打破这些制约，增强思维的概括性和超越性，进而提高大家的创新能力正是本书的主旨。

4.1.2 两种重要的思维：逻辑思维与非逻辑思维

“逻辑”一词是由英文“Logic”音译而来，具有思想、原则、理性、力量、规律等含义。因此逻辑思维是指严格遵循逻辑规律，逐步分析与推导，最后得出合乎逻辑的正确答案和结论的思维活动。反之，非逻辑思想则是一种没有完整的分析过程与逻辑程序，依靠灵感和顿悟，快速地做出判断与结论的思维活动。

逻辑思维和非逻辑思维是性质、特点、作用完全不同的两种思维方法，在常规思考或创新思考的过程中，两者往往交替使用，但在思考的不同阶段，它们所起的作用又有主与次的区别。

一般来说，逻辑思维讲究准确性、严密性和条理性，是人们自幼通过参加各项实践活动和学习各门知识过程中使用较多、掌握较好的一种常规思维方法，是我们解决日常工作、学习和生活中绝大多数问题时必须运用的。当我们面对纷繁复杂、千头万绪的事物束手无策时，就可使用逻辑思维方法来理清思路，寻找解决问题的方法。而非逻辑思维则讲究流畅性、灵活性和独特性，是一种长期为大家所忽略的思维方法。当我们面对咄咄逼人、富有挑战性的难题，运用步步推进的逻辑思维难以解决时，使用灵感思维、直觉思维，以及联想、想象等具有跳跃特性的非逻辑思维往往能找到新途径，想出新点子。

《武器与人》是英国大文豪萧伯纳的杰作。这个剧本在首次公演时，就征服了广大观众，他们要求萧伯纳登台，接受祝贺。这时也有一个寻衅喝倒彩的，他当众指责萧伯纳："萧伯纳，你的剧本糟透了，赶快停演吧！"

面对这种无礼的叫嚷，一般人都会以高声抗议来予以还击，可萧伯纳似乎并不生气，他先面带笑容地向挑衅者鞠了个躬，然后彬彬有礼地说道："我的朋友，你说得好，我完全同意你的意见。"随后，他又指了指观众："但遗憾的是，我们两个人反对这么多的观众，又有什么用呢？"

萧伯纳话音刚落，全场便爆发出暴风雨般的掌声，那个寻衅者只好灰溜溜地溜走了。

同样，在科学研究中，利用非逻辑思维实现创新的例子也不少，维生素 K 的发现就是一个典型的例子。1929 年，丹麦一位名叫达姆的博士特制了一种饲料，他利用小鸡作为材料进行生化研究，结果发现用这种特制饲料喂养时，小鸡皮下和肌肉都有出血的现象，如果用针尖刺破，小鸡就会流血不止，随即死亡。此后的许多年时间内，达姆进行了无数次试验，包括将一些已发现的维生素添加进饲料，仍不能使患病的小鸡康复。直到 1939 年的一天，达姆在农村调研时，发现农家的小鸡没有一只患出血症的。达姆忽发灵感，他猜想在农家小鸡所吃的饲料中一定含有一种能防治小鸡出血症的特殊物质，于是进行了深入研究，最后终于发现绿色植物的叶子对防治小鸡的出血症有奇效。随后达姆又对绿色植物的叶子进行了研究，从中提炼出了一种黄色液体，这就是维生素 K。在发现维生素 K 的过程中，达姆的灵机一动，所运用的就是非逻辑思维。

当然，我们需要注意的是，在创新过程中，逻辑思维与非逻辑思维是相互促进、相互联系的，逻辑思维是非逻辑思维的基础，非逻辑思维是高度成熟的逻辑思维的产物。没有非逻辑思维做先导，难以提出新问题、新设想。可以说，非逻辑思维在创新活动中起着决定性作用，是创新思维的主要形式。但在新思想、新设想提出之后，仍需要运用逻辑思维进行推理和论证。因此，我们在突出非逻辑思维的同时，不能排斥或贬低逻辑思维在创新活动中的作用。

我们在日常生活中经常会看到，有的人头脑灵活、机敏、迅捷，而有的人则比较僵化、呆板、迟钝；有的人思维活跃，有的人则一生默默无闻，只会按常规想，做常规事。这反映出不同的人在思维能力上的差别。

现在，越来越多的教育家、人才学家认为，一个人的才能除了取决于知识、技能外，往往还有赖于其逻辑思维和非逻辑思维能力。思维能力，尤其是非逻辑思维能力的缺陷会影响人们对知识的科学加工和创造性运用，这类事例在人类历史上并不少见。

众所周知，青霉素是英国细菌学家弗莱明（A. Fleming）在 1928 年发明的。当时，弗莱明在研究葡萄球菌的变种时，发现培养器皿的边沿生长了一些霉菌，而这些霉菌周围的葡萄球菌没有了。在此之前，日本科学家古在由直也曾发现过这种现象，他经过仔细思考后，将这一现象归为普通的污染现象，认为是霉菌的迅速繁衍，消耗了葡萄球菌生长所需养分的缘故，因此未做深入研究。而弗莱明大胆运用非逻辑思维，将这一现象想象成是"霉菌杀死了葡萄球菌"的结果，并随即对这一设想进行了检验，最终从霉菌中分离出了一种能抑制细菌生成的抗菌素——青霉素，为人类战胜肺炎、白喉、脑膜炎等"绝症"提供了有力的武器，并因此获得了 1945 年的诺贝尔奖。

同样，苏联科学院的夏尔布里津教授在 1981 年前就通过实验发现了物质在超低温下电阻消失的现象，但由于他在经过一番思考后，将这一现象归因于“物质表面异常”而未予深入研究。五年后，瑞士苏黎世研究所的缪勒（K.A.Muller）和柏诺兹（J.G.Bednorz）两人根据与夏尔布里津教授相似的实验现象，发现了氧化物高温超导材料，提出了超导理论，并因此荣获了 1987 年的诺贝尔物理学奖。

思维能力的缺陷让夏尔布里津教授等著名科学家们失去了做出重大创造发明的机会。不过我们中的大多数人对自己思维素质的优劣和思维能力的强弱往往不大注意，一个人做错了事，如果你批评他粗枝大叶，或记忆力不好，以至于忽略了某一情况，他可能会虚心地接受；但要是你批评他思考问题的方法不对，或是思维能力不强，他往往难以接受。

平时，人们常常注意到自己的知识贫乏和记忆力不好，主动去想办法改善，然而很少有人会注意自己的思维能力，更想不到去培养、提高。实际上，在人们处理问题的过程中，思维能力的重要性绝不亚于知识和记忆力。

4.1.3 创造性思维

创造性思维就是主体在强烈的创新意识驱使下，通过综合运用各种思维方式，对头脑中的知识、信息进行新的思维加工组合，形成新的思想、新的观点、新的理论的思维过程。简言之，凡是突破传统思维习惯，以新颖独创的方法解决问题的思维过程，都可以成为创造性思维。这种独特的思维常使人产生独到的见解和大胆的决策，获得意想不到的效果。

我们知道，创新能力是人的能力中最重要、最宝贵、层次最高的一种能力。它包含着多方面的因素，其核心因素是创新思维能力。头脑中的创新思维是人们进行创新活动的基础和前提，一切需要创新的活动都离不开思考，离不开创新思维。

因此，可以说创新思维是一切创新活动的开始，几乎所有智力正常的人都有创新思维，只是大部分人的创新思维尚处于未觉醒状态，所以需要唤醒，这就要进行创新思维训练。

与常规思维相比，创新思维的最大特点在于它的流畅性、变通性和独创性，而这些特性的产生又与巧妙地发挥了人脑思维的潜能，特别是与右半脑的功能密切相关。

流畅性：又称非单一性，是思维对外界刺激做出反应的能力，它是以思维的量来衡量的，要求思维活动畅通无阻、灵敏迅速，能在短时间内表达较多的概念。比如请你列举“回形针”的用途，如果你一口气回答很多，说明思维流畅性好。由于创新思维是讲究效率的，在不少情况下，我们必须在极短的时间内想出对策，超过了限定时间，再好的方案也会变得毫无价值。因此，追求思维的流畅性就显得十分重要。

思维流畅性好的人，由于反应敏捷，能在较短时间内想出许多解决问题的方案，因此往往表现出极好的应变能力，善于使自己“逢凶化吉”，摆脱尴尬的境地。比如，美国的食品生产商鲍罗奇在一次专家食品鉴定会上，打开一罐自己公司生产的罐头请专家品尝时，发现里面有一只已被煮熟了的蚂蚱。鲍罗奇在专家们还未注意到蚱蜢的一瞬间，头脑中迅即闪出了一连串的应急方法，在犹豫了大约半秒钟后，当机立断，立即拿起旁边的一把勺子，一边舀起那只蚱蜢，一边笑着说：“这么香的菜，让我先尝一口吧！”说完，他一口便将蚱蜢吞了下去。

变通性：思维的变通性又称灵活性，是指思路开阔，善于根据时间、地点、条件等的变化，迅速灵活地从一个思路跳到另一个思路，从一种意境进入另一种意境，从多角度、多方位地探索、解决问题。思维的变通性是以流畅性为前提的，思维不流畅，自然谈不上变通。从创新的角度而言，变通是关键，也是我们学习和工作取得成功的捷径之一。

据说，埃及人想知道金字塔的高度，但由于金字塔又高又陡，测量困难，为此他们向古希腊著名哲学家泰勒斯求教，泰勒斯愉快地答应了。只见他让助手垂直立下一根标杆不断地测量标杆影子的长度。开始时，影子很长很长，随着太阳渐渐升高，影子的长度越来越短，终于与标杆的长度相等了。泰勒斯急忙让助手测出金字塔影子的高度，然后告诉在场的人：这就是金字塔的高度。

因此，思维的变通性是创新人才不可缺少的重要素质，它要求我们在处理问题时能做到触类旁通、举一反三，不仅要考虑一个东西是什么，还要考虑一个东西还可能是什么。

独特性：思维的独特性，又称新颖性，求异性，是指“与别人看到同样的东西却能想出不同的事物”。思维的独特性是以独立思考，大胆怀疑，不盲从，不迷信权威为前提的，能超越固定的、习惯的认知方式，以前所未有的新角度、新视点去认识事物，提出不为一般人所有的、超乎寻常的新观念。

在美国有个名叫詹金斯的法官，近年来针对年轻人犯罪独创了一种奇特的“文凭处罚”措施。一次，一个名叫帕克的中学生在偷自行车时被人抓获，送到詹金斯所在的法庭接受审讯，根据案情，本可判他监禁或罚款500美元。而詹金斯并未照此执行，而是这样宣判：“继续读书，在两年内获一张普通教育合格证，否则就送进监狱。”帕克照办了，后来还以优异的成绩考入了大学。据统计，在五年时间内，詹金斯利用这样的办法，先后使五百多名青少年重新返回学校读书，为社会做了件大好事。

思维的独创性是流畅性和变通性的归宿，是创新思维的最高层次。

4.2 问题意识与创新思维的开发与培育

4.2.1 问题及其要素

每个人都面临着问题，不论是家庭生活还是在工作场所。当水从洗衣机溢出时，家庭主妇遇到了问题；对一家保险公司而言，一个持续两天的计算机系统的故障意味着需要8周时间的工作才能恢复正常。

研究表明，基层管理人员一天有80个问题等待他去处理，每解决2个问题就要做1个决定，于是他每天做40～50个决定；中层管理人员面临的问题少一点，但困难得多；高层管理人员的问题也许少些，然而他们的问题不仅更伤脑筋，而且意义深远。

1）问题的定义

有一位心理学家说：“如果你想做什么事，但你不知道如何做，那么你就遇到了一个问题。”在直觉水平上，每个人都知道什么是问题。例如，医生要诊断出患者的疾病；建筑工程师要设计出一座水坝；作家要写出一本好书；小学生要解答一道数学应用题；棋手要选择好下一步好棋等等。在现实生活中，问题是多种多样的，从内容到形式上都是千差万别的。但是，当人们面临一项任务而没有直接的手段去完成时，便产生了问题。

问题就是你遇到的一个情境，一个没有直接明显的方法、想法或途径遵循的情境。

2）问题三要素

问题具有以下三要素：

（1）给定。所谓问题的“给定”，是指一组已经明确知道的，关于问题的条件的描述，即问题的初始状态。

（2）目标。所谓问题的“目标”，是指关于构成问题的结论的明确的描述，即问题要求的答案或目标状态。

（3）差距。所谓问题的“差距”，是指问题的给定与目标之间直接或间接的距离，必须通过一定的思维活动才能找到答案而达到目标。

任何一个问题，都是由“给定”“目标”和“差距”三个成分有机地结合在一起的。例如，“已知三角形的底边和高，求三角形的面积”是一个问题。这个问题的“给定”是“三角形的底边和高”；“目标”是这个三角形的面积；“差距”是这个面积结果在头脑中不是现存的，必须通过一定的思维活动才能把它计算出来。

对于问题来讲，它的条件（即“给定”）和目标之间是有着必然的内在联系的。但是，要真正地把握这种内在联系，将初始状态转化到目标状态，是不能简单地通过知觉或回忆的手段来实现的。这是因为其中存在着“差距”，需要进行一定的思维活动。在复杂的问题中，在达到目标状态之前，可能会出现错误或者曲折，要通过许许多多中介步骤，才能达到目标。而解决问题所需的时间，短则几秒钟，一般为几分钟、几小时，长则需要几个月、几年，甚至几十年。

3）问题的类型

（1）性质分类

问题从性质上可以归入两大类：明确的问题和模糊的问题。一个明确的问题就是目的已经明确的问题。例如：

- 当所有的主要街道由于游行而被封锁时，去城市的另一边的最好路线是哪条？
- 昨天的晚报上说的观看日全食的注意事项是什么？
- 10 个月以前您在干什么？

这些问题有着明确的属性：明确的目的指明如何正确地解决问题的明确手段。

模糊问题就是目的还不明确的问题。模糊问题可能更常见，如：

- 拍本世纪最有意义的电影。
- 做您生活中有意义的事情。
- 创造永恒的艺术作品。

根据个人的问题的初始状态、目标状态和从初始状态到目标状态的途径的知识差异，可以把问题分成如图 4-1 所示的四种具体类型。

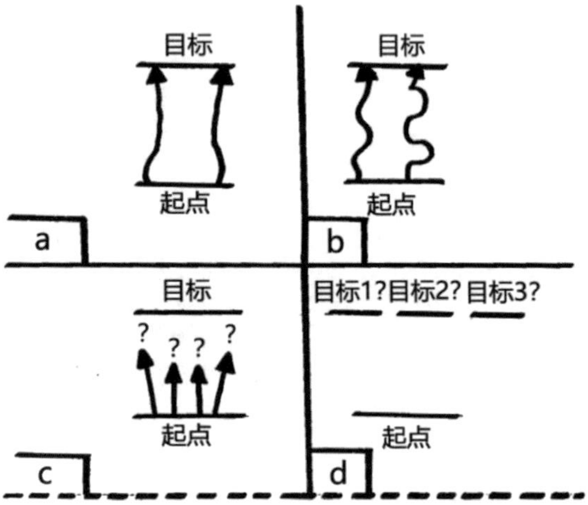

图 4-1 四种类型的问题

如图 4-1(a)表示，问题的初始状态和目标状态明确，而且达到目标的两条途径都是相同的，如有一批数字必须求和。此处问题的初始状态是一批数字，目标状态是它们的和，差距是这个“和”不是已经存在的，要去计算。这里有两种同样有效的求和方法。

图 4-1(b)表示问题的初始状态和目标状态明确，但是有两条不同效率的达到目标的途径。如某位有阅读能力的儿童想知道一个故事。初始状态是现有的书，目标状态是要知道有关的故事，达到目标的途径是自己看书，较为无效的途径是找到某人给他讲这本书中的故事。

图 4-1（c）表示问题的初始状态和目标状态都明确，但是不知道如何达到目标。这是人们遇到新颖性问题时常有的问题状态。如教师给予仅学过求矩形和三角形面积的儿童，要求计算如下图 4-2 梯形面积的问题：

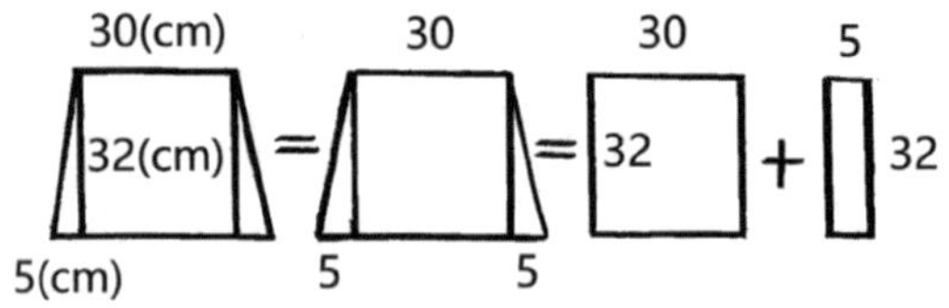

图 4-2 梯形面积问题

学生看了教师的问题后，他回忆已学过的三角形和长方形面积知识，理解了问题的已知条件：图形上下边平行，两侧边对称，上边长 30 厘米，下边长 40 厘米，高为 32 厘米。这是问题的初始状态，目标状态是知道这个梯形的面积，所不知的是用什么方法来解决初始状态到目标状态的差距。

图 4-1(d)表示问题只有初始状态明确，目标状态和差距都不明确。如解决能源危机的问题，我们只知道现有的能源资源有限，但是解决能源问题要达到的目标，用什么方法达到这些目标，都是不明确的。

图 4-1（a），图 4-1（b）和图 4-1（c）指的都是明确的问题，而图 4-1（d）则属于模糊问题。

在我们的日常生活中，有许多问题都不是目标明确的问题，而更多的是那些模糊问题。如一位医生面对一个昏迷不醒的病人；一个工程师被告知设计一座大坝而不知道这座大坝建造何处；一个学生被告知第二天要交一篇自由命题的作文；如果我们要过一条河，船能载多少人、船速快慢、沿河走路是否有桥等，对这些问题我们事先并不一定知道。

（2）情境分类

问题的另一种分类是按情境分为三大类：呈现型问题、发现型问题和创造型问题。

在呈现型问题的情境下，是将一个现成的问题提供给解决者去考虑：一位教师教授一个矩形的面积是 a 边乘以 b 边，并要求学生去解决这样一个问题：当 a 为 3、b 为 4 时，这个矩形的面积是多少？问题是一个给定的问题，并处于特定的条件之下，公式是已知的。问题解决者只需要将数字代入公式，获得与标准答案相同的结果就行了。这就不需要也没有机会去想象和创造。这是学校中典型的问题情境。

在发现型问题情境下，问题虽然也是现成的，但它是自己设想出来的，而不是由别人提供的，而且很可能没有已知的公式、已知的解法或已知的答案。伦琴看见一张模糊的摄影底片，别人在此之前也看过，但别人没有注意到它，而伦琴却在寻思："为什么底片模糊了？"——一个自己提出的问题导致了 X 射线的发现、导致了一场原子科学的革命。这里的问题不是别人提供给的，而是自己发现的，自己发现问题思考并及尝试解决问题，并从中得到快乐。

还有一种创造型情境，这个问题在某人发明或创造它之前是不存在的。比如，一个心理学家设计一系列问题去研究解决问题的能力；一个物理学家的思索：光的性质和速度是什么？艺术家要创作一个静物作品，该作品以前是不存在的。由此可见，把这些问题看作个人事故、厄运、无知或无能而遭遇的障碍是讲不通的。恰恰相反，这些是人们努力去寻找、去阐述的情境。因此，科学家和艺术家把创造型情境描绘成创造性工作的基础。

（3）目的分类

对于解决问题直接的目的而言，问题还可以分为研究问题和应用问题，前者多为科学基础的研究性质问题，后者多为现实生活中的应用性质的问题，它比前者多了一个改造的活动。

4.2.2 提出问题与解决问题

1）提出问题

提出问题又称为形成问题，是个体在以前经验的基础上，对问题情境的认知状态。它是发现问题和组织问题的过程。

在研究性的问题中，往往提出一个创意就在很大程度上解决了一个问题。在发现问题情境和创造型情境下，提出问题显得尤为重要。提出新问题、新的可能性、新的角度考虑老问题，则要求创造性的想象并且也是科学真正取得进展的标志。如果他们发现了前人未知的思维产品，如提出一个概念，证明一个假设，提出一个问题解决模式，设计出某种新产品，这种提出问题的活动也属于创造。

2）解决问题

解决问题又称为问题解决，是在个人面对问题情境而没有现成的方法可以利用时，指向于将问题的初始状态转化为目标状态的认知过程。

（1）问题解决的要素

问题解决具有 4 个要素：

① 问题解决过程是认知的。也就是说，它是在问题解决者头脑内或认知系统中发生的。此种认知过程的存在只能从人的行为中被推测出来，而不能被直接观察。②问题解决包含一个过程，也就是问题解决者要操作自己已有的知识，在自己的头脑中进行思维运作。③问题解决过程是有目标指向性的，旨在面对问题生成一个答案。④问题解决是个人化的。如 8+5=? 对成人不构成问题，对幼儿则构成问题。

（2）问题解决的类型

问题不限于学生解决数学应用题或自然科学中的难题。儿童搭积木，拼乐高，成人盖房子，搞设计，只要是在没有现成方法可借鉴的条件下，都需要解决问题。

在图 4-1 中，对 a 图和 b 图中的两类问题，解决者并不需要寻找新的解决问题的策略，只需要直接从过去的经验系统中提取出问题的解决方法就可以了。此类问题称为常规问题。有的心理学家认为这实际上不属于真正的问题解决，只是知识的一般应用。

知识的一般应用与解决问题的区分标准是：看知识应用后有没有产生新规则。如果没有，不能称之为问题解决；如果有，才能称为问题解决。解决问题产生的新的规则，称为高级规则。如对 c 类问题而言，学生计算上述梯形面积时，计算可以转化为一个矩形面积加两个三角形面积的计算。解决这个问题结果产生的新规则是：其一，将图形分解为矩形和三角形，再把相等的三角形组成矩形；其二，分别求出两个矩形面积，然后求它们的和。所以，问题解决的结果总是出现新的思维产品。

在 d 类问题条件下的模糊问题，可以先限定一个子目标，然后找到这个目标的解答；然后再限定一个子目标，再找到这个目标的解答，这样以此类推一步步地接近总目标。这通常是科学家解决模糊问题的方法。

比如，建筑师要设计一座大楼，盖楼的单位提不出明确的要求，不知道楼里各个房间的用途，也不知道需要用一些什么样的材料等等。然而建楼的细节又是很重要的，这只有通过建筑师和用户的直接商讨才能逐渐明确。所以说解决楼房设计问题的过程包括一系列的步骤：首先要提出整栋楼房主要轮廓的初步设计，然后再与用户讨论；用户提出新的要求，按用户的要求再次设计方案，这样一步步地进行下去。这是一个循环的过程，或者说它经历了一系列的周期，如图 4-3。设计师在解决问题的过程中并不一定就知道怎样达到目的，他需要进一步去搜集资料，了解用户需求并确认用户的意见。这个过程是我们实际生活中经常遇到的。

音乐家的乐曲创作问题，应该属于没有明确目标的模糊问题，因为作曲者可以采用不同的风格来表现和创作不同风格的乐曲。但是研究发现，他们解决问题的整个过程中，每 2 ～ 3 分钟便是一个片断，在每一个片断里，他们解决的问题却是明确的问题，即他们在 2 分钟内作出的曲子一般是和谐的、能表现一定的风格的作品。

因此，模糊问题可以分解为许多明确问题来解决。假定把整个模糊问题的解决过程看成是一个很漫长的过程，我们用剪子把它剪成几个片段，并把每一个片段逐一进行分析，那么每一个片段总是明确问题的解决过程。

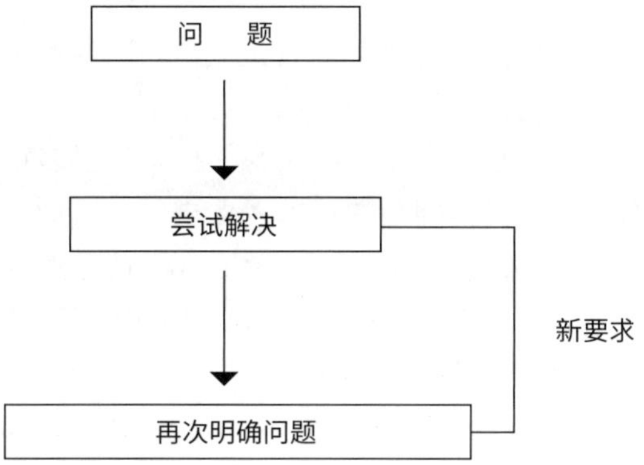

图 4-3 解决问题的循环过程

4.2.3 创新思维需要强烈的问题意识来驱动

一次，一个美国教育代表团到我国访问，接待人员为他们安排了一堂公开课，上课的是一位优秀的特级教师。这位教师在上课过程中思路清晰，教学方法灵活，教师问问题，学生回答问题，师生互动，气氛十分热烈。可当接待者请美国客人谈谈他们的观感时，他们的回答出乎人们的意料，他们反问：既然一堂课上老师问的问题学生都能回答，这堂课还有上的必要吗？

确实，我国的教师习惯于通过问问题检查学生掌握知识的程度。如果学生把教师的问题都回答出来了，那说明学生对教师所讲的知识都掌握了。我们经常听到老师下课前问学生：

“都听懂了吗？还有问题吗？”当学生回答说没有问题了，老师才放心。而美国人却不这样理解教育。他们认为：学生总是充满好奇和疑问的，他们走进教室的时候，带着满脑子的问题。老师在回答他们问题的过程中，应该激发学生更多的提问。如果老师的回答使学生产生了更多的问题，那么这堂课才是成功的，因为教师的目的并不仅仅是传授知识，还应该激发学生的问题意识。

正如苏格拉底所言：问题是接生婆，它能帮助新思想的诞生。心理学研究表明：意识到问题的存在是思维的起点，没有问题的思维是肤浅的思维，当个体活动感到自己需要问“为什么”“是什么”“怎么办”时，思维才算是真正发动，否则，思维就难以展开和深入。

犹太人非常重视知识，但更加重视问题意识的培养。他们把仅有知识而没有才能的人比喻为“背着许多书本的驴子”。他们认为，学习应该以思考为基础。而思考则是由一连串的问题组成的，学习便是经常怀疑，随时发问。问题是智慧的大门，知道得越多，问题就越多。所以提问使人进步，问题和答案一样重要。

犹太人出名的口才与高超的智力与他们注意培养问题意识不无关系。

因此，强烈的问题意识是思维的动力，它能促使人们去发现问题，解决问题，直至作出创新。爱因斯坦说：“提出一个问题往往比解决一个问题更重要，因为解决一个问题也许仅是一个科学上的实验技能而已，而提出新的问题、新的可能，以及从新的角度看旧的问题，却需要有创造性的想象力，而且标志着科学的真正进步。”培根也说过：“如果你从肯定开始，必将以问题告终；如果从问题开始，则将以肯定结束。”巴尔扎克说：“打开一切科学的钥匙毫无异议是问号。”不少心理学家甚至认为，科学上很多重大进展与发明创造，与其说是问题的解决者促成的，不如说是问题的寻求者促进的。比如，两千多年前，伟大的诗人屈原曾面对长空，发出著名的《天问》。他问天问地，问人情伦理，问世道沧桑，问四季变化，这些问题后来成了科学家、哲学家们思考研究的课题，唐代柳宗元为此专门作了一篇《天对》予以回答。科学发展到今天，我们对屈原提出的问题可以做出比柳宗元当年准确得多的答案，但《天问》留给我们的思考已远远超出了问题的本身。善于提问，是解决问题的重要环节。

著名的数学家希尔伯特（D. Hilbert）也是一个善于提出问题的人。在1900年第二届国际数学家大会上，他做了题为“数学的问题”的报告，一举提出了当时数学领域中的23个重大问题。这些问题，后来被称为“希尔伯特之问”。它们的提出，有力地促进了数学的发展。为此，希尔伯特总结道：“只要一门科学分支能提出大量的问题，它就充满着生命力，而问题缺乏，则预示着独立发展的衰亡或中止。”

因此，问题是思维的起点，是创新思维的动力。亚里士多德曾说过：“思维是从疑问和惊奇开始的。”有了问题才会思考，有了思考才有解决问题的方法，才能做出创新。我们的教师要把培养学生强烈的问题意识作为创新教育的重要内容，我们的学生也要敢于标新立异，大胆发问，进而增强自己的创新思维能力。

4.3 创造性思维的培养

创造性思维是创造活动的关键与核心，是创造行为的心智基础，对一个人创造性的提高起到根本性的作用。有效的创造性思维可以帮助科技人员在发明创造中，运用巧力，少走弯路。要提高创造性，关键就是要培养创造性思维，注意以下几点：

第一，培养非常规思维。创造性思想的产生依赖于不同常规的思维。从事技术领域的人员如果在进行创造发明时，只从最普通的角度进行考虑，把自己的思想限制在严密的逻辑推理和论证之内，将会很难有所突破。非常规思维是产生创造性思想不可缺少的元素。

非常规思维的培养包括：①培养思维的多维性。技术人员在寻找研究的突破口或解决一个问题时，不能仅仅从一个维度，用一种方式来思考，可以试着从正向、逆向、侧向、聚合等角度，运用多种思维方式，通过归纳推理、演绎推理、类比推理等进行全面、综合的考虑，使思维具有流畅性、变通性和独特性。②培养思维的随意性。有意识、有目的地进行思考固然重要，但是不经意的、无意识的想象也有可能会产生许多意想不到的有价值的想法或者是做白日梦。因此，技术人员不仅要会有目的地进行严密的逻辑思维，而且还要经常运用联想、想象、直觉、顿悟等思维产生一些出人意料的想法。在随意思考时要尽量减少对客观现实状况的考虑，因为现实的想法很容易抑制和阻碍思维的创造性。③克服思维障碍。每个人都会形成自己的一套固定的思维习惯和思维方式，这些常规的、习惯化的思维方式可能会阻碍创造性的发挥。人们头脑中的一些思维观念也会影响思维；做任何事情都应该遵守规则；犯错误是坏事；事情都应该是清楚、明确、可靠而有秩序的等等。技术人员在进行创造性活动的构想阶段要克服这些思维和观念的障碍，突破常规思维的种种限制，大胆地进行设想。

第二，减少评判。当思维处于极度兴奋状态，正在进行积极活跃的思维活动产生大量的思想，或者在做着白日梦，陷入胡思乱想时，切忌对自己此时的想法进行评判。在这个时候，对自己的想法进行评价、判断对创造性思维的产生是绝对有害的。一种思想特别是创造性的想法在刚刚产生时，必然是有缺陷、有漏洞甚至是荒谬、无聊、不合逻辑的。但是，正是这些看似没有价值、极不成熟的想法，在经过反复的思考、改进、完善以后可能会有意义。如果在一种想法形成之初就不断对它的现实性、有用性、可行性进行评价，往往会使很多有价值的想法被淘汰、筛选掉，这是相当可惜的。过早地评判自己的思想会阻碍创造性想法的产生。因此，人们应该尽量在思维过程中避免过早进行鉴别、评价。

敢于挑战权威。巴甫洛夫说过，“怀疑”是发现的基础，是探索的动力，是创造的前提。高创造性的人都善于怀疑一切，甚至是敢于挑战权威。对权威的迷信，会束缚人的思想，扼杀人的智慧，更不用说发挥创造性了。对待权威的工作和建议，不应该采取盲从、迷信的态度。

第三，驱除思维障碍。问题是不可避免的，世界得以进步，人类得以发展，也正是依仗于人类用智慧解决了一个个问题。发明家得尔 • 麦克克里德（Paul Mcchryde）说得好：唯一愚蠢的问题是你不问问题。

人们每天都在解决问题，但每天也都面临新的问题，也时常被问题所困扰，如果大家在解决问题过程中都利用一些创意，问题解决起来可以更容易些。

心理学家致力于研究创造性解决问题的障碍，力图从障碍中进行突破，使创造性的火花得以燃烧。经过一系列的研究，他们得出了如下结论：影响问题解决的因素主要包含三种因素，即功能的固定性、物体本身的结构组织和心理定势。

1）功能的固定性

1930 年德国心理学家卡•邓克尔（K. Danker）提出了“功能固定性”的概念，并用一些简单的实验加以说明。后来美国心理学家重复做了实验，得到同样的结果。

亚当森（R. E. Adamson）在斯坦福大学的实验如下：

要解决的问题：桌上有 3 个用纸板做成的盒子、几根火柴、几枚图钉，要求用桌上的任何一种物体，把 3 支蜡烛垂直地安置在软木屏上。

方法：将参加实验的对象分成两组：第一组，为 29 名大学生，在实验开始以前，蜡烛、火柴和图钉都装在 3 个盒子里面，盒子是作为装东西用的；第二组，为 28 名大学生，盒子都是空的，放在那些物体中间，并非作为装东西用。

每组限定的时间为 29 分钟。

解决的方法：要解决该问题，最好的办法是把每一支蜡烛熔化一些在每一个盒子上，并将蜡烛粘在上面，然后把盒子钉在木屏上。

实验结果：在第一组中，只有 12 个学生（40%）能解决这个问题，其余的学生未能将盒子视为支柱而对该问题束手无策；而第二组中，有 24 人（81%）能解决这个问题。

这些实验结果说明，功用上的固定性对于创造性地解决问题，是一个很大的障碍。

2）物体本身的结构组织

密执安大学的梅尔（KR. F. Maier）利伯克（R. F. Burke）进行实验，研究物体本身组织在问题解决上的关键性作用。在这一研究中，他们向一组被试者提出了这样一个问题：

有一个人用 60 美元买了一匹马，以 70 美元之值卖了出去。然后，他又用 80 美元买了回来，再用 90 美元之值卖出去。在这一桩卖马的交易中，他赚了多少钱？

A. 失了 10 美元；B. 收支平衡；C. 赚了 10 美元；D. 赚了 20 美元；E. 赚了 30 美元

被试者全是大学生，解决这个问题还是感到困难，能做出正确答案的不到 40%。

然后，他们继续实验，把这个问题中的主要元素组织得愈加简单些，改变的试题如下：

有一个人用 60 美元买了一匹白马，又以 70 美元之值卖出去。然后用 80 美元买了一匹黑马，又以 90 美元之值卖出去。在这一桩卖马的交易中，他赚了多少钱？

A. 失了 10 美元；B. 收支平衡；C. 赚了 10 美元；D. 赚了 20 美元；E. 赚了 30 美元

当这个问题用第二种说法向另一组大学生提出时，100% 的被试者全都答对了。

为什么第二种说法比第一种说法容易理解多了呢？梅尔和伯克认为第一种说法之所以产生很多错误，乃是因为同一匹马使被试者把两次不同的金钱交易混二为一。用被试者自己的话来说：我们可能把一匹马的两次交易，看得比两匹马的两次交易更难一些，虽然其算术上的要求是一样的。第一个卖马交易问题之所以困难，并不是因为答案难算，而是因为被错误的知觉引上了错误的道路。例如，使人对问题中的元素进行有效组织时，受到干扰。

事件中包含的物体和事实可能很多，它们之中有很多是与问题不相关的。职业魔术师经常利用这一原则，他按惯例用一个漂亮性感的女“助手”，一个为人们所看得见的支持者，她的作用是利用其引人注目的特点，把情景中有助于发现魔术师秘诀的方面掩藏起来，漂亮的小姐转移了观众的注意，魔术师变出了变幻莫测的世界。

请大家看图 4-4，你能看见如上方图形那样的箭形吗？

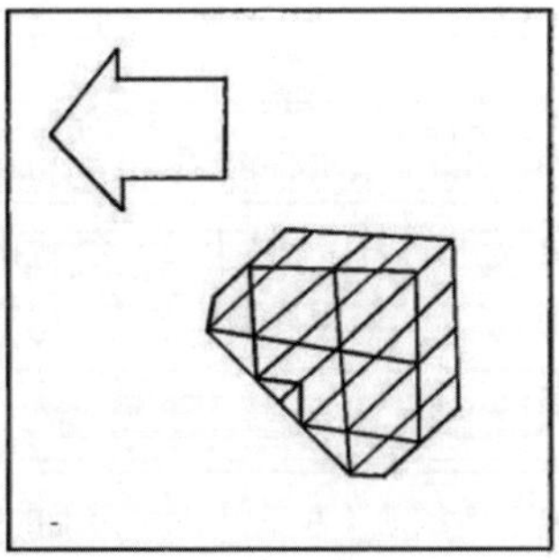

图 4-4 你能看见如上方图形那样的箭形吗？

这个实验说明，一些不相干或不熟悉的特点，加在一项简单和熟悉的工作上，会引起混淆，有效的组织受到了干扰。下一次你遇到问题不能解决时，不要放弃，只需把问题中的元素重新组织一次，即可“豁然开朗”。

3）心理定势

最初有关现象的研究是在德国进行的。心理定势对问题解决的影响，曾被广泛研究，实验结果表明，一个人用一种解决方法解决了若干问题，往往会使他陷于用同一方法解决以后的问题，即使这个方法已经失效。

相传很久的寻马的故事也是一个很好的例证。相传有一户人家的马从马厩跑掉，主人沿路问遍行人，不管他怎样描述马的样子，依然无人知晓，于是他颇感沮丧。刚好有个猎人路过，问明原委后便哈哈大笑，并告诉马的主人，不妨改变问法。马主人得教而去。先是问路边的农夫；哪儿有溪流，又问樵夫哪儿有山丘可登高望远。于是，马主人爬上山巅，鸟瞰溪流，终于看到那又累又渴的马，正在溪旁喝水休息。

很多情况下，我们就像那个马主人，一旦思考问题的方向错了，纵然百思也不得其解。其关键是思维定势在作怪。这时你就必须果断地摒弃过去的一些思路，寻找新的途径。

定势是指心理活动的一种准备状态，它影响着解决问题时的倾向性。这种倾向性，有时有助于问题的解决，有时会妨碍问题的解决。

例如，科斯的实验：给予 l（1）、e（2）、c（3）、a（4）、m（5）五个英语字母，要被试者组成一个词，被试者很快用 3—4—5—2—1 的顺序来编排成 camel。做了 15 次以后，再给予 p、a、c、h、e 五个字母，要被试者组成词。他仍然会以 3—4—5—2—1 的顺序来做，拼成 cheap，不会拼成 peach。

卢钦斯（A. S. Luchius）在纽约大学也做过一个类似的实验，发现了类似的问题，形象地说明了心理定势对问题的影响。

在卢钦斯的实践中，解答第 1—5 个问题的顺序是 B—A—2C。在此定势的影响下，解决第 6—9 个问题时，仍然会按 B—A—2C 的顺序进行，不会简便地按 A − C 或 A+C 的顺序来完成。

他的方法如下：用几个空钵来量需要的水。表 4—1 提出 8 个基本问题，问题 1 用以说明问题；问题 2 至 6 用以训练；问题 7 和 8 用来测验。

第 1 题用来说明解决方法，如：将水装满 59 夸脱的钵，再以该钵的水装满 28 夸脱的钵 1 次和 3 夸脱的钵 2 次，于是 59 夸脱的钵中只剩下 25 夸脱的水。此法可用于解第 2 至 8 题。但第 7 题可以用更直接的方法：23 − 3；第 8 题用 15+3。具体用表 4-1 表示。

表 4–1　卢钦斯（A. S. Luchius）的实验

问题	给予以下的空瓶作为量具（毫升）			要求测量出来的水的数量（毫升）	绘画说明
	A	B	C		
1	28	59	3	25	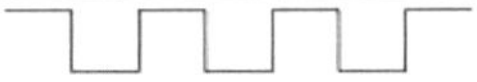
2	21	127	3	100	
3	14	163	25	99	
4	18	43	10	5	
5	9	42	6	21	
6	20	59	4	31	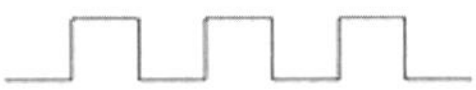
7	23	49	3	20	
8	15	39	3	18	

有两组被试者作为该实验的对象，第一组自第 1 题按顺序做到第 8 题；第二组实验对象做第 1 题及第 7、8 题，中间越过第 2 至第 6 题。

两组被试者在测验题 7 和题 8 上取得的成绩是不同的，得到结果如表 4-2 所示。

表 4-2　两组测验成绩比较

组别	受试者人数	间接解决的百分比	直接解决的百分比	运用别的方法或完全失败的百分比
第一组	79	81	17	2
第二组	57	0	100	0

第二组的成绩明显比第一组好，直接而快速地解决问题；第一组的学员被习惯所困扰而未能走出 B—A—2C 的框框。

以上我们分析了影响创造性解决问题的主要障碍，即功用上的固定性、无关因素的干扰以及心理定势。要寻找解决问题的新思路，必须有所突破，进行思维训练，克服定势与局限性。

对人们进行思维扩散性训练；可以帮助其开阔思路，克服障碍。如要求人们说出一杯水有什么用处？答案可能很多，如可以解渴、浇花、洗脸、漱口、加点颜色可以装饰、和泥、洗菜、养鱼、玩耍……尽可能列举更多的东西，打破人们头脑中的“这不可能”，久之，养成习惯，人们就会形成开放的大脑，打破思维的僵化，从而更容易接受新事物。

4.4 运用创意解决问题

创意解决问题法是一个系统地解决问题的模型，这个方法每个人都用得上。

4.4.1 解决正确的问题

要用创意来解决问题，必须首先确定：解决的问题是正确的问题。运用创意解决问题，需要对问题的状况做一些基本的假设。管理哲学家阿可夫（R. Ackoff）曾经说过失败的原因多半是因为尝试用正确的方法解决不正确的问题，而非不正确地解决正确问题。也就是说，不管解决问题的方法再多再好，如果你用它来解决不正确的问题，根本是无济于事。

例如，你现在碰到的问题是你所在组织的员工流失率很高，你可能认为问题在于“用什么方法可以招聘更多的员工”？然后，你会想出一大串解决这个问题的方法。但是，有可能该问题并不是根本性的问题，根本的问题在于“我们应该用什么方法留住现有的员工”？后者可能正是你要解决的真正的问题。

在创造发明中如何定义问题也有很多技巧，以“功能为中心”重新定义问题，是具有创造性的一个基本特点。例如，提出“设计一种新牙刷”的问题，一个有创造性的人会这样定义问题“寻找清洁牙齿一种较好的方法”。然后，他可以寻找答案，并使对于牙刷“先入为主”的影响降到最小。

试比较下列 A 组与 B 组，对问题不同的陈述，看看哪一组的陈述比较好。

表 4–3　对问题的陈述

A 组	B 组
1. 设计一艘帆船	1. 设计一种水上漂浮物
2. 设计一只捕鼠夹	2. 如何摆脱老鼠的干扰
3. 设计一把锯子	3. 如何使木头变形
4. 设计一个眼镜盒	4. 如何保护与携带眼镜
5. 设计一种割草机	5. 如何使东西分离

答案显而易见，B 组的陈述是较好的，它一开始就摆脱框框，摆脱“功能固定”，促使人们找到解决问题的各种可能性。

4.4.2 讲究效率

如果你已确定你解决的是正确的问题，接下来就要考虑，创意解决问题法是不是解决这个问题最有效的方法？要求使用最有效率的方法。

评价事情的成功与否，一般我们可以用两个“效”字。第一个效是“效果”，是指完成事情的最终结果是否符合预期的要求和目标；第二个效是“效率”，是指完成事情的速度，是否花最少的时间或精力取得效果。只有做好两个“效”，才是符合标准的。

如果有其他切实有效的方法，就要避免自找麻烦，不必采用创意解决问题，应该转而采用传统的方法，但是要记住，传统的方法不是永远都有效的。采用传统或创意的解决问题法，要视具体情形而定。

现在让我们做一个简单的练习（图 4-5）：在纸上画一个直径为 2cm 的圆圈，再用一支笔将这个圆圈涂满。涂好了吗？比较一下自己的圆圈看起来像 a 还是像 b 呢？

a

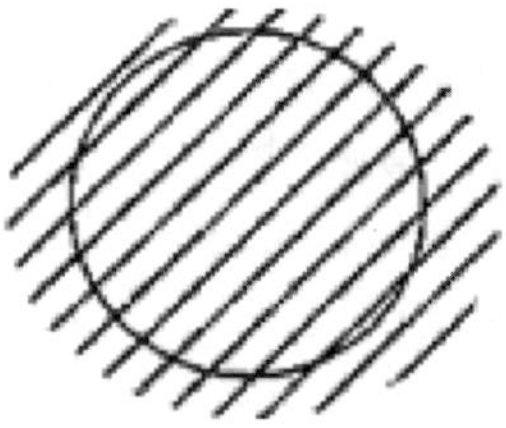
b

图 4–5

两种答案都是正确的，因为它们都达到了要求，将圆圈涂满，都解决了问题。如果你的答案是 a，那么你采用的是传统的方法，你的方法虽然正确，但是你必须费力地不让线条跑出圆圈之外；b 也是正确答案，不过 b 比 a 更有效率，将线条随意地画，当然比小心翼翼地不让线条跑出圆圈容易多了。

大部分人会选择 a，选择 a 的人可能出于以下两种情况：

（1）你可能认为是依照指示行事，要求涂满圆圈，意味着不能跑出圆圈以外，这是你主观的想象。但是，问题的真正意义是让你涂满圆圈，并没有规定可以做什么，不可以做什么，绝大部分人都会对所面临的情况加上自己的假设，而这些假设往往是不正确的。这个练习并没有包含整齐的标准，事实上它没有任何标准或限制，如果你受到整齐标准的影响，那是因为你自己加上整齐的标准。你选择了一个效率较差的解决问题的方法。

（2）你选择 a 的第二个理由，可能是基于过去所经历的制约条件。从小你就被灌输：要听话，做个乖孩子。所谓乖就是不要跨越限制，要干干净净，整整齐齐。这些指导原则对一些结构清晰、显而易见的问题可以提供帮助，但对于新问题，要用创意解答时，这些原则就可能成为主要的障碍。

衡量问题的类型是至关重要的。提出“管理就是决策”的管理学家西蒙（H. Simon）曾经将问题定义为“问题就是现实状况和理想状况之间的差距”。对于同一件事情，每一个人的看法都不一样，如果问题是两种状况之间的差距，那么解决问题就是拉近“是什么”和“应该是什么”之间的距离。以上面提及的员工流失率为例，问题是如何将目前员工流动情况变为理想状态，如将流动率由 15% 降为 5%，解决的问题包括你为降低员工流失率所采取的所有行动。

如你已经用尽所有传统的方法解决问题而未能奏效，创意解决问题便最能发挥功效；结构清晰的问题，可以使用例行的或现成的解决问题的方法。

但工作中、生活中大量的问题并非那么容易解决，这些问题本身不清楚或者不知道该如何解决。要解决这种问题，就必须采用发散性的思考，必须找出许多不同的可能的解答。

怎样才算“创造性地解决问题”呢？美国心理学家 E. D. 托拉斯划定了三条界限：

- 思维产品应具有新颖性和新价值；
- 摆脱旧的思维框架，改变或抛弃旧的观念；
- 问题是不明确的、模糊的。

4.5 创意解决问题的过程

解决问题是一个过程，先要识别问题，找出原因，寻求和斟酌种种可能的方案，再在这种分析的基础上，采取决定性行动。

创意解决问题法的过程包括六个步骤，你并不需要采用所有的步骤来解决每个问题。比如，有时候你可以从寻找问题或寻找创意开始，具体要视情况而定。

每一个步骤都包含一系列的发散和收敛的活动，也就是先广泛地收集资料，然而再将资料提炼。最重要的发散活动是不带任何判断、任何主观地收集资料。

下面详细叙述六个步骤，即寻找目标、寻找事实、寻找问题、寻找创意、寻找解答和寻找接纳。

4.5.1 寻找目标

这是解决问题的第一步，该步骤主要是辨认目标问题区。寻找目标时，你不要受常规的约束，尽量列出所有你面临的问题。然后再采取收敛的方法，选择最相关的问题范围。你陈述问题时应采用下列格式“我或我们可以用什么方法……”，例如：“我们可以用什么方法降低营销成本？”

我们该如何寻找目标呢？列出所有在你个人生活或工作生涯里，你所面临的所有问题，包括忧虑、挑战和机会。然后采用下列三步骤来收集你的资料（表 4-4）。

- 辨认出最相关的或最重要的问题（重点）；
- 选择其中一个对你而言最重要的重点；
- 将这个重点以“我或我们可以用什么方法……”的格式陈述出来。

表 4–4　寻找目标

列出忧虑、挑战或机会（你想要解决的问题范围）	①辨认重点（最相关或最重要的问题）。 ②选择一个对你而言最重要的问题。 ③将这个重点以“我或我们可以用什么方法……”的问句格式陈述。 A. 所有权？ B. 优先顺序？ C. 紧急性？

该如何确认重点呢？评估重点的标准可以用所有权、优先顺序及紧急性作为依据。所谓所有权是指：你是否有意愿要解决它？优先顺序是指问题的重要性，这个问题有多重要？紧急性指时间的紧迫性，解决这个问题有多紧急？将重点用星号、标线、圆圈或荧光笔表示出来。在本步骤中，你应找出你最需要解决的问题。

4.5.2 寻找事实

本步骤会帮助你全盘了解问题。你可能得将问题重组，以产生更有效率的观点，进而帮助你产生独特的创意。寻找事实帮助你收集相关资料，以找出重新叙述你的原始定义的不同方法。

寻找事实的过程如表 4-5 所示。首先，不受拘束地列出你所知道的关于这个问题的每一件事。对于每一个问题你都要问五个 W 和一个 H，那就是：谁（Who）？什么（What）？在哪里（Where）？什么时候（When）？为什么（Why）？如何（How）？然后，一一回答这几个问题。接着再就这些回答进行筛选，挑出重点。如果有必要的话，再将类似的重点归纳成焦点圈。

表 4–5 寻找事实

列出你所能想到的关于这个问题的每一件事情 请利用五个 W 和一个 H 的技巧帮助你思考	（1）以星号标注重点 （2）如果显现出自然的类别，请将重点分类

4.5.3 寻找问题

本步骤利用“寻找事实”步骤中所得出的重点，以最有效率的方式定义问题。本步骤的主要活动如表 4-6 所示，主要有下列两点：

（1）检视上一个步骤得出的所有目标和每一重点重新定义问题的陈述方式。

（2）列出各种重新定义问题的陈述方式。

然后，挑出一些最好的问题重新定义，再就其中选出一个所有权。

表 4–6 寻找问题

1. 检视“寻找事实”步骤中所产生的重点 2. 利用每一个重点来重新定义问题 3. 列出所有问题的新定义	1. 挑出一些最好的问题新定义 2. 选择一个最有可能解决问题的新定义（或选择原始定义） A：所有权 B：激发许多创意的可能性 C：不受条件限制

4.5.4 寻找创意

本阶段可以帮助你寻找潜在的解答。寻找创意的活动如表 4-7 所示。其中最重要的活动就是利用许多产生创意的辅助方法，以产生许多创意：

（1）延迟判断并且列出许多可能的创意。如此，可以排除所谓的传统创意。

（2）进一步使用正式产生创意的技巧，以激发更多的创意。

（3）筛选和辨认创意的重点。如果重点呈现自然的分类，就将它们归类在一起（如，财务、人事或行销重点）。

表 4–7 寻找创意

1. 不受限制地列出所有可以解决你问题的创意 2. 使用许多正式的技巧（如创造力图、语意直觉法、类比法、假设法、图像刺激法）以产生创意	1. 辨认创意的重点 2. 如果可能的话，将重点分类 3. 选择最有可能成为解答的创意或创意群组

4.5.5 寻找解决方法

本步骤可以帮助你选择一个能解决你的问题的方法，你也可以利用它将创意转变成可行的解答。

寻找解决方法有两个发散性活动，如表 4-8 所示。首先，你应延迟判断，先列出评估解决方法的一般标准（如时间、成本以及可行性）。而其他的标准可能直接跟你的问题有关（如，改进一个电脑系统的标准可能包括与现行系统的相容性）。接下来，检视所有的创意，并决定你将选择哪一些创意，将它们转变为可行的解答。

寻找解决方法的收敛性活动也有两个：检视标准和挑出最重要者。然后利用这些标准，选择最佳的解答或解答组。如果，你有时间的话，使用加权的决策矩阵，步骤如下：

（1）以 5 分点评估每一个标准的重要性（1= 不是很重要；5= 非常重要）。

（2）对于各个解决方法的重要性，同样以 5 分点评估每一个标准。

（3）将每一个标准对于各个解决方法的重要性和标准本身的重要性相乘。

（4）将上述步骤中每一个解答的乘积加总。

（5）选出分数最高的解决方法（或一组解决方法）。

表 4-8 寻找解决方法

1. 列出评估标准 2. 如果有必要的话，将各类的重点转化成更可行的解决方法（扩展和发展观念）	1. 如果标准太多，请选择最重要的 2. 利用这些标准选择最好的解决方法或解决方法组合。如果时间允许的话，使用加权决策矩阵。或将针对每一个标准的解答予以评分 （1= 不太可能；5= 非常可能）

4.5.6 寻求接纳

本步骤为创意解决问题法模型中最后一个步骤，可以帮助你执行你的解决方法。如表 4-9 所示，主要的发散性活动包括：

（1）列出所有可能的执行障碍及克服方法；

（2）发展预防及权变的计划；

（3）拟出行动计划以执行你的解决方法。

本计划必须详细地包括所需要的每一个步骤，以确保能解决你的问题。在寻求接纳的收敛活动中，你要挑出最重要的执行障碍。最后，评估你的行动计划，并作必要的改进。

表 4-9 寻求接纳

1. 列出潜在的执行障碍 2. 针对最主要的障碍，列出预防措施和权变计划 3. 发展执行行动计划	1. 选出最主要的执行障碍 2. 评估行动计划以确保其成功	→ 执行 你的 解决 方法

◉ 思考与探索

1. 试述创新思维的特征与过程。

2. 为什么创新思维需要强烈的问题意识来驱动？

3. 用创意解决问题的过程探索解决工作中或生活中困扰你的问题。

第 5 章 发散与收敛性思维

本章概要：

- 发散性思维策略结构
- 发散性思维的内涵及其培育方法
- 分析收敛性思维的含义及收敛加工的原则

5.1 发散性思维

5.1.1 发散性思维的含义

现代创造性研究的倡导者、著名心理学家吉尔福特（J. P. Guliford）曾在 1967 年指出，创造性思维的核心是发散性思维，即“从给定的信息中产生信息，从同一来源中产生各种各样、许许多多的输出”。

有人曾对一群学生做过一个测试，请他们在五分钟之内说出红砖的用途，结果他们的回答是：“盖房子、建教室、修烟囱、铺路面、盖仓库……”

尽管他们说出了砖头的多种用途，但始终没有离开“建筑材料”这一大类。

其实，我们只需要从多个角度来考察红砖，便会举出，如压纸、砸钉子、打狗、支书架、锻炼身体、垫桌脚、作红标志甚至磨红粉等诸多其他用途。这种从尽可能多的角度观察同一个问题，不受任何限制的思维方式就是发散思维。

由于任何事物都有着许多不同方面，不同事物间也总是存在着一定的联系，而发散思维具有发散性、多维性、求异性、想象性和灵活性等特点，因此在创造发明过程中起着十分重要的作用。它能够使人们摆脱思维定势的束缚，在思考问题时不拘一格，不落俗套，充分发挥大脑的想象力，使思维像旋转水龙头一样由一点向四面八方发散。这时，通过新知识、新观念的重新组合，往往就能产生更多、更新的答案、设想或解决问题的方法。

比如，小小的拉链，最早的发明者是用它来代替鞋带的，后来人们将它用在钱包和衣服上；现在，比利时有一位外科医生甚至利用拉链连接两个物体的性能，将它装到了需要多次开刀剖腹的胰腺病人的肚皮上，大大提高了胰腺病的治愈率。

1887 年，爱迪生将他设计的一个奇怪机构的图纸交给工人约翰·克留西去制造。图纸上画的是锡纸圆筒、螺旋杆以及带有尖针和薄膜的圆头，没有任何值得人们注意的东西，可约翰·克留西却用这些平凡无奇的物品，制造了世界第一台可以记录并重放声音的新式产品——留声机。当爱迪生将这台会说话的机器带到《科学美国人》杂志编辑部去表演时，各路记者趋之若鹜，几乎把楼板压塌。奇妙的表演使在场的记者目瞪口呆，谁也没有想到像锡纸圆筒、螺旋杆以及带有尖针和薄膜的圆头这几件如此平常的物品，经爱迪生应用发散思维巧妙组合后，会成为改变人们生活方式的重大发明。

5.1.2 发散性思维的策略

发散性思维的策略包括自由发挥、追求数量、暂缓评价、持续努力、暂时搁置，结构详见图 5-1，分述如下：

1）自由发挥

为了使思维有效地扩展，必须鼓励问题解决者在寻找解决问题的方法时使用自由发挥的技法。自由发挥就是解决问题者打破传统方法和传统观念的束缚，在进行思考时不受拘束地进行发散加工。

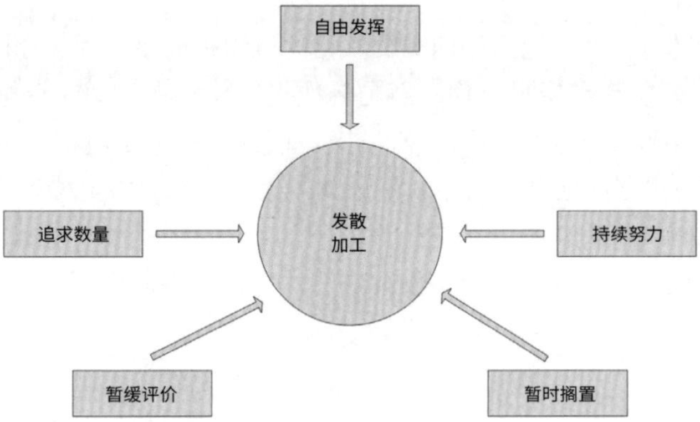

图 5-1 发散性思维策略结构图

爱迪生在白炽电灯上的发明是历史上使用自由发挥方法解决问题的最经典案例之一。

当然，白炽电灯上的发明并不是爱迪生一个人的功劳。早在 1801 年，英国化学家戴维（H. Davy）用大电流通过铂丝，首次人工产生了白炽电光。1808 年，戴维又实验成功能产生白色光的电弧。1841 年，德·马标治制造出人类第一只白炽电灯。此后又有不少人使白炽电灯的性能得到进一步的改善。但是这些白炽灯都有致命的弱点，一类是造价过于昂贵，另一类是使用寿命太短，所以无法推广。爱迪生从 1878 年开始研究白炽电灯，他首先找出当时各种白炽灯的弱点，发现问题的要害在灯丝使用的材料上，他认为关键是要找到一种廉价耐用的材料。为此，他费了一年多的时间，选用了1600多种材料，其中有金属、石墨、木材、稻草等，但是都不理想。一天晚上，妻子正在家里缝制衣服，爱迪生看着妻子手中的棉线，突发奇想，一个把棉线烧成碳丝的灵感从脑海中萌发。他拿起棉线连夜回到实验室，和助手一起研究，将棉线烧成碳丝，做成了新的灯丝。为了避免灯丝氧化，延长灯丝的寿命，爱迪生提高了灯泡的真空度。1879年9月，经改进后的抽气机已使灯泡的真空度达到了大气压的百万分之一。1879年10月21日，世界上第一盏具有实用价值的白炽灯终于诞生了。这盏灯亮了45个小时才熄灭。爱迪生仍然不满足，希望找到一种寿命更长的材料来代替现有的灯丝。一天，天气炎热，爱迪生看到助手在使劲摇着竹扇，又想到“用竹子丝烧成炭会怎么样”？为此，他选择各种竹子做实验，派人到世界各地采集了近6 000种竹子，经过反复对比，最后发现使用日本某地产的竹子效果最好。经实验，这种改良了的灯泡亮了1 200小时以上，白炽电灯终于研制成功了。

同样，无线熨斗的产生也是在这种已有事物的基础上进行自由发挥的创造而获得的。

1984年4月的一天，被人称为“熨斗博士”的29岁的岩见宪一召集了几十名年龄不同的家庭主妇，让她们不客气地对“松下”的熨斗挑毛病。其中一名妇女说：“使用熨斗时电线拉来拉去太麻烦了。熨斗若没有电线就方便多了。”

“妙！无线熨斗。”岩见兴奋地叫起来。事业部马上成立了以岩见为首的攻关小组。开始他们想用蓄电的办法取消电线。但是，研制出来的蒸汽熨斗底厚5厘米，重量达5千克，妇女用起来简直像举铅球。

为了解决这一难题，岩见又把主妇们熨烫衣物的过程拍成录像片，分析研究动作的规律。结果发现，妇女并非总拿着熨斗熨衣物，而是多次把熨斗竖在一边，调整衣物后再熨。岩见宪一马上召集攻关小组修正了蓄电方法。岩见宪一设计了一种蓄电槽，每次熨衣后可将熨斗放入槽内充电，8秒钟即可蓄足电，熨斗的重量就大大减轻了。蓄电槽装有自动断电系统，十分安全。

就这样，新型无线电熨斗在一个自由发挥的想法的启发下诞生了。

2）追求数量

追求数量是一种方法，但更是一种基本的态度，即有意超越原来的设想，在做出选择之前找到更多的可以选择的资料。

在寻求大量的设想时，解题者应该有这样一种意识：没有无价值的东西，每样材料都或多或少有些价值。两次诺贝尔奖得主莱纳斯•鲍林（L. C. Pauling）曾说过：“要产生一个好的设想，最好的办法就是激发大量的设想。”鲍林这句话揭示了创造活动的低概率本质。一定要激发尽可能多的设想，仅寄希望于一两个设想以创造性地解决问题，成功的可能性是很低的。

计算机专家艾伦•凯（A. C. Kay）这样表述大量设想的重要性：“如果你约请你所认识的最聪明的人，敬他们每人一杯美酒，以使他们对你开诚布公。他们就会直言不讳地告诉你，在他们的20个设想中，19个都没有什么用。但是由于他们能够产生出众多的设想，结果他们总能够发现其中几个是最新奇的。”

要追求产生大量的设想，解题者就要控制住自己，不要一头扎进第一个看起来还不算错的设想里，因为真正一流的、更富有创造性的设想可能就在咫尺。面对刚产生的好设想，解题者应该告诉自己："不错，这是一个办法，但看起来还不像是最好的。"然后继续寻找下去。

奥斯本（A. F. Osborn）认为，数量孕育着质量。当我们进行发散加工而产生较多方案时，如果每个方案的平均质量没有下降的话，那么，出现好的方案的可能性就会增加。实验结果表明，后面产生的观念比前面产生的观念质量更高些。所以，在进行发散加工的过程中，追求产生高数量的设想是十分必要的。

3）暂缓评价

暂缓评价是发散加工策略的一个重要内容，它要求进行发散加工的过程和评价的过程在时间上完全分离。如果在进行发散加工产生观念后就立即对这些观念进行评价，那么就不能进一步产生更多的发散加工的观念，也就是说抑制了发散加工的进程。往往当人们对一个观念进行评价时，后面的观念会"在途中就被拦截了"。

4）持续努力

经过持续的努力，人的思考意识会无处不在。持续努力后产生突破性想法的典型例子之一就是 19 世纪化学家凯库勒（A. Kekule）的故事。

凯库勒的难题发生在有机化学形成的初期。当时的疑问之一是构成苯的碳原子是如何结合在一起的。凯库勒经过许多次试验和设想，仍然得不到正确的答案。有一天，他在实验室工作得实在太累了，就坐在椅子上睡着了。下面是他对这次经历的描述："我把椅子转向壁炉，然后开始打盹。诸原子再次出现在我的眼前跳动。这次，更小的原子群继续适度地出现在背景中。我的大脑因这种视觉而变得更为敏锐起来，可以区别各种形态的大结构：长的，有时更为密切地附合在一起，都像蛇一样地盘绕缠卷地运动。瞧！那是什么？在我眼前，其中一条蛇抓住它自己的尾巴，可笑地旋转着。这时，我醒过来了。"

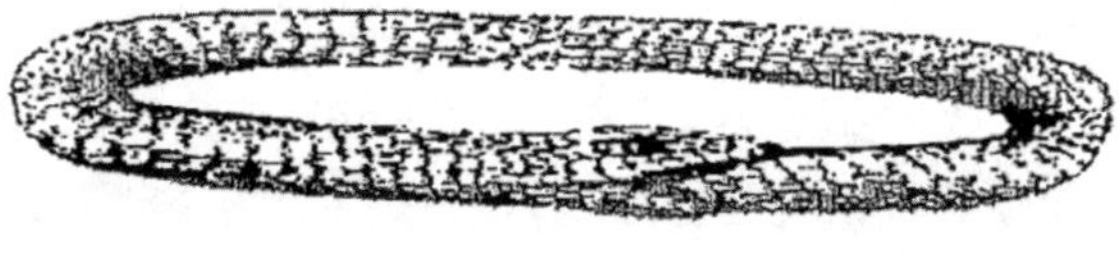

图 5-2 蛇的意象

蛇吞咽自己的尾巴的意象可以追溯到早期东方文明。凯库勒知道这个意象，他利用睡眠中的大脑持续思考的力量，为发现苯的环状结构提供了决定性的线索。

5）暂时搁置

在任何发散加工产生方案之后，甚至在“尝试着再提出10个观念”之后，仍然要有一段时间需要修整，这段时间唯一要做的就是停止前面所做的各种活动。事实上，将问题搁置一下，而不是忘掉这个问题是非常有效的。暂时搁置是指在一段时间里停止对问题从事实际工作，但又保持解决问题的愿望。酬劳是以“灵感”的形式获得的，也就是说，很可能突然涌现出原来没有预料到的好观念。

爱迪生在尝试寻找问题解决方法时，习惯于同时考虑一系列不同的问题，每当问题陷入困境时，他就从陷入困境的问题转移到考虑另一个问题上去。据说，他“富有灵感的”观念往往都是在一些非常零碎的时间里出现的，诸如在澡盆中涂肥皂时、刮胡子时、擦皮鞋时、乘公共汽车时，或者是在林中散步时。

事实上，当你有解决某一个问题的愿望时，你实际上并不可能把这个问题完全搁置到一边。在这个问题的思考过程中，你的大脑不会放弃对这个问题的加工，而且，非常珍贵的观念往往在你加工曲线的低尾部出现。

5.2 培育发散性思维的方法

发散思维在创新过程中扮演着极其重要的角色，在科学研究中，如果能灵活地运用发散性思维，用非常的眼光去考察大家所熟悉的事物，那么往往会从“同”中见“异”，从“寻常”中挖出“新意”。下面我们就来介绍几种在创新过程中应用较为广泛的扩散思维方法。

5.2.1 组合扩散法

只要打开我们的铅笔盒看一看，就会发现不少文具都存在这种奇妙的组合扩散方法的影子。毛笔据说是秦国大将蒙恬为了给秦王写战报，用碱性水浸过的鱼尾和竹管组合在一起发明的；漂亮而方便的组合文具盒是日本一家名叫普拉斯的文化用品小企业将各种各样的文具，如钢笔、铅笔、橡皮擦、小刀、圆规等组合在一起发明的。

橡皮头铅笔是美国人海曼将铅笔与橡皮组合起来发明的。海曼是美国佛罗里达州的一名穷画家，平时非常用功，但由于他画技不高，又没有名师指点，所以一直没有成名，生活十分贫苦。不过，海曼并没有放弃自己的艺术追求。

有一天，海曼在专心作画，画着画着，他发现某处需要修改一下。于是他放下笔，好不容易在凌乱的工作室中找到了一块橡皮，可擦完后，却发现铅笔不见了，这使海曼十分恼火，于是他便用丝线将橡皮系在铅笔上，继续作画，这样用起橡皮来就方便了许多。可是没有用几下，橡皮就掉下来了。

这样掉了几次后，海曼的牛脾气又上来了，他索性连画也不画了，专门想办法来固定铅笔上的橡皮。最后，海曼终于想出了用薄铁皮将橡皮固定在铅笔尾部的好办法，这就是我们今天仍在使用的带橡皮的铅笔。

接着，海曼又将这一小发明申请了专利。著名的 RABA 铅笔公司知道了海曼的发明后，十分感兴趣，用 55 万美元买下了这一专利。海曼也由一个穷画家变成了大富翁。

总之，组合扩散法在创新活动中的作用越来越大，有人统计了 1900 年以来的 480 项重大创新成果后发现，20 世纪 30、40 年代的创新成果是以突破型为主、组合型为次的；50、60 年代，二者大体相当；80 年代，突破型成果渐趋于次要，而组合型成果则开始占主导。这一情况说明组合扩散法已成为当前创造发明的一个重要方法。比如，美国"阿波罗"登月计划，是一项极其浩大的工程，该计划历时 10 年，耗资 250 亿美元，参与研究的有 120 多所大学，两万多家大、中、小型公司和科研机构，总共投入了四五十万名科技人员，仅科研课题就有五万多个。然而"阿波罗"计划的负责人却直言不讳地说："阿波罗"宇宙飞船的技术没有一项是新的突破，都是现有的技术，问题的关键在于能否把它们准确无误地组合在一起。

5.2.2 侧向扩散法

当思考某个问题遇到难以解决的困难时，可以采用侧向扩散方法，即不从正面直接着手，而是另辟蹊径，从侧面寻找突破口，这样往往能化难为易，变被动为主动。比如，伍德沃德是个地质学家，1949 年，他到赞比亚西部高原上寻找铜矿，可是一直未能找到。后来，伍德沃德发现了一种奇怪的小草，这种小草在有些地方开着紫色的花朵，而有些地方则开着红花。伍德沃德想，小草开出不同颜色的花，会不会是土壤中含有不同的矿物质引起的？于是，伍德沃德就把开着不同颜色两种花的土壤带回到实验室进行分析，结果果然发现开紫色的小草生长的土壤中含有大量的铜元素。于是，伍德沃德为找铜矿而变成了寻找这种奇怪的小草，最后果然发现一个世界罕见的大铜矿。

铜矿隐藏在地下，人的肉眼看不到它，伍德沃德却巧妙地利用侧向思维，从而使问题得到轻而易举的解决。请再看一则故事。

孙膑到了齐国，齐威王想考考他，便与大臣们来到一小山脚下。他坐在大石头上，对众人说道："你们中谁有办法让我自己走到这座小山顶上去？"大家面面相觑，无计可施。

这时，孙膑说道："陛下，我没办法让您自己从山脚走到山顶上去，可我有办法让您从山顶走到山下来。"

齐威王不信，便与大臣们走上山顶。

这时，孙膑才说："陛下，请恕我冒昧，我已经让您自己走到山顶来了！"

因此，创新活动是一个在黑暗中摸索的过程，不可能一帆风顺，当我们遇到暂时无法解决的困难时，除了迎难而上，进行艰苦的探索外，还应开动脑筋，另辟蹊径，运用侧向思维绕过困难，实现创新。

5.2.3 立体扩散法

有这样一个思维测试题：在一块土地上种四棵树，怎样使它们之间的距离都相等？结果受测试的同学左思右想也想不出好办法。原来答案是将其中的一棵种在山顶上。这些学生之所以难以找到正确答案，原因就在于他们习惯于平面思维，而不会使用立体扩散方法。

立体扩散方法，也叫整体扩散方法或空间扩散方法，是指对认识对象从多角度、多方位、多层次、多学科、多手段地考察研究，力图真实地反映认识对象的整体以及这个整体和其他周围事物构成立体画面的思维方式。立体扩散方法反映的不是个别现象，而是一个有机的整体，它和组合扩散、侧向扩散一样，也是扩散思维的一种重要方法。

如果一个人的立体扩散思维能力越强，往往就越能表现出高人一等的智慧。

据说爱因斯坦很喜欢在工作之余与他的儿子一起嬉戏。

有一次，他的儿子突然问他："爸爸，你是不是很聪明？"

爱因斯坦感到很奇怪，便反问儿子："你怎么想到问这个问题？"

儿子说："我们的老师说你是世界上最伟大的科学家，只有你发现了相对论，如果你不是比别人聪明的话，为什么别人没有发现相对论？"

爱因斯坦笑着说："不是我比别人聪明，只是因为我使用立体思维来观察问题，这就像一只甲虫在一个篮球上爬行，由于它看到的世界是扁平的，所以它永远不会知道自己是在一个有限的球体上爬行。而如果飞来一只蜜蜂，它一眼就会看出甲虫是在一个有限的球体上爬行，因为蜜蜂的视觉是立体的，这对它来说是轻而易举的事情。而你爸爸就像这只蜜蜂，所以我发现了相对论。"

由于立体扩散方法运用了不同层次的思维形式和方法，有利于对事物进行多层次、多方位的研究。

5.2.4 形态结构分析

瑞典科学家兹维基（F. Zwicky）创用的方法——形态结构分析（Morphological Analysis），是将对象或问题分解为相互独立、平行的各个组成部分，寻求各部分所有可能的方案、方法，运用排列组合的原理，从中选择理想方案或结构的预测方法。

兹维基创用于 1943 年对这个解决问题的结构找到了 576 种可能的联系结构，并对其利弊进行了大量的分析，对这种方式加以肯定。荷兰未来学家波拉克（F. Pdak）将之列为未来研究中最有希望的三种方法之一。

形态分析法的基本原理如下：

- 事物之间有着普遍的联系；
- 问题的答案存在于一切已知要素的所有可能的组合之中；
- 很多发明创造只不过是现有事物的重新组合；
- 综合应先于分析。

具体做法可以按照下列程序进行：

首先是确定预测对象。列出你所要研究的问题和设计的对象，如设计一套时装，研发一个新的软件系统等。

其次，是将对象分解为若干相对独立的元素。如将时装分解为款式、材料、颜色、风格等等。

再次，列出每一元素可能包含的所有要素。如颜色中的红、橙、黄、绿、青、蓝、紫等。

最后，编制形态矩阵，对各元素、要素进行排列组合。

总之，形态结构的分析是寻找主意的著名的分析方法，对于单个的小问题分别寻找解决的可能性，将小的问题和解决问题的可能性纳入一个新的模式里，即形成一个形态学的结构，在该模式里进行选择，将单个元素进行连接。

例如，我们要设计一个机动车的驱动装置，即可用形态结构分析，按上述四步骤，一步步进行。

我们面临的问题，即我们的研究对象是机动车装置；按机动车的特性，将之分成下列构成要素：如车轮、主动轮、发动机、传动装置、能源等，列为纵轴；对每一个构成要素提供具体方案，即在横轴上显现；最后将之纳入一个形态学结构，就得到表 5-1 所列的结果。

表 5–1 机动车的驱动装置

方案参数	1	2	3	4	5	其他
车轮	2	3	4	5		
主动轮	1	2				
发动机	内燃机	外燃机	燃气轮机	电动机		
传动装置	无	机械	液压			
能源	碳化氢燃料	电池组	蓄电池	燃料电池	间接导轨接触	

从表中可以看出，驱动装置共有 $4\times2\times4\times3\times5=480$ 种形态，包含了各要素所有可能的组合方案，淘汰重复的、不实用的或不可能的方案，根据客观需要、技术可能、社会经济效益，从中选择最优组合。

形态结构分析可用于许多邻域，如技术、材料、功能预测、经营管理、空间研究等方面。

笔者曾在一次公开的创造性训练研讨班上介绍了此方法，很多学员学成后将之运用在自己所在的岗位上，取得了斐然的成绩。有一学员是家具厂厂长，困扰于老产品、老面孔，他们急需推出新的产品。受该方法的启示，回到自己所在的公司以后，他成立了专门的设计小组，设计出了一系列新的产品，推广到市场，开创了一条新路子。他的具体做法如下：

设立由不同部门，如技术部门、市场分析部门、广告部门、生产部门等参加的小组，利用形态结构分析设计新产品，在其中选择最佳的方案，即挑选最佳的组合。

如要求设计一个新的椅子，就可采用此方法。首先将问题按一定的特征分为若干部分，然后对每一部分寻找问题解决的可能性，最后进行选择，这样就找到了现实的解决问题的可能性。如将椅子分成五个特征，寻找每个特征的内容，罗列于表中，再进行选择，具体见表 5-2。

表 5–2　一个新的椅子的设计

不同的特征	解决问题的可能性			
使用功能	坐	坐和躺	可以搁脚的	带录音机的
材料	塑料的	木头的	钢的	竹的
式样	古典的	流线型的	变形的	保守形的
价格（元）	50	100	200	500
尺寸	极小的	中等	大	很大

在上述一览表里我们总共可以找到 $4 \times 4 \times 4 \times 4 \times 4$=1 024 种不同的产品，在这些产品的系列里就可以根据顾客的不同需要进行产品的选择和设计，如设计一个可以搁脚的变形的木制大椅子，价格 200 元；或者设计一个有坐和躺两种功能、古典的中等椅子，价格 100 元等。通过排列组合可以看出设计方案至少可以达四五种，从中我们可以针对客户的不同要求，游刃有余地选取不同的设计方案。

同样的方法可以推广到桌子、门、橱，这种方法可以不断帮助人们推陈出新，开阔思路。

总之，一个人能否灵活运用发散思维，是能否发挥与显示创造力的一个重要的环节。有人将发散思维视为创造力的温床，更有些学者甚至将发散思维与创新思维完全等同了起来，认为创新思维就是发散思维。尽管这种观点有过分夸大发散思维作用的偏向，但至少从另一侧面说明了发散思维在创新过程中所起的重要作用。正如美国心理学家吉尔福特（J. P. Guilford）所说：“发散思维是创新思维的核心，正是在发散思维中，我们才看到了创新思维最明显的标志。”

5.3 收敛性思维及实施条件

5.3.1 收敛性思维的含义

与发散加工相对应的是在创造的每个环节中，也都伴随着思维的收敛加工。吉尔福特（J. P. Guilford）认为收敛加工也是智力结构的一个因素，在人的各种智力过程中起着广泛的作用。因此，每一个解决问题过程，在进行发散加工之后，解题者自然随之就进行着收敛加工。收敛加工与发散加工不同，发散加工是一种扩散式的搜寻模式，而收敛加工则是遵循某种原则，从已知事实中寻求一种正确的结论，属于一种聚焦式搜寻模式。这种思考的结果，往往对不合适的解决问题方案进行筛选，能够获得真正有助于问题解决的策略，增加了问题解决的概率。

对问题解决的各个环节进行发散加工过后，收敛加工在问题解决的各个环节上都起着择优汰劣的作用。

收敛加工是智力结构中的一种操作性，它属于逻辑推理范畴。主要表现为对外界信息的一种综合性的推理，从而得到对某一问题的唯一的答案。在收敛加工中，推理是严格地遵照逻辑进行，并且唯一地由外界信息决定的。如果个体的加工程序恰当，并且已有的信息足以实现目标，那就没有任何选择自由。

为使收敛性思维能在创造过程中发挥应有的作用，就必须遵循以下原则：

1）思路合理化

发散加工过程，由于鼓励思维的流畅性和鼓励产生尽可能多的问题解决思路，所以解题过程的每一个环节所产生的思路中很多是较为新奇的，在发散加工之后，进行收敛加工的过程中需要合理化的检验。一个看似复杂的问题，经过合理化检验之后，就会变得简单明了。

唐朝时，李勉镇守陕西凤翔一带。一次，一个农民挖出了一瓮金元宝，立即上交给了县官。县官担心存放在县衙里不安全，便把瓮放到了自己的住房里。隔了两天，他打开一看，瓮里的元宝都变成了土块。这瓮元宝出土时，乡里的头面人物都曾经检查过，现在发生了这样的变化，自然不免会引起县衙内外一片惊诧。

此事上报到了李勉那里。县官因为无法做出解释，只得承认是自己偷换了元宝，并且画了押。但元宝现藏何处，或怎样把它花掉了，县官却一点儿也说不出。此事引起了李勉和他的僚属袁滋的怀疑。经过查看，他们发现瓮里放有 250 多个土块，于是叫人找来一些铜铁之类的金属，熔化后铸成和土块一样大小的金属块，然后再称它们的重量。只称了其中的一半，就已有了 300 斤重。而这只装金元宝的瓮是由两个农民用竹扁担抬到县城里来的。如果瓮里真有这么多金元宝，两个农民是无论如何也抬不动的。这表明，大瓮在抬进县衙以前的路上就已经被人调换了。这样，县官的冤情也就得到了昭雪。

2）逻辑合理化

在人进行思考的过程中往往会产生许多富于幻想性和独创性的思路。解决问题的过程不仅仅是一个鼓励随心所欲扩散想象解决方案的过程，也是一个严谨检验方案可行性的过程。

在对发散加工产生的方案进行合理化检验时，考虑解决问题的方案是否合理是对方案进行检验的标准之一。

使用逻辑清晰的解决方案较之解决问题各个步骤之间没有紧密的逻辑关系的方案，具有无可比拟的优势。

宋真宗大中祥符年间，京城汴梁发生过一场火灾。一夜之间，大火把皇宫化为废墟。灾后，真宗皇帝命令丁渭主持修复皇宫的工程。当时要完成这么一个大工程难处着实不少。例如，①取土不易，因为要去郊区取土，路程太远；②运输不便，不只是运土，还需要运输各种建筑材料；③废墟难以清理，因为大火造成大片废墟，垃圾“堆积如山”，一下子很难清理完毕。丁渭经过仔细思考后，使用了逻辑关系制定了出色的方案，漂亮地完成了任务。首先他下令挖皇宫前面的大街取土。几天以后，大街被挖成了一条大沟。他又下令把汴河水引入大沟，使这条大沟作为临时的河道，用以解决运输问题。皇宫修复后，丁渭命令将废墟上的瓦罐垃圾填入大沟，重新把大沟填为平地，于是又恢复了大街的原貌。这样通过逻辑思维制定的通盘计划，不仅“省费以万亿计”，而且大大加快了工程的进度。

3）社会观念合理化

现代工业的发展使社会的各个方面产生了深刻的变化。为了人类自身和生活环境的安全，为了留给后代一个美丽的地球，在解决问题的同时，我们必须考虑问题解决的方案在执行过程中与社会及社会发展有无矛盾。有时，在各方面看起来都具有高度可行性的思路，却在社会观念上与消费者有所抵触，所以仍然缺乏可行性。

由于在美国几乎每个家庭都有喝咖啡的习惯，速溶咖啡的制造公司对速溶的市场前景充满了信心。可是让人惊讶的是在速溶咖啡投放市场初期，销售量很低。这是什么原因呢？从时间上来讲，速溶咖啡可以缩短家庭主妇煮咖啡的时间，从价格上来讲，也很经济实惠，可是，为什么这种产品就是卖不出去呢？

速溶咖啡公司的市场研究部门对市场做了专门的调查分析。原来，销售欠佳的原因既不是时间也不是价格，而是一种流传的社会观念在作怪。在美国，家庭主妇普遍认为，煮咖啡是一项家庭主妇的职责，代表了一个主妇的殷勤待客与勤劳。如果在待客和家庭中使用速溶咖啡，那么这个家庭主妇就会认为别人会觉得她懒惰和不礼貌。弄清楚这点后，速溶咖啡公司才能够有针对性地举办讲座和在电视台播放专门的广告，宣传速溶咖啡是一种高效与时髦的标志的观念，同时解释了原有社会观念的错误性，这样，速溶咖啡的销量才增加了。

4）道德标准合理化

解决问题的心理状态必须与人的日常心理状态密切相连。一个人的心智偏好之间契合的越紧密，在工作上取得成功和满足的可能性也就越大。缺乏道德标准的问题解决者常会使用一些没有顾及他人利益的问题解决思路，在解决所面临问题的同时不仅带给他人以身心上的不愉快或伤害，而且引入了更多的问题。

随着人们生活水平的提高，人们对蔬菜、肉、蛋的需要量越来越大，而同时农作物商为增加产量而不顾其他后果使用的大量化肥农药激素，已经给人类带来严重的后果。

由于使用高浓度化肥农药激素，高产高速的种养方式，早熟丰硕的动植物品种，再加上被污染的土地、水及空气，使食物普遍存在维生素、矿物元素、蛋白质及其他微量元素的含量过低或过高，不利于人体吸收。1992 年联合国的一份关于营养问题报告中指出："可以认为某些营养素缺乏是同绿色革命作物的食用量增加有关。"这种缺乏突出地表现在：铁的摄入量下降。据原载于英国《新科学家》的《必须进行第二次农业革命》一文估计，全球至少有 15 亿儿童身上缺铁，40% 的不孕妇女和 50% 的已孕妇女贫血。"缺铁将会对一个国家的智力资源产生严重的影响。缺铁会使人感到疲倦乏力，注意力集中不起来，甚至可以直接影响到神经系统的发育。"

维生素 A 的缺乏现象严重，导致弱视、失明的现象普遍存在，人对疾病的抵抗能力不断下降。

5.3.2 注重收敛性思维的实施条件

进行收敛加工时，必须注重思路的实施条件是否具备。没有合适的实施条件，再好的思路也难以继续进行。

1）考虑时间因素

不同的问题提出之后，收敛过程中时间因素起着不同的作用。问题解决者往往在强大的时间压力下不能从容地选择方案去解决面临的问题，而在时间比较宽裕时解决问题反而比较迅速。这是时间因素给人的心理压力。一般情况，面对选择耗时较短的方案，虽然是"条条大路通罗马"，可是去罗马的人还是愿意挑选最短的路，因为它耗费的时间最少。

NTT 日本电信电话公司不但对日本的电信业贡献巨大，而且对世界电信的发展也功不可没，其中之一就是它是世界上第一家推出日后风靡世界的"电话卡"公司。

20 世纪 70 年代末，NTT 突然发现一个反常现象，当时的话费收入增长速度忽然比往年放慢了许多，升幅只有 1% ～ 2%，而根据他们的统计调查，近年人们使用电话的需求量却以 5% ～ 6% 的增长速度提升。需求量如此高涨，而 NTT 的收入却增长缓慢，二者相比，显然有矛盾。

经过调查，找到了问题所在，NTT 收入速度放慢的原因主要在于自动受话机上，这项收入不仅没有增加，反而减少。

于是 NTT 又见缝插针地安置了多达数万门的自动电话，可收入仍然不见成效。

再一调查，症结终于找出来了，原来是硬币制约了要打电话的人们，虽然日本的电话亭随处可见，但是人们不会老是随身带着硬币，在想打电话时又不愿意花时间去找地方换硬币，干脆就不打。对这个现象 NTT 经过专业部门的研究，终于发明了省时省事的电话卡，自此，公用电话消费进入了一个新的阶段。

并不是对所有的问题而言，时间因素的位置都是如此重要。如果时间消耗稍长一些，而会给问题解决者在其他方面带来某种利益，问题解决者往往会牺牲一段时间去采用更完善的方案。

2）考虑经济因素

虽然在解决纯数学问题时，经济因素对选择解题方案不会有任何影响，但是在日常生活面临的问题中，经济因素对选择方案的影响有时会大于任何一个因素。总的说来，在我们解决问题的思维过程中，选择方案时，经济因素会在某种程度上作为方案选择的一个重要的考量因素而存在。

多伦多人埃德·莫维奇和他的儿子戴维拥有三家世界上最重要的剧院。它们是英国伦敦皇家剧院，亚历山大皇家剧院和威尔士王妃剧院。为什么说在英语世界中，多伦多是继纽约和伦敦之后的第三大剧院中心，埃德和戴维便是其中的两个原因。

埃得·莫维奇的财富来自积极的打折零售和特有的广告风格。这一风格建立在新奇的自我促销以及大量地使用幽默的、和蔼的和不相关的词语的基础之上。他的商店——被古怪地称为“诚实的埃得”每天吸引两万人流连忘返，埃得在自己商店的门口竖起一块大招牌，上面写道：“不要被我们的帮助所迷惑，它们有自己的问题。”招牌下面的一段文字对这句话做了解释：商店试图将商品的价格降低到最低限度。要达到这一目标，方法之一就是为顾客提供尽可能少的服务，就是减少雇员的数量。正是这种超低的价格，成为吸引大量顾客的主要原因。

3）考虑能力因素

有时，某些方案看起来似乎是十全十美的，但是方案设计者往往过多地从设计者本身来考虑问题，而不是从执行者的角度考虑问题。这样，往往在执行时会遇到很严重的障碍，需要执行的计划超越了解决者本身的能力。这样，整个问题自然也就不可能得到解决。因此，在选择问题解决方案时考虑到解决问题执行者的个体能力是极为必要的。

汤姆斯在“家长、教师联谊会”上做总结演讲，他说：“总之，我希望每位文学老师都能够规定学生每天写一篇三个段落的作文，然后老师要给予有用的修改和提议。这是使我们的学生能够熟练地掌握作文能力的最有效的方法。”当听众的掌声平息下来以后，他问：“有任何的问题吗？”

听众后排有一位女士怯生生地举起手。汤姆斯向她点头示意，于是她站起来问道：“汤姆斯先生，方才您在讲演时我私下里做了一下粗略的估计。我们学校每位文学老师平均要带 27 名学生，而我推算每修改一篇作文的时间约为 7 分钟，那么根据这项保守的估计，修改这些作文每星期将需要耗费每位老师额外的 15 个小时的工作时间。大部分老师在周末和夜间都用来批改作业和加班。那么，你期待他们可利用哪段时间来修改这些作文呢？”

汤姆斯有些不知所措：“这个……女士，让我看看……”可怜的汤姆斯，无论他相信自己的主张如何具有发展性（或许许多听众也抱有这种想法）但是，这一刻他的想法似乎已经完全被击溃了。

那位女士不必为这个主张的夭折负起责任，这应该是汤姆斯自己的事。在进行似乎周密可行的计划之后，他忘了考虑每个教师的承受程度，那么，这个计划的失败当然是不可避免的。

5.4 训练开发你的创意

5.4.1 开发创造性的十种方法

要开发自己的创意，首要的一步是开放自我，相信你有能力更富创意，一旦你越过了障碍，就可以开发自我，找寻上百样的工具和技术，如“形态结构分析”“类比法”“挤压和拉伸”“问问假如会怎样？”等创造技术来帮助你训练和开发自己的创造潜力。

创造性工具的生意始于广告行政人员。奥斯本（A. F. Osborn）推广头脑风暴法作为产生点子的手段，从此，许多技术附加产生了许多鼓励和产生创造性思维的方法和工具。例如，CREATIVITY 的十种方法。

C: Compare and combine	比较与组合
R: Risk taking	冒风险
E: Expand and shrink	扩张和收缩
A: Ask “what’s good?” and “what if”	询问“好在哪里？”“否则会如何”
T: Transform your viewpoint	转换角度
I: In another sequence	变换顺序
V: Visit other places	参观其他地方
I: Incubate	潜伏期
T: Trigger concepts	触发概念
Y: Youth’s advantage	青年的优势

所有上述技术，跟许多创造性技术一样，可归功于下述四种战略：

（1）设想 看到想要的未来，看到理想状态

（2）探究 运用隐喻、比喻、象征来质询想当然之事，动摇变化表

（3）组合 以不同方式将多样元素组在一起

（4）修正 临时准备、修改、调整你已经做好的东西

每一样都运用头脑风暴法的基本准则来产生新的主意，那么每一样之间有什么区别呢？假如你有一项计划，你需要在方法上有所创新。

设想：运用设想就是说如果你已成功完成这项任务，会达到什么样的结果：情况将是怎样，你会听到些什么？上司会怎么说？你会看到什么？这项计划看起来会怎样？是什么形式的？你的感受如何？为什么会带来这些感受？

探究：运用探寻的方法就是要求找出几种比喻或暗喻，加以比较，然后问自己，它们之间有些什么相似或不同之处。所以，假如你把你的计划比作烘面包，那么你的计划和烘焙面

包之间相似之处在哪里呢？如：相似之处是两者都需要正确的配方，都需要酝酿的时间。它们之间有何不同呢？烤面包只需一个人，而你的计划需要更多的投入。现在，通过二者之间的比较你发现了什么？也许，会使你意识到你需要安排与同事见面，以发动大家一起来从事该计划。

组合：运用组合，你需要把你的计划与一些东西联系在一起或是解除它们之间的联系，把你的计划与已有的另一项任务组合在一起，也许使你意识到，同样的顾客，你也许会用多一倍的时间和精力与这些客户讨论有关问题。无关联的联系可能会是把你的计划与一场聚会组合在一起，以确认有否交叉。比如，你可能会考虑如何使计划更有趣味。比尔（Bill Bowerman）运用了橡胶和烘鸡蛋饼铁模，发明了耐克鞋底，两种似乎毫不相干的事物在这里得到了有机的组合，开发了“Just Do It”的新世界。

修正：运用修正，你需要重新检视过去的计划，看这次计划中实施的办法是否可以改进，或是求教其他人的意见，然后照他们说的修改自己的计划。

上述每种策略都有很多技术，你不需要担心到底采用哪种，需要考虑的是如何运用其中的一种。每一种技术都是发明出来以开发你的日常思维，使你有不同的方式来思考——突破已有框框。不存在特定的技术或更好的方法来提升创意，你会有自己的偏好，最终，你会找到最适合你的方法来进行思维。

通常我们是按惯常的轨道度过一天，每个人固有的习惯统治了自己的生活，期待可预料的事，避免令人意外的事。这样做可以是有益的，会给我们带来好处，因为我们会变得实际有效。但是，与此同时也会带来缺陷，我们对事物“应该是怎样”的期待会替代了事物“可以是这样”的期待。这点会妨碍我们看得更远大、更好、更明智、更宽阔。

创造性的技术将会成为创造性的燃点而燃烧新的火花，帮助你用新的眼光重新看待世界，让世界看起来焕然一新。

5.4.2 好的创造性对个人的意义

Aha！有许多积极的富创意的行动你可以采纳。创意不仅在工作中，也可在家里为你带来好处，使你的家庭生活、个人生活变得更有意义。

想不想让你的闲暇时光变得更愉快？怎样才能把草除得更快？怎样才能让家庭中的每一成员愉快度假？怎样让你的薪水更合理地使用？怎样让就餐时间成为每个人的愉快经历？如何用你的爱好来赚钱，在有兴趣的同时还可获得利益？等等这些，一个好的创意可以帮助你解决这些问题，达到你的目标。

除了明确的益处，你还会发现释放你的创造能量可以是很有趣的，同时令你做的每件事都赋予积极的看法，你会发现你正在运用你的想象力来解决日常问题，因为你接受更多样的解决方法。你还会扫除厌烦，提升自信，更满意周围的人际关系，并且，在总体上，更享受生活，提高你的生活质量。

如何使你的工作更容易？或使你对你所服务的公司更具价值？不妨环顾四周，看看有什么可以改进的地方？

- 沟通
- 过程
- 服务
- 产品
- 合作
- 计划
- 哪些是客户没有而想要的？
- 哪里可以做得更便宜？
- 更快
- 更好
- 你看到未来会有哪些变化呢？

为了更好地发挥个人的创意，必须做到以下几点：

首先，积极心态：要清楚你头脑中有着无尽的资源——信息的喷泉，一旦你意识到这点，你就会更灵活地在日常生活中运用创意。

其次，寻找点子：好主意能解决问题，帮助他人，使生活轻松，改进工作，改善环境，有助于公司运作。培养对人、环境、事物的好奇，扩大自己的生活面，参观许多地方，如当地工厂、特色商店、图书馆、其他城市、其他省、其他国家；与来自不同专业、不同地方、不同生活方式的人交谈，并且相信你的直觉，关注你的梦想。

再次，建立点子库：不停地建设你的点子库，阅读多种类型的书籍和杂志，提出有助思考的问题：为什么？不然会怎样？怎么样？提出问题，并真正从答案中学到东西；阅读有关创造性的书，有意识地自我训练。

从次，捕捉这些点子：你要把它们写下来，不然，它们会消失。此外，要让它们变得有意义，激发其他点子的出现，写下你的生活目标、解决问题的部分办法、还没有创造出来的发明、似乎是愚蠢的想法及想象中的状况。

最后，运用点子：运用你的点子。当然不会是全部的点子，起初是一小部分，以后更多些。目标定得高些，瞄准月亮，哪怕你射不中，你也会在某个地方射中星星。积极乐观地去思考，要最好的，期待最好的，你从生活中得到的正是你所期待的。

5.4.3 多思维训练

训练自己多角度地看待问题，有利于开发自己的创造潜能，多思维训练包括训练自己的分散思维、异向思维等。

1）分散思维

联想是锻炼分散思维的一个有效的办法，使分散思维成为人们思维的习惯。

分散思维和集中思维相辅相成。思考一个比较复杂的问题，一般前期进行分散思维，提出大量的设想来，后期进行集中思维，对提出来的这些设想进行审查、筛选和提炼加工，以便最后得出一个可以付诸实行的最佳方案。通过集中思维得到的种种设想，其量的多少与质的优劣，直接关系着整个创造性思维过程的质量高低与成败得失。国外很多学者普遍认为，分散思维是创造性思维的核心；一个人的创造性思维能力的高低，主要表现在他的分散思维能力的强弱上。因此提高一个人的创造性思维能力的关键，就在于提高他的分散思维能力。

“朝四面八方想”作为一种创新的思考方法，在开始想以前，先得确定一个出发点，即先要有一个辐射源。怎样从一个辐射源出发向四面八方发散，可以用以下几种方法：

● 可以就事物的整体朝四面八方想，也可以就事物的某一特性或某一局部朝四面八方想。例如，就帽子的整体用途朝四面八方辐射，我们会想到：保暖、防风、防雨、遮灰、装饰、遮太阳、遮丑、标志身份（军帽）、标志官职、标志民族、标志工种、接受欢呼、表示礼貌等。

● 就事物在特殊情况下的作用朝四面八方想。暂时堵一堵洞、生炉子时扇风、乞丐用作讨钱工具、作传递情报的工具、作谋害人的工具。

● 可以就事物的性质、结构或作用直接地朝四面八方想，也可以就事物的性质、结构或作用间接地朝四面八方想。

● 可以无一定顺序地朝四面八方想，也可以有一定顺序地朝四面八方想，包括范围从大到小或从小到大；以方向为顺序，从东到西，或从西向东；以位置为顺序，从上到下，或从下到上等。

激光器的发明就是分散思维应用的一个结果。爱因斯坦1916年提出受激光辐射的概念后，科学技术人员据此而分散出的一条思路：设计能用于光波放大的装置，即设计激光器。通过分散思考，对激光器的工作物质，他们提出了气体、液体、固体、半导体……对激光器的刺激方法，他们提出了光刺激、电刺激。后来，在1961年，美国一位年轻的研究生梅曼研制成功了第一台红宝石激光器，其激光束经过透镜聚焦后，射向物体形成直径为1微米至10微米的光斑，可以获得极高的能量密度，因而能对过去难以处理的硬度大、熔点高和脆性的材料进行打孔、切割、焊接等精加工。20世纪70年代后，不仅在工业上广泛应用，由于它用在医疗上具有自动止血、伤口基本无菌、感染率小等优点，在胸外科、脑外科、眼科等各科相继得到应用。近年来，科技人员还将激光应用于通讯和全息照相等许多项目上。

2）异向思维

古今中外，思维错位、角色错位的事例不胜枚举。寓言中，守株待兔者只会僵化在成功之点，思维迈不开步子，扮演了守株而兔不至的可笑角色。

《三国演义》中诸葛亮的“智取华容道”和“空城计”就是反向思维的一个成功的例子。曹操和司马懿都对诸葛亮用兵谨慎、隐真示假、善于埋伏形成了思维定势，诸葛亮则用逆反思维、虚虚实实、真真假假使曹操和司马懿在思维定势的支配下，做出了错误的决断而丧失了取胜的良机。

现实生活中，有许多实际问题需要我们变个角度思考，这样，一个一个的问题往往迎刃而解，这就是人们常说的异向思维。其实，促销、经营、理财及投资无不处处显示异向思维的奥妙所在。

人弃我取，冷门思维。人弃我取，冷门思维今天已广为人知，特别是许多炒股的书籍都推荐这个观念。其实人弃我取并不只在股票交易中适用，在其他的经营领域也同样适用。

人们早就发现，买别人不要的东西价钱异常低廉，再把它卖给需要的人，那你就赚大钱了。大约 20 年前一家出版社出版了一本外国学者写的《儿童脑智力开发》，印了几万册，后来大量滞销堆在书库里，一放就是 3 年。最后，出版社决定把积压的书当作废纸卖掉。一家书店老板听说了这个消息，赶去将其全部买下。定价 3 元的书，2 角就买下了，一共 2.7 万册。不要以为这个书店老板是蛮干，在此之前他对这本书已做了充分的研究。这本书滞销，主要的问题在于书名缺乏形象性，很多读者以为是本理论书籍，担心读起来吃力，所以不买。其实书的主要内容是训练儿童智力的各种游戏。书店老板想，这一点必须向读者介绍清楚，于是在报纸上刊登的邮购广告便是这样写的——外国专家设计的 50 种游戏，这就是《儿童脑智力开发》。效果真的很好，汇款源源不断，不到半年他就把书全卖光了。一堆几乎化作纸浆的书就这样到了喜欢它的读者手里，而书店老板用 5 000 多元的本钱赚了 7 万多元。

跳出“趋同思维”

河北冀州以盛产梨、桃、苹果而闻名于世，但冀州的旭日集团却跳出了“趋同思维”，抓住了茶文化在我国源远流长和中国茶饮品在市场上几乎空白这一大好机遇，与中国茶叶协会联合研制开发出了冰茶、暖茶等系列饮料，结果一炮打响，很快跻身于河北五大名饮之列，1997 年销售收入已突破 6 亿元。在不断扩大生产能力上，旭日集团再次跳出“趋同思维”，放弃了自行投资 4 亿元建立生产线的计划，在全国租赁了 18 条饮品生产线，在极短的时间里使企业的生产能力扩大了 80 倍，在市场竞争中处于有利地位。

跳出“趋同思维”，往往大获全胜。顺德有一个乡镇既没有港口，也没有码头，却看准了国内的航运市场，先租船经营，后购船成立了一支运输船队，以优质的服务，灵活的经营方式取胜，获利颇丰。广东一个实力雄厚的房地产开发商在强手如林的竞争中能够脱颖而出，也是跳出了“趋同思维”。他首先投巨资建立一所质量一流的中小学，吸引大批学生前来读书，然后再吸引学生的家长购买住宅，人气一旺，百业兴旺。如此良性循环，最终取得良好业绩。

“迂回”思维，嫁接出新

“嫁接”一词来自生物学领域，如今，“嫁接术”被一些有开拓创新、逆向思维的企业家应用到市场营销领域，同样取得了令人意料不到的奇效。

1994 年，东京出现了一家中药茶馆，生意兴隆，经常客满。这家茶馆，是伊仓中药店开办的。这家药店原来只出售中药，当时中药的销路很不好，许多药品滞留在仓库里睡大觉。后来，石川经理想到了跟他的生意全然无关的茶馆，不必努力去拉生意，只需把中药和茶馆组合起来，多角化经营就行了。

于是，伊仓中药店开设的伊仓中药茶馆就诞生了。为了消除中药的气味，石川经理对掺有中药的饮料进行了特殊的加工，并使茶馆的气氛明朗化、装饰现代化，馆内安装了空调以及瑰丽的美术灯，桌子和椅子采用淡黄，墙面粉刷成白色，地面铺着绿色地毯，并播放着轻松的音乐……

有人统计，这种多元化的经营使企业所获得的效益，要比单项经营高出几十倍。

5.4.4 创意思维训练

创意思维训练可以帮助人们锻炼思维的流畅性和应变性，使之反应敏捷，举一反三，触类旁通，因而训练自己的即兴创造能力，可以在任何时候、任何地方，用任何事物，久之养成即兴创造的习惯，思维的广度与深度也会随之加强。

1）形象刺激

大家知道，人脑的左右大脑各有自己的分工，创造力的源泉在于右脑。图像是刺激右脑的活动，爱因斯坦就非常擅长。他在致数学家雅克·哈达马德（J. Hadamard）的信中，这样描述自己的思维过程：

在我的思维结构中，书面的或口头的文字似乎不起任何作用。作为思想元素的心理的东西是一些记号和一定明晰程度的意象，它们可以由我“随意地”再生和组合……这种组合活动似乎是创造性思维的主要形式。它进行在可以传达给别人的、由文字或别的记号建立起来的任何逻辑结构之前。上述的这些元素就我来说是视觉的，有时也有动觉的。通用的文字或其他记号只有在第二个阶段才能很费劲地找出来，此时上述的联想活动已经充分建立，而且可以随意地再生出来。

被发明的机器结构的形象，文学作品中主人公的形象，雕刻家所做的雕刻作品，都是创造性想象的结果。

托尔斯泰在《战争与和平》一书中创造的娜塔莎·玛斯洛娃，是他基于深刻分析两个熟悉的人的性格和特点而塑造的，这两个人是他的妻子索菲亚·安得烈耶芙娜和她的姐姐达吉娅娜。鲜明的、在生活中真实的女主人公形象就是这样建立的，利用生活的原型，加上作者的艺术想象。

据说，可口可乐公司最独特的创造——弧形瓶，该瓶现已成为当今唯一以形状注册的商标，它的设想就源于一个创造人员的想象，将之想象成婀娜多姿的女性，有细细的腰穿着美丽的裙子……

锻炼自己的图像或形象思维，可以利用生活中的一些不规则的图形来加工、提炼。形象法训练还可以让人们对一些事先画好的图像进行想象，如下面的图像刺激练习。

图像刺激练习

说明：请说出下列图像代表的意义，至少三个。

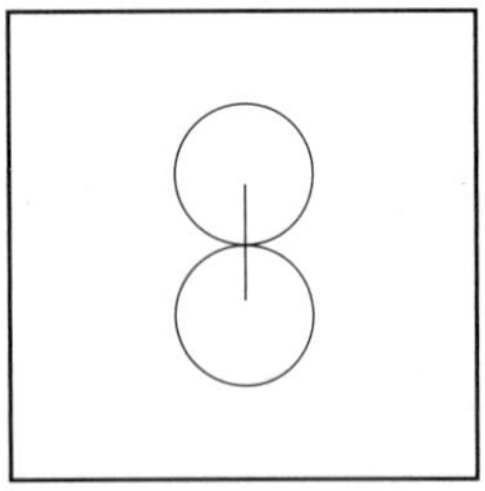

1.________________

2.________________

3.________________

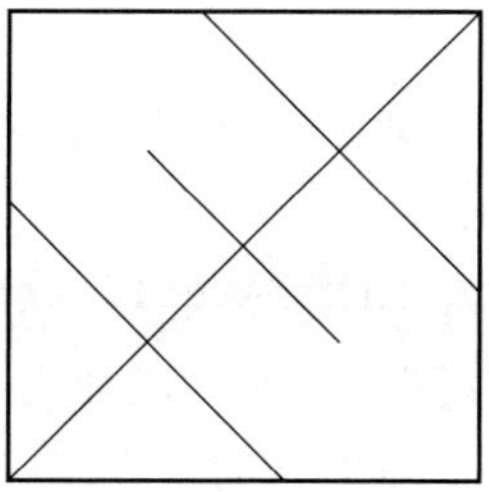

1.________________
2.________________
3.________________

本书作者归纳了研讨班上学员的想象，具体有下列，与读者分享。

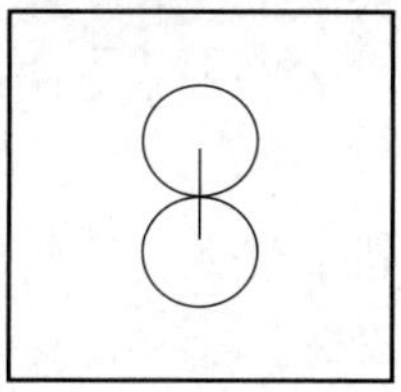

两个天平托盘
猫头鹰眼
机械制图样
杂技车轮
新型眼镜
动画人物局部器官
几何对顶圆
交通指示牌
商标
滑轮组
名球
物品
沟通
平衡
同心协力
玩具
河边小树
管道
糖葫芦
两个蛋串一起
眼镜
信号

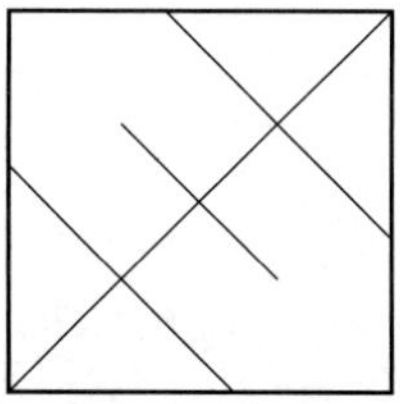

电线
道路、街道
“丰”字
飞行
十字路口
丰收
避雷针
衣服架（俯视）
水库大坝
灌水渠道
借助外界力量

2）联想法

联想法又可称为刺激词的技术，可以利用一个数字或一样物品作为刺激物，由此产生联想，创造出一样新的东西。

如我们要设计一款新的自来水笔，一般的方法是收集不同质地、不同式样的自来水笔，进行比较，由此产生一种新类型的笔。而联想法则不同，它要求我们另辟蹊径。我们避开笔不谈，而参照另一个不相干的事物。如以花瓶作为参照物，首先对花瓶的不同特点加以陈述：如有各种不同的颜色，容易摔碎的，大多数都是玻璃的、瓷的，不同的花瓶用于不同的场合等等。然后从花瓶的不同特点出发加以思考来设计新型的笔，如由此我们设计了这样一种新型的笔：自来水笔形状以花瓶的形状出现，它可以用于不同的场合，红色的用于婚礼中，在笔上在镶嵌二个结婚戒指；黑色的可以用在葬礼上，并且可以用透明的质地，使人能看见墨水。这样设计出来的笔必然是新型的，因它通过大胆的设想，产品独特美观。

最近十几年来，玩具行业迅速发展，更新换代的速度越来越快，这除了依赖于科技的发展，更依靠人的创造力和想象力，离开了这些，世界发展的速度将会大大减低。麻省理工学院的教授麦克（Michael Hewley）认为："玩具能够帮助我们实现梦想。"在他们众多的设计中有一副音乐扬声器很特别，小孩只要用脚踩就能编出动听的音乐来。

为了满足小孩子对太空的想象，制造商们制作了各种机器人、机器恐龙。这些设计都旨在方便小孩子的操作，其中一款机器人可以在 15 米外用无线电进行遥控。

在东京玩具展的另一个摊位，工作人员在一小女孩的背部装上一个感应器后，一只绿色的毛毛虫就能模仿这个小女孩的每个动作，其惟妙惟肖的动作令人完全相信那只"小动物"具有很高的智商。

理查德 • 斯凯瑞（R. Scarry）发明了一种会说话的地球仪，能向玩者提供各类有趣的地理知识。EVH 公司（Eberhard Von Huene）则发明了一种称为 Sound Bytes 的声音玩具，可用来考验你的听力和说话能力。它的槽形监听器可以记录下人们的声音，然后进行模糊处理，再把声音播放出来，考验听者谁能以最快的速度猜出它所说的话。这种玩具有一定的灵活性，插入不同的智能声卡就具有不同的能力。比如插入一块化学方面的智能卡，它就能考验你的化学知识，成为你学习化学的好帮手。

此外，一种家庭星球仪也很有意思。只要在晚上将家里的灯熄灭，就可以将星座投影在天花板上，让小孩轻松学习到天文知识。

总之，大胆的想象、联想制造了许多独特的产品来满足人们的不同需要。

◉ 思考与探索

1. 试述发散性思维与创新的关系，并举例说明如何掌握发散性思维的策略。

2. 试用实例分析收敛性加工的原则及其实施条件。

第 6 章　创造动机的开发培育

本章概要：

- 外部动机与内部动机及创造动机不强与过头
- 创造性内部动机与外部动机的含义及其表现
- 创造性动机开发与培育的原理与方法
- 阻碍创造性的九个思维框架

6.1 创造动机概述

创造活动是一种人类产生新观念、新事物的独特活动，任何创造性活动都离不开创造动机。创造动机是人类动机群中的一个重要组成部分，是激发创造者从事创造活动的内部动力，它直接影响创造者对创造活动的期待、对创造结果的评价和体验，并进一步影响创造者的创造性发展和从事创造活动的积极性。

创造动机在创造活动中具有三种功能：一是激活功能。动机是人的积极性的一个重要方面，它的主要功能是激发、推动创造者产生创造活动。二是指向功能。创造动机总是使创造者的创造活动指向一定的目标或对象，它使创造者始终坚定地朝着既定的目标奋进。三是维持和调整功能。创造活动产生后，创造者能否坚持下去以及在以后的创造活动中作何调节和改变，同样受到创造动机的支配。

一个创造动机强的创造者就像一个具有极强征服欲望的登山者，他会朝着一个顶峰坚定不移的攀登，直到征服那个顶峰，获得顶峰体验为止。心理学家马斯洛（A. H. Maslow）认为，人具有不断发展和生长的内在本性，这种过程宛如登山一样是一步一级向上攀登的，其最高终点就是自我实现的人。

任何等级智力的人只要发挥出所有禀赋便是一个自我实现者。只要在处理问题时，做到抛开过去和未来，以积极的接受态度关注当前的问题，在这个过程中，所有的创造性灵感都会被激发，创造者在创造策略的指导下辛勤创造，在一点一滴的创造过程中获得顶峰体验。

关于创造动机的理论有一种试图阐述创造力动机本质的理论来自精神动力学研究。该学派的大多数理论认为，创造性行为是一种减缓张力的途径，而这种张力源于其他的不能被人接受的需要。例如，西格蒙德·弗洛伊德（S. Freud）断言，成年人可以将多余的性欲能量升华或转移到社会更容易接受的方向上，其中包括创造力的表达。弗洛伊德提出，正如游戏在儿童的生活中所起的作用那样，创造性的活动使成年人在工作中缓和矛盾与冲突，并且使人有机会带着情感上的满足沉浸在幻想的世界中。

卡尔•罗杰斯（C. R. Rogers）相信驱动创造力的是人们自我实现的倾向，这一倾向促使他们挖掘出自己的潜能。罗杰斯认为每个人都有自我实现的动力，但要使它有充分展现在创造性成就中，就必须具备一定的条件。罗杰斯特别强调创造力一定存在于自我评价的背景中，而不是关注别人对自己的评价。因而，创造性的个体必须对自己的工作进行内部评价，这种情况多在没有外部评价、拥有充分自由为特征的环境下显现出来。

人本主义学派的马斯洛(A. H. Maslow)分别在1943年、1959年及1968的相关著作论文中，清晰地说明了与罗杰斯相似的观点。他强调了自我实现的创造力既不是被追求成功所驱使，也不是像心理分析学家所主张的那样是“通过对被禁止的冲动和愿望的退行性控制而起作用”的结果（1968年）。相反，他认为那些基本要求已经得到满足的人会自发地表现出自我实现的创造力。但是，马斯洛的确承认，并非所有的创造力都是自我实现的创造力。他认为，拥有一种特殊才能的人可以无需达到自我实现就具有创造性。

1962年，在美国科罗拉多大学举办的关于创造力研究的座谈会上，产生了更多与上述想法类似的，更正规的、更清晰的观点。在会议收集的几篇文章里，下述想法开始成型，即个体对工作的投入将有益于创造力，过于考虑自我（ego）的需要会损害创造力。亨勒（Henle）1962年认为，创造力伴随着“超然的热爱”（detached devotion），其中，个体的热情、承诺、兴趣都与一种关键的超然（critical detachment）相伴。但是，她在这个观点的基础上又进一步提出，一些条件将导致“超然的热爱”。

科拉奇菲尔德（Grutchfield）1962年进一步明确阐述了对于创造力而言，以下两种动机的区别：牵涉自我的动机（ego-involved motives，或外部动机）与牵涉任务的动机（task-involved motives, 或内部动机），前者是指，“能够创造性地解决问题是达到某个远期目标的一种手段，而不是这个目的本身”，而后者是指个体创造性解决问题的推动力是“获得创造性的解决办法本身所具有的内部价值”。他提出，虽然外部动机能在最初推动个体投入或承担某项任务，但理想的情况是，外部动机只是为了给认为与对任务的内部卷入（intrinsic involvement）之间提供充分的联系而服务。他相信当一个人从根本上是由内部动机驱使做某件事的时候，才会产生更大的创造力。

6.2 创造动机的分类：内部与外部动机

从动力来源看，动机可以有内部动机和外部动机之分。内部动机是指个体内在的需要而引起的动机，如兴趣和爱好；外部动机是指个体在外界的要求和压力下产生的行为动机，如为了得到奖赏或逃避惩罚。尽管内部动机和外部动机都可以激发和维持创造者的创造活动，然而，许多心理学研究都证明，内在动机更有利于创造活动的产生和创造力的发挥与发展。表 6-1 是关于区别创造的内部动机和外部动机的几个问题：

表 6–1 区别创造之内部动机和外部动机的问题

1. 您的创造活动完全是出于好奇心而不是为了取悦于其他人吗？
2. 您从事创造活动是为了自我满足而不是为了获得其他好处吗？
3. 您喜欢挑战性的工作吗？
4. 您是否渴望挑战性的工作而不是依赖别人的帮助？
5. 您是否根据自己的标准而不是别人的标准来评价工作是成功还是失败？

如果以上的问题您都回答“是”，那么您的创造性内部动机很高。

事实上，许多心理学研究都证明具有较强内部动机者比只具有外部动机者的创造性高出许多。图 6-1 是美国心理学家艾曼贝尔（T. M. Amabile）对创造性作家所做诗歌的创造性研究结果。这个结果证实了内部动机更有利于发挥人的创造性。对写作持有内部动机的创造性作家，比持有外部动机的作家有高得多的创造性。

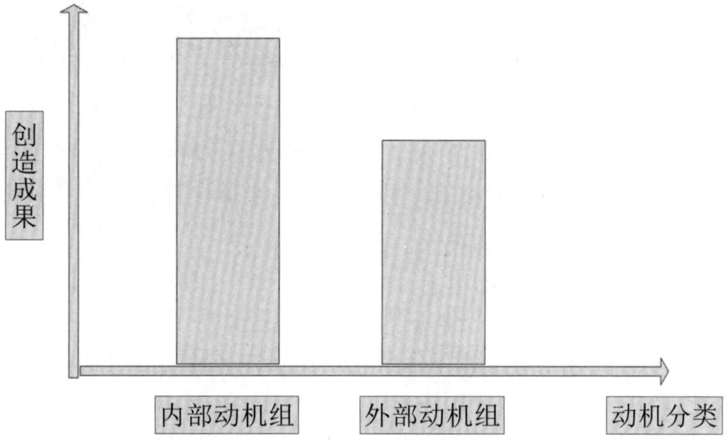

图 6–1 内部动机与外部动机的创造力比较

6.2.1 创造性内部动机及其表现

1）创造性内部动机的定义

创造性内部动机定义为参与活动主要是为了活动本身的动机，因为个体感觉任务是有趣的，令人满意的，或挑战自身的。内部动机以集中于工作本身的挑战性和愉悦性为标志。

罗杰斯（C. R. Rogers）提出创造性必需的三个内部条件之一就是内部评价。一个人主要关心对其工作本身进行自我评价，对他人的评价是次要的，则更容易产生创造性。

2）创造性内部动机的表现

（1）求知欲、好奇心

求知欲、好奇心对所有从事活动的热爱是最基本、也是最重要的创造性内在动机。求知欲和好奇心是人的天性，有的人把这种天性保留下来，而有的人则将其压抑。很多人正是由于被强烈的求知欲和好奇心驱使才能进行创造发明。一个人对某种事物好奇，就意味着他要不断思考，以求明白事物的真相，所以求知欲和好奇心是创造的出发点。当代物理学家玻恩（M. Born）曾说："我一开始就觉得搞科研工作是很大的乐事，直到今天仍旧是一种享受。"

创造兴趣以及创造获得成功时的极大喜悦也是人们致力于创造的动力。研究者在评价著名画家埃斯克尔时，认为他工作的主要动力是"一种对我们周围的自然界所包含的几何规则的强烈兴趣"。他曾评价自己在数学方面其实很无能，但对顺序和对称十分着迷。当他还是一个小孩的时候就对几何图形十分痴迷，后来受这一强烈的爱好驱使。

好奇是一种认知冲动，兴趣则是理性、持续长久的认知需要。根据马斯洛（A. H. Maslow）的观点，认知需要是人的基本需要，又分为两个层次：了解的欲望和理解的欲望。前者主要依赖于自然的生长过程，是本能的好奇；后者是后天学习的过程，要求是对事物深入的理解。如果认知需要得到满足，就会体验到马斯洛所说的"终极体验"。这种体验"常常是一个令人感到欢快、幸福、激动的平台，甚至可能是人一生中很高的一个平台"。阿基米德在领悟到浮力定律时兴奋得在大街上边跑边喊的故事就是一个典型的例子。能体验到认知冲动满足的人，容易激发内在的动机。

马斯洛还特别指出，认知需要有时会压倒其他更基本的需要而占据主导，即在吃、住、穿都极困难的情况下，也要从事创造性获得。甚至在爱的需要、尊重的需要得不到满足，没有社会承认的情况下也要追求真理，这种压倒一切的认知需要大都是在兴趣的驱使下产生的。

（2）成就动机

成就动机也是最重要的创造性内在动机之一。成就动机是指人们希望从事对他们有重要意义的活动并在活动中克服障碍，施展才能力求取得完满结果的一种动机。

一般而言，成就动机的高低由"力求成功"的需要和"避免失败"的需要两种成分的构成状况来决定。如果力求成功的需要高于避免失败的需要，那么成就动机的分数就高，反之就低。

所以，成就动机高的人，是积极追求成功而不怕失败的人。

由于成就动机在个体的创造活动中有着十分重要的作用。麦克里兰（D. C. McClelland）对不同强度的成就动机与创造性解决问题进行了直接研究和分析，结果发现，成就动机高的人喜欢对问题承担个人责任，热衷于担任开创性工作，并在工作中敢于创新，同时遇到挫折时，常倾向归因于自身因素，会更加努力。

另外一些研究者发现在成就动机高的人内部，力求成功者（力求成功的需要高于避免失败的需要）比避免失败者（力求成功的需要低于避免失败的需要）更适合进行创造活动，有更多的创造机会，能有所创新和创造性地解决问题。

（3）喜爱挑战性

研究还发现，创造性高的人易受挑战性任务的鼓舞，这是高内部动机的标志。每个人或多或少都具有挑战心理，即争强好胜，愿意战胜别人。这种追求挑战性是创造性的重要内在动机。阿尔伯特（G. W. Allport）发现许多著名的创造者选择并着迷于富有挑战性的、冒险的问题。这些问题使他们有机会运用自己的能力并从中获得极大的愉悦感。帕金斯（Perkins）于 1988 年也描述了创造性个体怎样在复杂问题中体验到兴奋，怎样被解决挑战性问题所驱动。希克森特米哈伊（M. Csikszenmihalyi）1990 年提出，当人们参加一项与他们能力水平相当的挑战性活动时，高内部动机就产生了。

当人们在某个领域变得更有技巧时，他们将寻找更有挑战性的，能测试他们状态被描述为活动中最佳卷入的经验，伴随这种最佳卷入，有逐渐增强的愉悦感和某种核心注意技巧的问题。黑森（T. E. Heinzen）1989 年也发现中等水平的挑战性将有利于产生大量可能的问题解决方案，考虑出的解决方法越多，就越有创造性。

（4）强烈的情感体验

情感在创造性活动中，尤其是在艺术创造中，起着很重要的动机作用。唐朝一个宰相擅长作诗。有一次别人问他有没有新作，他回答说："诗思在灞桥风雪中驴子的背上，这里怎么能够得到！"灞桥在唐朝京城长安东面，它和西面的渭城，当时都是送别亲人的地方。生离死别之际，自然诗如泉涌。

托尔斯泰曾经多次谈到激情在创作中的作用。他认为，创作没有激情是不成的，一切作品要写得好，它就应当是从作者的心灵里唱出来的。

盖特斯和希克森特米哈伊（J. W. Getzels & M. Csikszentmihalyi）1976 年从问题发现的研究中发现：创造性问题解决过程中的关键阶段"问题发现"受到某个主题的浓厚兴趣和强烈好奇心的驱动。同样，曼斯菲尔德和布鲁斯（R. S. Mansfield & T. V. Brusee）1954 年发现了对工作承诺的重要性，他们把承诺描述为内部动机的感情卷入特征，对科学发现非常重要。

6.2.2 创造性外部动机及其作用

外部动机是个体在外界的要求和外力的作用下所产生的行为动机，如为了得到奖赏和逃避惩罚。研究发现，外部动机对创造性的影响具有两面性。

1）外部动机的负面作用

首先，研究者认为外部动机不利于创造性的产生，这种观点得到了很多证明。

作家珀拉斯在很小的时候就创作了诗歌和小说，获得了多种奖项，声名鹊起。然而到了后来，她一心想得到全世界的赞赏，得到钱、爱情，对别人超过自己感到愤怒。“我努力使自己相信自己的工作舒适，报酬优厚。具有讽刺意义的是，这种自我暗示使我对工作心灰意懒，并破坏了我一向的工作观念——一分耕耘，一分收获。”从她的话中可以看出评价（特别是竞争性评价）对她的影响有多强烈。

在一个实验中，向儿童许诺：讲故事就可以玩照相机，结果这组儿童讲的故事更少创造性，而那些仅仅是参加了这两项活动（两项活动间没有联系）的儿童讲的故事则更有创造性。

还有一些研究直接显示了奖赏这一外部动机对创造性的消极作用。如第 4 章我们谈到的亚当森（R. E. Adamson）在斯坦福大学的实验要求被试解决的“蜡烛问题”，被试要解决问题就要打破定势，想到图钉盒不仅可当作为容器，还可以作为放置蜡烛的平台。告诉有奖励组的被试，如果他们解决问题所花的时间属于最快的 25% 的人数之列，那么他们就可以得到 5 美元的奖金，而且解决得最快的人可得 20 美元。无奖励组的被试没有得到这样的指示语，但解决问题明显要比有奖组快。

同样，阿玛拜尔（T. M. Amabile）1990 年研究指出，人在别人的注意下工作，强烈地感觉到别人在观察他，在评价他，会更少有创造性行为的产生。

巴润（F. Barron）认为创造者在产生创造行为的时候，会使自己从心理上同别人隔离开来，就是为了最低限度地减轻人与人之间相互干扰带来的不利影响。阿玛拜尔认为外部动机对创造性的不利影响可能是，在外部动机的驱动下人们把注意力分配到外部目标和即将做的事情两方面，不利于创造性的产生。

2）外部动机的积极作用

同时，有研究（特别是考察奖励和评价对创造性影响的一些研究）证明，在某种情况下，外部动机对创造性有积极的促进作用。比如，告诉参加者在这种特别任务中怎样获得成功和产生创造性，并且在创造性行为增加时给予奖励。

格拉夫（J. A. Glover）1980 年就用这种方法做了一个有趣的实验。他首先测量了解 8 个儿童在“特殊用途测验”中的平均成绩，在进行了 5 次平均成绩测量后，向儿童解释在测验中根据哪些方面来给创造性评分：流畅性（做出许多不同的反应），灵活性（在反应中运用的动词形式数——如瓦罐盛各种东西，用瓦罐把各种东西砸碎），详尽性（每一种反应中的用词量），独创性（这种反应出现的次数比较少，是比较罕见的反应）。8 个儿童被分为两组，每一个单元的开头告诉儿童：每天得分最多的人可得到额外的休息时间以及饼干和牛奶。先连续进行 5 天，每一天都告诉儿童要奖赏流畅性好的人，5 天后，则要奖励灵活性好的人。结果表明，在此期间哪一个创造性方面受到奖赏，那么在这方面的得分就会略高于平均成绩。取消了奖赏，得分又回到了平均水平。

汉穆森（B. Hennessey）1989 年用让实验对象观看录像的方法，来考察奖励对创造性的不利影响能否通过让参加者抵制奖励来消除。有一组儿童看的录像中两个有吸引力的儿童在谈论他们的兴趣，学习中的愉快和他们使用的突破社会外部限制的技巧。另一组儿童看的是一般录像。几天过后，所有的儿童都参加创造性任务，向一半儿童事先许诺参加这项活动有奖励，另一半儿童虽然也有奖励但事先并不告诉他们。结果发现接受了内部动机训练的儿童奖励对他创造性的不良影响减弱了，而在受到奖励后，这部分儿童表现出来更多的创造性。

研究者认为，可以从两个方面来解释外部动机对创造性作用的两面性。阿玛拜尔认为首先外部奖励有两种类型：控制型和信息型。前者使人感到被控制并与内部动机不相容；后者则为创造者提供信息或让人更好地完成任务并能与内部动机一起作用。

在许多情况下，外部动机被看成是受外部因素驱动，从而受到外部因素的控制，但有时外部因素（如，外部的评价）却具有提供有用信息的作用，以奖励为例，作为外部诱因，如果奖励具有提供信息的功能而非控制功能，那么它就不会削弱内部动机，相反会增强。

其他的创造性理论家也提出，在创造者身上也许有某种类型的外部动机与内部动机共同存在，尤其是高创造性个体（科学家），他们被认为有强烈认同的渴望，这与他们对工作强烈的内部承诺是共存的。

6.3 创造性动机的激发与培养

6.3.1 创造性动机激发的几个方面

1）激发内部动机

创造性极有可能出现在内部动机之下，这是创造者本人对其创造工作内部性质做出的反应，而不是外部因素产生的动机状态。

创造性的最高形式发生在抛弃外部控制的状态下，因为正是在这种状态下，一个人才能轻而易举地回到心灵深处的“直觉领域”，这是一个无意识的回归，是产生创造性必不可少的内部动机。发明家爱迪生一生共有 1000 多项发明，在他的后半生中，几乎每个星期都有一个科学技术发明问世，最短的时间只有三天，创造了发明史上的奇迹；牛顿因全身心地投入思考而误将手表当作鸡蛋投入锅中的故事已是家喻户晓。

只有全身心地“沉浸于工作”的内部动机驱使下，重大价值的创造性产品才有可能诞生。

如果你希望自己成为一个成功的创造者，那么可以从以下几方面来激发自己创造的内部动机：

（1）寻找自己真正感兴趣的工作或已从事的工作中寻找自己感兴趣的方面。你可以拿出纸笔，分级列出自己感兴趣并愿意从事的工作内容；

（2）寻找自己对工作的自我满足点，仔细思考并列出自己的工作满足了自己哪些需要；

（3）不妨接受一些更具挑战性的工作任务；

（4）在与人合作的基础上重视自己工作的独立性；

（5）设立自己的工作标准，并努力达到这个标准，接受同事对工作有益的建议但对其不良的评价保留态度，至少是在这项工作完成之前。

记住：培养自己的内部动机是创造性解决问题的重要前提！

2）运用强化方式

行为主义认为，积极的强化可以增强动机。对创造过程中的各个子目标进行适当的强化有利于创造成果的最终产生。在创造过程中，创造行为的强化是一个重要的环节，其中强化物的安排和分配起重要作用。

如果我们能够肯定强化的奖励是我们需要的，我们的工作成效会更好。例如，你正在利用闲暇时间从事一个像写书这样的创造性工作，在这个工作中，您可能有些懒散或投入的时间和精力不够。这时，不妨设立一些书写的子目标，如每写完一章或一节后，做一些小的安排，如：一杯好酒，一次旅行，一件小礼物，一次朋友聚会等。这些阶段的安排就是一种强化物。如果你采用这种方法，你会在不经意中发现你的创造性输出正在急剧增长。

给自己的创造性工作一些奖励，你最终会惊奇地发现：我原本是一个很有创造性的人！

3）进行积极归因

无论是成功还是失败，每个人都会力求解释自己的行为，分析其行为结果的原因。

一个人对成败的归因将影响其创造性工作的动机强度。如果一个人把失败的原因归因为不稳定和可控制的因素（如努力程度），那么他就可能在失败的情况下坚持努力；如果将失败的原因归结为稳定和不可控性的因素（如能力、工作难度），那么他就不会积极地去改变现状，也不会有坚持做下去的动机，也失去了对新事物的兴趣，无法激发创造的内部动机。

心理学家认为对成败的原因可以从三个角度进行分类，具体见表 6-2。

表 6–2　对成败原因的归类

控制信念	把成败归因于自身内部原因还是外部原因。能力、努力和身心状态属于内部原因，而工作难度、运气和别人的反映属于外部原因
稳定性	原因在性质上是最稳定的还是不稳定的。能力和工作难度是较稳定的因素，而努力、运气、身心状况和别人的反映是不稳定的
可控性	原因可否由自己控制。努力是可以由自己控制的，而能力、工作难度、运气、身心状况和别人的反映均非个人所能够控制

正确对成败进行归因，消除消极的归因方式，建立积极的归因方式，是保持高创造性动机的重要环节。表 6-3 列举了有关创造性行为的积极归因模式和消极归因模式。从表中可以看

出，进行积极归因对创造动机的良好影响，而消极的归因无疑对创造动机是一个巨大的打击。因此，进行积极的归因对激励创造动机是极其重要的。

进行积极的归因，你会变得越来越具有创造力！

表 6–3　创造性行为的积极与消极归因模式

积极归因模式	创造成功→创造力高→自豪、自尊 / 增强创造动机→愿意从事创造性工作 创造失败→缺乏努力→内疚 / 相对的对成功的高期望→愿意并坚持从事创造性工作
消极归因模式	创造成功→运气→不在乎 / 很少增强创造动机→缺乏从事创造性工作的愿望 创造失败→缺乏创造力→无能感、沮丧 / 降低对成功的期望→丧失从事创造性工作的愿望

6.3.2 创造者个人的创造性动机激发

对个体来说，在创造过程中，应该怎样激发并维持自己的内部动机呢？可以从以下几个方面考虑。

1）激发和培养自己的工作兴趣

个人对特定活动的基本态度取决于该活动与他本人兴趣与爱好的符合程度。健康向上的兴趣爱好是激发创造性动机的肥沃土壤。孜孜不倦地追求自己钟爱的事情，是产生创造性的最好基础。

美国麻省理工学院的媒体实验室是当今国际上利用数字化技术的核心，被称为“创造未来的实验室”。其创始人尼葛洛庞帝谈到，创立之初，他们是一批被正统人士拒之门外的人，只好成立了自己的“落选者沙龙”，其中有建筑师、计算机工程师、电影制作人、图形设计师、作曲家、物理学家、数学家。他们在科学技术和艺术的两大领域之间所做的工作不被科学界所认可。当时的电脑界仍然是程序实际语言、网络通信和系统结构的天下。一名资深的麻省理工学院的教授认为他们是“江湖骗子”。维系这些创造者创造积极性的并不是学术背景，而是对自己事业的热爱和信念。

可见共同的兴趣和内在动机是多么强烈地影响到人们的行为，即使遭遇到嘲笑、经济上碰到困境，也不能把创造者吓倒。对许多人来说，在自己喜欢的事情当中能体会到愉悦和兴奋，迸发出极大的工作热情，从而推动他们去积极思考，体现出极大的创造性。

当然，现实生活中真要能做到“爱我所爱，欲我所求”，随心所欲地选择并不是一件容易的事情。那么，一个立志于在自己所从事的领域中做出创造性贡献的人面对这样的情况，应该怎样做呢？

（1）培养对所从事的事业的兴趣

在某些情况下你可能无法去做自己喜欢的事情，就如很多人埋怨的那样："不是不愿意创造，可做的都是自己不喜欢的事情，怎么可能去创造？"确实无兴趣、无激情，只是疲于应付，很难谈得上创造。但要在自己所从事的领域中有创造性表现，就必须培养自己对该领域的兴趣和爱好，从而不断激发增强创造的内部动机。

有研究表明，许多在自己行业中有突出表现的人，并不总是一开始就很喜欢自己所从事的行业，而是在做的过程中努力培养对所做事情的兴趣，在工作中寻找到快乐，并体验到惬意，从而获得极大的兴趣，最终在该领域中做出了创造性成就。

对学生来说，可能会不喜欢自己的专业，不喜欢所学的科目，没有兴趣便放弃了学习，自怨自艾，放弃对学科的探索，确实很难有创造性的表现。在这样的没有选择的情况下，就应该积极寻找到本学科的价值，体验到学习的快乐，从而培养自己对本学科的兴趣，积极思维，这样才有利于发挥自己的创造性潜能。

同样，对员工来说首先应避免对自己所从事的工作形成强烈的排斥感和失落感，在工作中寻找到乐趣和较高的成就感，从而逐渐培养兴趣，激发创造动机。

（2）培养广泛兴趣

在日常生活中可以多培养自己各方面的爱好，博览群书，不断丰富自己的行为活动空间。古人云：行千里路，读万卷书。只有多看、多听、多行，才能为良好的兴趣、爱好提供广泛的素材。同时，还要特别注重培养自己对新事物的兴趣。

（3）保持健康的心态

要想做出创造性的成就，就要注意克服急躁焦虑的情绪，保持愉快平和的心境。

创造力是靠充沛的创造欲望并受强烈的创造动机驱动，任何的创造性探索活动总会遇到挫折或失败，这种情况下常常会出现一些情绪上的反应，如急于求成，希望自己能很快就有新的发展，缺乏冷静，受到挫折以后就丧失兴趣，抑郁，消沉，没有心思再去思考探索。

也有人处于过度的长期焦虑中，面对所做的事情，坐立不安，过于紧张。这些不良情绪会影响人对创造性活动的兴趣，可能从喜欢变为不喜欢，对激发和保持强烈的创造性动机都不利。

如果出现上述情况，应从理性的角度认识到，在积极追求成功创造的过程中，不可避免地会出现矛盾和阻碍。只有克服不良情绪，在逆境中努力，才能在自己喜欢的领域中产生创造性。同时应该对挫折或失败进行合理的归因，冷静地总结教训，变挫折为动力，以增强后续创造活动的动力。

对混沌学做出重要贡献的科学家费根鲍姆（M. J. Feigenbaum），他在钻研当时看来毫无希望的非线形问题时，只发表过一篇文章，严重影响了他的职业发展，因为在美国大学，如果你不能每年发表一定数量的文章，便不能被继续聘用。他从一流大学转到二流大学，但是他在艰难的情况下，始终保持良好的心境，最终取得了重大的创造性成果。

2）不过于关注外部评价

通常，我们会面临许多对创造性有直接危害的控制型外部动机，如外部评价、监视、为奖励斗争、任务限制和竞争。特别是创造过程初期，即创造性思想产生阶段，高内部动机发挥突出作用，外部动机对创造性有较大的危害，这对不受外界因素的影响，全身心投入创造中尤其重要。

保持内部动机，提高创造性的一个最直接方法是减少对社会环境中外部限制的重视。虽然在某些情况下，减少对外部的关注是不可能的。但是，要提高创造性，就应该努力去减低对外部的关注程度，例如，在班级中少谈名次来减少对名次评价的关注，或把关注的重点放在外部评价的信息特征上，作为进一步做好所做事情的指导，而不是集中在外部评价的控制特征上。

这些方法得到了赫尼西（B. A. Hennessey）1989 年的研究证明。研究结果表明，创造者不应过于关注外部评价，过于在乎创造性行为的最后结果给个人带来什么，过于关注外部评价，在乎最后的结果，容易出现从众心理，受思维定势和行为定势的消极影响。有些人在解决问题的过程中，一味地迷信权威、迷信书本，显得过分依赖和盲从，凡事不能自我做主，易受别人或群体的暗示和情绪感染、行为感染，人云亦云，亦步亦趋，从众行为比较突出，特别是胆小怕事、缺乏意志坚定性的人，这种从众和依赖表现得更为突出，经常为从众趋向左右，无异是对自己创造力的扼杀。

过于关注外部评价，还可能表现为不敢突破常规，不敢打破已有的框框，按照某种习惯性的方式去考虑问题和解决问题，尤其是当问题发生变化或出现特殊条件时，这种消极影响会阻碍人发挥潜能，创造性地解决问题。美国第一套电子游戏器械的发明者诺兰•布什内尔（N. Bushnell）对此深有体会，他曾经设法使得这种游戏更加有趣，但是按照当时的惯例，他的想法一直局限于游戏场必须在 26 英寸（约 63 厘米）宽的限定里，结果无多大突破。后来他大胆抛弃旧规定，把游戏场的宽度增加到 30 英寸（约 76 厘米），才能使这套游戏变得非常有趣味性，取得了很大的成功。

6.3.3 学生或下属的创造性动机培养和激发

人们常常很关心在课堂上怎样培养学生的创造性，在组织中怎样挖掘员工的创造性。实际上，高创造内部动机再加上外界的积极作用最利于创造性的产生，那么，教育者或管理者应如何激发学生或部下的创造动机，以产生更多的创造性行为呢？

1）激发、培养创造者的兴趣

郭沫若说：“兴趣出勤奋，兴趣出天才。”当一个人对某种事物发生兴趣时，他就会产生强烈的好奇心，主动地、积极地、执着地探索该事物的奥妙。研究表明，在创造过程中，兴趣具有巨大的推动力，激发人的想象力和创造性。因此，教师、家长或各级管理者都应着力激发学生或部下的创造兴趣。

（1）更多的选择意志

在学校、家庭或企业里，常常会给孩子或部下提出“你做……事情好”“从事……有前途”等，但常忽略考虑他们喜欢什么，兴趣和爱好是什么，对方没有选择的机会。

允许学生或下属自由选择自己喜欢解决的问题，鼓励和支持他们的选择，就会使他们充满热情，勇于创造。

例如，教师允许学生选择课题中喜欢的课题，并尊重他们的选择，积极给予必要的帮助。父母善于发现孩子的爱好，给孩子创设必要的条件，并鼓励他们克服所碰到的困难。在组织，尤其是工作在需要高创造性的组织，应允许甚至鼓励员工探索个人感兴趣的想法，管理者让员工自由交换他们的想法，寻找工作中彼此的兴趣，他们在工作中的内部动机和创造性就可能有明显的提高。

（2）对创造性行为给予鼓励和支持

创造者在创造过程中，必然会有失败或受挫折的时候，批评、打击会让创造者受到更大的挫折，对其创造性内部动机可能有很大的影响。反之，鼓励和支持则能重新鼓舞创造者的热情，激发其高创造动机。

教育者、管理者要善于鼓励工作者产生新想法，并尝试实现这些新想法，这些想法起初也许并不是很清楚，或者要表达清楚也并不容易，教育者、管理者要善于倾听他们的表达，并花时间与之讨论，帮助他们实现自己的想法，这种办法对培养兴趣、激发创造动机最大的好处是，可能在创造者并不清楚什么感兴趣，或并没有完全意识到新想法的意义时，帮助他体会到其中的价值，从而产生兴趣。

我国著名的教育家陶行知先生就曾经鼓励小孩拆开昂贵的钟来探个究竟，他对学生的提问，总是积极点拨，即使学生的质疑是稚嫩的。

对创造者给予鼓励和支持还可以用奖励失败的方法。如果说对创造者成功的创造给予物质奖励是一种外部激励的话，那么创造失败后给予的奖励就是一种内部奖励，意味着对工作者创造过程的肯定，而不仅仅是对其结果的评价。

事实上，创造性活动是一项高风险的活动，任务过程中创造程度越高，风险也越高，一些根本性创新的任务往往初期都以失败而告终。如果奖励系统，特别是企业内的奖励系统，只奖励结果而不关注过程，那么创造者就不愿意承担高创造性同时也是高风险的任务。奖励失败，等于是将个人风险转移到了组织，实际上是一种激励内部动机的有效方法。

（3）寓快乐于任务

学校、家庭和所在组织要加强对创造活动的深远意义的教育，培养创造者的创新精神。

要通过多种多样的形式使创造者充分认识所接触的创造领域的重要性，展现该领域的价值和魅力，并通过各种方式，使创造者从中体会乐趣，如果父母和老师让儿童参加有关学习活动的同时体验到内在的兴奋和愉悦，儿童的内部动机和创造性将提高。例如，现在大量的教育软件的开发，其中一个重要的要求就是寓教于乐，让学生在学习中获得成就感，从而产生学习的快乐和兴奋感。

学生在学习中是否感到快乐，和教师有密切的联系。如果教师在教学中能使学生对该学科产生浓厚的兴趣，在学习中体会到做自己喜欢事情的快乐，那么这将极大地激发学生创造的内部动机。教师应该努力采取多样化的教学方法和教学手段，巧妙运用具体激发兴趣的方法。提高学生学习兴趣的方法很多，例如，创造憧憬、巧妙设疑、语言艺术、演讲辩论、增举实例、联系社会关注的热点问题等。

在家庭教育中，家长也要注意培养孩子的内在兴趣，例如，结合孩子的兴趣，多让孩子接触大自然，接触社会等。

企业要竞争，就要适应瞬息万变的变化，捕捉每一良机，用新的方法面对业务的变化，迎接新的挑战。似乎所有公司都在经历变化，也许正在花费金钱在最新的技术上，希望依靠高科技让企业蒸蒸日上；也许有计划地拓展客户，扩大自己的业务；或是向海外投资，或是重新设计商业流程。

一切都在变化，变化带来了新问题——新问题需要新思路和新方法，需要创意来大量产生主意，并敢于冒风险将这些想法付诸行动，变为创新的结果。

原地不动的公司是不能继续生存的。创意教育家爱德华 • 布诺 （E. de Bono）说：竞争越激烈，对创造性思维的需求越迫切。只是把原有的事情做得更好已远远不够，光有效率及问题解决也已不够，需要更多东西。从战略层面到实战层面，从行政到社会关系，竞争激烈的商业都需要创意。

如果一个组织不只想生存，还想兴旺壮大，那么创意就显得更为重要。

以“3M 创意全为你”著称的 3M，即明尼苏达矿业和机械制造公司（Minnesota Mining MFG）其迅速发展令人瞩目，经营业绩十分骄人，分析 3M 公司成功的原因，很重要的因素在于对内部创新的鼓励。

一种可再粘便条纸（Post—it）在企业界和办公室广为使用，上至决策层，下至普通员工，都把它视为不可缺少的用品。这种纸条看似简单，却风行全球，年销售额达数亿美元，为 3M 公司创造了不少利润。而这种可再粘便条纸的发明归功于其内部设立的 “内部创业”制度，即允许公司技术人员利用上班的 15% 的时间从事自己专业研究，以实现自己的创意。该公司的一名工程师受到公司“内部创业”制度的鼓励，利用上班的 15% 的时间和业余时间研究可再便条纸，不知失败了多少次，经过了 12 年的反复实验、终获成功。

分析 3M 公司成功的原因，可以归功于它采取的一系列有利创新的措施，表 6-4 列出了 3M 公司的成功之处。

表 6–4　对成败原因的归类

采取的措施		目的
“15% 规则”——鼓励技术人员花 15% 的时间主动地和有选择地进行有可能成功、尽管未必进行项目研究的长期的传统做法	→	预想到的创新，进行无计划的试验和变革
“25% 规则”——希望每位员工从前 5 年推出的新产品和服务中创造 25% 的年销售额	→	激励不断进行新产品开发。（例如，1998 年，3M 公司 106 亿美元收入中的 32% 来自前 5 年推出的新产品）
“金步”奖——授予那些为 3M 内部发展起来的新企业的成功起主要作用的人	→	激励内部员工的创业精神和勇于冒险的精神
“天才基金”——向研制产品原件和进行市场测试的研究人员提供单项高达 5 万美元的内部创造基金	→	扶持内部的创业精神和检验新想法的做法
技术交流奖——授予那些研究出新技术并同其他部门分享该新技术的人员	→	激励新技术、新思想在公司内部的传播
“卡尔顿协会”——这是一个荣誉技术协会，入选成员是在 3M 公司内部因做出杰出贡献和有过技术创新而受到尊重的人	→	激励开发新技术和进行创新
“拥有企业”的机会——3M 公司的员工如果成功地开发了一种新产品，就有机会以此产品开办他或她自己的项目、商店或分公司。（这要取决于该产品的销售水平）	→	激励公司内部的创业精神
“双重阶梯”业务晋升机制——该机制使公司的技术员工和专业人员无需牺牲他们的研究和专业兴趣就能够获得晋升	→	通过让专业人员和技术员工能够不必走行政管理这条线也能“晋升”而激励员工进行革新、创造
举办新产品研究会——公司的所有部门能共享新产品成果	→	鼓励新思想跨部门交流。鼓励思想、技术和革新创造

（续表）

采取的措施		目的
举办技术研讨会——3M 公司员工宣读技术论文，互相交流新思想、新研究成果	→	跨部门交流应用
“解决问题小分队”——派攻关小组到客户所在地，解决客户具体的、特别的问题。解决客户的问题，使 3M 公司在 20 年代发明了防护胶带 “高效项目”——每个部门选择 1 到 3 个重点产品，在特定的短期内将这些产品打入市场	→	通过解决客户遇到的问题来激励革新创造，客户的问题是产生新机会的种子，不断加快产品开发和投入市场的周期，从而促使循环渐进的“变异和选择”周期
小规模自主部门——1990 年，平均年销售额约为 2 亿美元的产品部门有 42 个；有 115 名员工的中型工厂遍布美国 40 个州，多数在小城镇。很早就实行了利润分成制度（1916 年开始时，只对重要员工实施，到了 1937 年，才扩大到几乎所有雇员）	→	通过深化“大公司中的小公司”感受，激励员工个人的主动性和积极性。激发员工树立个人投资于整个公司的经济成功，因而激励员工发挥主动性和作出积极的努力

现在 3M 的产品创意可以说是层出不穷，它的产品树种丰富多彩，这与企业注重创新密不可分，公司的文化与氛围鼓励员工创造，也使企业规模不断壮大。

2）激发创造者的成就动机

激发成就动机是激发创造性内在动机的渠道之一。

研究已经证明，成就动机高的人，敢于面对困难，有较强的毅力，富于挑战性，能从完成任务中获得满足感，热衷于担任富于开创性的工作，并在完成任务中敢于创新，即使遇到挫折和失败也会加倍努力，直至成功。

这类研究成果对教育者和管理者的启示是，要为创造者提供具有挑战性的任务，这是最为有效的内部动机的激励方法之一。人们的创造力往往被好奇心、求知欲所驱使，重复性的工作使人们觉得枯燥，只有挑战性的工作才能使人的好奇心和求知欲得到满足，激发强烈的创造动机，挑战性太低，不能激发强烈的创造动机，而挑战性太高，又会使创造者工作压力太大而产生焦虑和不安，从而减低创造性内部动机。

这就要求教育者和管理者要把握好度，对每一个创造者有个全面的了解，才能使每一个创造者与其所从事的任务有较好的匹配，使工作具有挑战性，又不至于有太大的工作压力。

研究证明，设置具有挑战性的任务来激发成就动机是十分有效的，甚至对学龄儿童，也可以通过设置具有挑战性的任务来激发他们的成就动机，从而激发他们的创造激情，表现出创造性行为。

3）创设有利于创造性内部动机激发的外部动机

研究表明创造性外部动机对创造性有不利的一面，也有积极的一面。在某些情况下，激发创造性外部动机，且这种外部动机对创造者的能力发挥有帮助又不妨碍自我决策，则对内部动机有积极的作用，能产生更多的创造性行为。这类外部动机被称为有效外部动机。

教育者或管理者可以运用恰当的奖励方式来激励这种有效外部动机。这种奖励方式的特点是能证明创造者的能力，能表明对创造者的认同，能反馈给创造者有用的信息，或奖励给创造者的是更多的时间、自由或追求新想法的机会。

这种奖励将有助于提高个体对任务本身的投入程度，激发创造性内部动机，同样，如果对创造者的评价或成绩反馈是信息性的，建设性的，无威胁的，也将提高创造性内部动机。

4）营造宽松自由的环境

有人做了个有趣的实验，在黑板上点了一个黑点，让幼儿园的小朋友回答是什么。小朋友的答案多种多样，如鸟的眼睛、星星、小石子、球等，而高中生只回答是圆点。二者之间的差异并不是因为儿童的创造能力更强，更多是因为小朋友生活在宽松自由的环境中，更少受束缚，更少有人指责他们的错误。

研究表明，外部限制会降低创造性。人的创造力的表现和发展要求相应的宽松环境。一个人的创造力只有在他感受到“心理安全”和“心理自由”的条件下才能获得最大限度的发挥，人在轻松自由的心理状态下就可能有丰富的自由想象力和创造思维的灵感。相反，人在苦闷、压抑、紧张、厌烦的心理状态下很难有所创造。

所以应该给创造者营造一个宽松、民主、自由的环境，鼓励“异端邪说”，淡化“清规戒律”这才有助于创造者打破自我束缚，如对权威、经验、书本的盲目崇拜，清除对新生事物的拒绝心理，打破信仰权威的自卑心理，让创造者能更多受内在动机的驱动，从而提高创造性。

对教师来说，在课堂教学中应尊重学生的主体地位，主动自觉地构建创新性的心理氛围并将其贯穿于教学过程的始终，从灌输知识转变为引导学生思考，鼓励学生探究与创新，创设民主、平等、自由、和谐的教学气氛，形成一个无拘无束的思维空间，让学生处于一种轻松愉快的心理状态，积极思维、驰骋想象，敢于标新立异，打破陈规，大胆怀疑一切。

为此，教师要在相信学生具有创新潜力的基础上，充分调动学生的思维想象，如允许学生和教师争论，在争论中迸发新奇的火花，课堂提问时经常问：“你说呢？”“你认为呢？”“你的观点呢？”“你的看法呢？”“还有不同的想法吗？”“再想想？”，鼓励学生自由地表达自己的观点。一旦学生成功，及时肯定。

同时，教师应重视学生的学习过程、学习方法及解决问题的独立性，不要过度关注学习成绩和考试分数，使学生处于紧张、压抑、苦闷的情绪之中。心理负担过重，学生难以展开想象，更谈不上灵感，创造性自然很难得到发挥。

家庭中也应给孩子营造宽松、自由的氛围。有关研究表明，家庭教育方式主要有三种：压制型、溺爱型和民主型。压制型和溺爱型不能调动孩子的积极性，使孩子养成依赖、服从的习惯，创造水平低。只有民主型的家庭教育才有可能激发孩子的创造动机。

对一个组织来说，应给予工作者适当的自主安排时间的权利。许多员工是在与朋友、同事、 客户聊天时产生新的想法。调查发现，员工在工作场所所获得的知识中，有 70% 来自非正式交流。因此，营造一种个人自治的工作气氛对提高创造性非常重要。美国 3M 公司就允许他的研发人员花 15% 的工作时间做他们自己的事情，不管这些事情与公司任务有无关系。国外许多优秀的服务组织也都认识到，员工被锁定的工作时间最多只能占他们全部工作时间的 75%，要给予一定的时间自由度。

创造也需要一个良好社会环境。如果创造者所处的社会环境鼓励支持创造，就会极大地促进更多的创造性行为的产生。17 世纪，英国政府意识到 “小作坊”工业的“行会制”垄断了科学技术的传播和发展，于 1624 年颁发了“垄断条例”，即专利法，并严格执行这一条例，竭力鼓励发明并保护发明者的权益，因此相继出现了蒸汽机和纺纱机，“第一次工业革命”开始了。蒸汽机和纺纱机的发明，使英国的国力不断增强，继而取代了西班牙和葡萄牙，成了全球霸主，成为“日不落帝国”。促成日不落帝国出现的诸多因素中，有两个因素最重要的：一个是国民有发明创造的欲望；另一个是国家有严格的法律。概而言之，这两个因素都是创造的社会环境。

后来，美国制定并实施了更为完备的专利制度，因此后来赶上了英国，成为全球第一强国。这些都表明了社会环境对创造性的作用，因此在教育者、管理者不断努力的同时，还应该呼唤形成一个有利于创造的社会环境，以激发人们更多的创造性动机，产生更多创造 性行为。

6.4 创造动机不强及过头及其克服

6.4.1 创造动机不强及其克服

创造动机不强是许多具有创造潜力的人毫无成就的一个重要的原因。创造是需要动力的，没有创造动机的人无法在创造过程中抓住稍纵即逝的机遇。

人们经常梦想着发明社会需要的某种东西，然后坐享其利，然而，实现这种梦想的人为数不多，难以如愿的原因有两个。第一个原因是很难找出社会的具体需要，第二个原因是发明创新需要经过多年的思考，饱尝经济困难和生活动荡之苦，而后才能指望发明带来报偿。第二个原因对于这种愿望是最大的障碍。但是，由于不排除第一个障碍，第二个也无从说起，又由于我们在此无法解决第二个方面的问题，所以还是继续谈第一个原因。

如何克服创造动机不强？增强动机的方法在于行动。为了找到成功的可能性较大的发明项目，就必须明确社会的某种需求，确定或找出这样一种需求的方法之一是寻访。例如，你可以去附近的一家医院，向医务人员了解他们需要什么。另一种方法是从某一个消费领域考虑，假设你是卡车司机，那你能否想出你需要什么东西。大概更简单的是第三种方法，即自己作为消费者，你一定需要一些其他人也需要的东西，你不妨弄清这些需求，发明某些东西让大家共同受益。

多数人需要妥善处理的一个问题是目标过大，不够具体。如果你的目标是消除空气污染或消除暴力行为，那么你是在给自己出难题，而你要让门前的草坪上不再出现狗粪，那就可行得多了。开始发明创造最好的办法莫过于把具体的发明项目列在纸上，你应该列出使你烦恼的事情，改进项目单就是这样一种东西，尽可能做到思维敏捷，思路灵活，清楚具体，独具个性。

如果做得好，你所列的改进项目单会给你以发明创新的灵感。列单时一定要说明需要改进的具体方面，保证思维有足够的敏捷性和灵活性。改进项目既要有远离常规的内容，又要有司空见惯的内容。对你们中间的许多人来说，这也许是对生活中烦人的琐事的最认真地思考。

在这个过程中，你会发现在不知不觉中已经具有了非常强烈的创造性动机，因为你已经发现身边有许多需要改进的东西，你会为此而兴奋不已。

列出此单之后，我们常常把设想变为真正的发明创新，每次都会出现一项有趣的 “发明创造”，几乎没有例外。这首先需要把列出的项目缩减在几个成功的可能性较大的范围内（不妨对如何解决问题进行初步的思考。如果有新颖巧妙的解决方法，改进项目的成功的可能性就大些）。下一步让我们对选定的每一项目各设计几种解决方案，然后让他们选出其中的一种付诸实践（具体细节包括实施计划，适当的时候还包括图形设计）。

6.4.2 创造动机过头及其克服

创造动机还会过头？是的，心理学家已经证明，动机过头也会给人的创造活动带来许多不利的影响：

动机太强不仅会导致紧张，也会使解决问题的效率减少。1945 年，伯奇（H. G. Brich）的研究结果表明了动机与解决问题的关系，可以描绘成一条“倒 U 形曲线”那就是，问题解决者的动机不足和过头都会使问题解决的效率降低，只有在动机适中的时候，问题解决的效率最高。

下列两种方法可以帮助克服创造动机过头：

（1）停止做事，冷静地分析一下自己动机过头的原因。有时是因为外在的压力太大；有时是因为对结果的需要太强或期望太高；

（2）动机过头往往伴随情绪的激动，这时，千万不要急于做出任何的决定，最好给自己一些冷静思考的时间。

6.4.3 突破习惯的束缚迎接变化

所谓习惯是在长时期里逐渐养成的，一时不容易改变的行为、倾向或社会风尚。

习惯的形成受知识、技能、态度三方面的影响，见图 6-2。所谓知识，是指知道做什么，为什么要做；技能是指知道如何去做；态度是指你愿不愿意做。这三者缺一不可，其中最重要的是态度。比如一位销售业务代表，他经过培训掌握了所卖产品的知识，也熟悉客户，知道如何去卖，但如果他因为情绪低落，不愿意去卖，那么他能成功吗？答案显然是否定的。

图 6-2 习惯的形成

习惯一旦形成就带有持久的固定性，比如你习惯了将手表戴在左手上，让你换戴右手，你会不习惯；你经常穿鞋，先穿右脚，再穿左脚，如果强迫你反过来，你会很不自在。

因而可以说，人有抗拒改变的天性。

玫琳•凯•艾施（M. K. Ash）是美国化妆品公司创办人，30 年前玫琳凯公司只有 9 个人，如今已发展成拥有 30 万名员工的国际性大公司。玫琳•凯•艾施本人也被认为是今天美国企业界最成功的人士之一。她在她的传记里讲述了亲身经历的事：

我曾在一家公司工作，这家公司的老板决定改变销售经理的佣金比例，公司所有的小册子和说明书也都跟着改变，他计划在一连串地区销售会议中，由他本人来宣布这项改变。

面对着 50 名销售经理，他宣布将原先 2% 的佣金减为 1%。“但是那 1% 佣金的损失我们会以一种很好的礼物来代替。只要你为公司招募新人并予以训练，你就会获得这些礼物。”说到此，他抓开桌布，露出底下的几样小家电，像时钟、收音机和录音机等。“你可以自由选择，”他继续说，“只要你帮公司训练更多的人才，你就会获得更有价值的礼物。”

这时一名销售经理站起来反对。她相当地愤怒：“你竟敢这样做？ 2% 的佣金都已嫌不足，还要再减半，别提那些无价值的小礼物了，这纯粹是一种侮辱。”她一说完便气冲冲地走出去，其他的销售经理也跟着她一一走出会场，50 名通通跟着她出去。一下子，这位老板丧失了他在该地区—— 也是全国最好的整个销售组织。我一生中从没看过改变竟造成如此压倒性的抗拒。这场会议是在星期五开始的，原来是计划持续整个周末的。但在发生突变后，那位老板礼拜六就飞回德州了。整个周末，他下令重印销售手册，保持原来 2% 的佣金。星期一我们再去参加另一场会议时，就好似什么事都没发生一样，但原先那个地区的销售组织整个完蛋了！一个人也没回来。这个错误为我上了非常有价值的一课，让我了解改变以及人们如何抗拒改变。

人们不喜欢放弃他们已经拥有的，抗拒改变只是因为那是新的和不同的，这似乎是人类本能的反应，因为我们容易满足现状，要做改变就需要一番努力。所谓成败往往在于一念之差，这一念就是观念，就是习惯，而天下最难改变和突破的也正是自己这些看不见摸不着的观念，但一些创造性技术可以帮助我们很好地解决问题。

6.5 打破阻碍创造性的框框

6.5.1 九个阻碍创造性的框框

1）时间陷阱

图 6-3

许多人被套在了时间陷阱里，认为太忙了，完成自己的本职工作已经很不错，还要腾出时间来幻想，真是天方夜谭。创造性过程的确是要花费时间的，就像任何其他解决问题或处理任务的方法一样。但是，没有创造性，业务便不会成功，你自己也只能安于现状，每天按部就班地工作。

2）风险业务区域

图 6-4

风险业务区域警告了冒风险的危险。那些陷于这个框框内的人认为创造性是怪诞的不可靠想法的结果。他们害怕冒风险，而创意带来变革的成果，风险是必须的。世界上最具影响的通讯社之一——美联社 1999 年 12 月评出了 20 世纪 100 名杰出运动员，美国职业史上最伟大的棒球巨星鲁斯（B. Ruth）名列榜首。击出最多本垒打的那年，也是他没击中最多的一年。

求稳、维持现状是一般人所希望的，但面对激烈竞争的社会，不进则退，企业是如此，个人也同样。

3）完美主义者的难题

图 6–5

追求完美，希望永远看到美丽的鲜花，但任何完美都是建立在一个不断追求的过程里，它是一个最终的结果，如果用这个结果去限制发展的过程，那么这谈不上真正的完美，只是表面的自欺欺人而已，因为一山更比一山高，更好的还在后面。

有一些人陷于至善至美的框框。这种情况下，个人不断追求、维持现状的完美，因此，新的、革新的方法从不曾尝试，因为它们很可能带来不甚完美的结果，他们害怕打破暂时的完美，所以不敢去尝试。学校教育我们出错是不好的，高中毕业时，我们已经平均参加了 3 952 场测验、检查和考试，要做出“对”的答案已经根深蒂固于我们所有人。但有强烈创造欲望的人却不这样认为，当被问及为什么不为发明灯泡过程中的 1 800 多次失败而惊慌，爱迪生回答，他丝毫不感困惑，因为他了解了 1 800 种不能做灯泡的方法！

4）非错即对思维

图 6–6

有些人的想法容易走极端，这个人不是好人就是坏人，不是对就是错，其实生活却不是这么简单，许多似是而非的问题没有谁对谁错，有的只是不同观念、不同想法的冲突。

非错即对思维将很多人困在黑暗中，对这部分人来说没有中间地带，但生活不是非此即彼，生活含义模糊可以同时有许多正确的答案。而创造性却存在于灰色地带——在许多想法的混合调配中，蕴涵着创造性的火花。

5）自我实现预言

图 6–7

信念是非常重要的，为什么很多人身陷逆境却仍顽强不息，因为他们有信念。信念给人信心、希望和坚强的意志。自我实现预言告诉你：你会成为你想成为的那种人，但不良的暗示也会制约人们，一种自我强加的枷锁会阻碍了创造性的发挥。当你对自己说我不是个有创造性的人时，你就禁锢住了自己。

我们会变成我们想做的那类人，预想胜利的情形已是被广为采用的技术。许多奥林匹克运动队和高尔夫、足球、篮球、游泳、滑雪、滑水、田径的优秀选手，都运用这种技术。如果你看到自己想出了新点子，想出革新的解决办法，变得有创意，你将会实现你的期望。亨利•福特说过："不管你认为自己做得到还是做不到，你都将证明你是对的。"

6）底线思维（bottom-line）

图 6–8

做业务的人人都想赚钱，没有人不重视盈利。底线思维的框框使你坚持创造性会浪费金钱，因为不是每个创造性的想法都会带来成功。这些人不曾从他们公司富有创意的过往吸取经验。他们看不到公司目前的创造性，他们不会支持公司未来的创造性。公司必须不断地创新、改进、超越竞争对手，而创新源自全体员工中某个人头脑中的某个想法，如果不创设创新的机会，其实也丧失了赚钱的一个重要途径。

7）环境阻碍

你的工作环境确实会对你产生影响。一部分人把自己置于环境污染的禁地，因为他们坚持认为他们并不在一个富有创意的环境工作。他们会列举噪声、缺乏私人空间、没窗户、没奖励来作为妨碍创造性的理由。

图 6–9

他们将环境中不利创造性的因素作为自己没有创造性的借口，他们视创造性仅从外面而引发，他们没有汲取自身内部的资源。其实创造力更重要的在于自身，开放自己的大脑，敢想、敢尝试，只有这样才能成功。

8）只有唯一正确答案

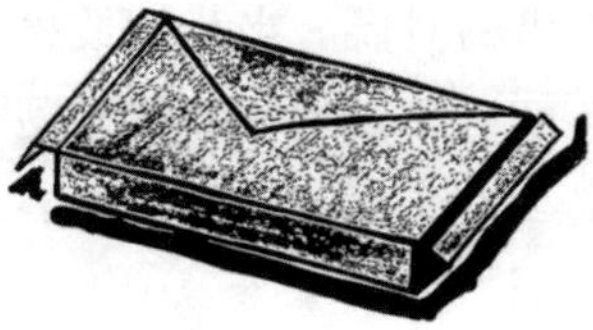

图 6-10

往往质量好的答案是建立在一定数量的基础上，过早地将唯一正确的门打开，其实是将更多、更好的答案拒之门外。

只有唯一正确答案的框框使一些人相信问题的解决办法只有一个。他们在第一个正确答案面前裹足不前，欺骗自己说这就是最好的答案。这不仅妨碍了更多创造性答案，还令他们不能学习和成长。

9）平稳水面

图 6-11

对一些人，水面必须平稳以使业务运作有效率，不能摇晃这只船。这些人是被锁在了平静水面的框框里，他们害怕变化，把创造性视为制造风浪，会导致组织和个体的变化。因为创造性从不会像气泡浮出来。这些人常常会说出或是听到诸如“这样行不通的”或是“我们去年已经试过了”等等诸如此类的话。

创造性会带来变化，很多人害怕变化。但如果不变化，更大的危机隐藏在后面，而且往往是灾难性的。

6.5.2 冲破观念的束缚

针对上述九种典型的阻碍创造性的框框，应该努力打破它们，破除这些束缚，真正地轻装上阵。

1）打破时间陷阱的框框

捷径就是为创造性工作制定新的时间表。大多数人在不寻常的时候是有创意的。比如，冲凉、除草、慢跑、开车或走路上班的时候。当我们放松，用右脑（没错，对大多数人来说开车已变成是右脑活动）时，会有创造性思维；当我们跑步或锻炼时，大脑会产生类似多巴胺的物质而让人产生舒适感，这也会提高创造能力。关键是及时捕捉喷发的创意。问题不是找寻创意发生的时刻，而是花时间捕捉创意。

2）冲破风险生意区域

“不入虎穴，焉得虎子”，描绘了在生意世界中甘冒风险的角色。

要站在领先地位就要甘冒风险，只有有远见的企业，有风险技巧的企业，才能生存。

你也许想讨论一下美国物理学家罗伯特（R. Millkan）的话：“从来不曾有这样的可能，人类竟可以触摸原子的威力。”

3）打烂完美主义者的难题

要戳穿完美主义者的难题不是件容易的事，这需要勇气和决断，来违反自己的意愿。许多成功人士被过分的完美主义所埋没。完美主义者的框框有两把锁：一把是害怕不完美；另一把是不知道什么时候实现目标。采取下列步骤，来突破完美主义者的框框。

首先，肯定你确实知道你想要获得的。尽可能客观地、具体地给它下定义。清晰地设想它，精确肯定目标。

其次，检验替代办法。检验所有可以达到目标的方法，如果你不检验替代方法，你就找不到“最好”的办法。

再次，是去做一些事，去实现它，不然你就会固着于细节和研究。为打破完美主义神话，你必须行动。运用直觉或内部水平的感觉来估计计划你的位置。如果让你“感觉没错”，只管去做，不要让求完美浪费了时间！

最后，评价你的进步。这里的关键词是进步。你照了上述四步做了没有？如果有，你已进步了。

现在，可以恭喜你的努力了。

为自己的进步奖赏自己。积极的强化会助你突破完美主义惧怕失败的阻碍。

如果对结果不满，只管再试一次。不要责备自己，不要放弃，不要被完美主义的框框锁住了自己。

完美主义者的行为会封锁你的创意，只有照上述步骤，你才能解放你的创意，你不必为了十全十美而十全十美。

对这些句子的反应可以是：

- 尝试就是——进步、成功

- 出错就是—— 尝试、学习
- 未达到目标就会——成功、进步和尝试

记住，爱迪生知道 1 800 种不能做灯泡的办法！

4）结束非对即错的思维

你已经学会做决定，你要对这些决定负责，你已经学会自主思考，尽快行动。这些技能对你及你的公司是很重要的，是不可或缺的。但是，要小心。这样作决定的要求会导致你被非错即对的思维的框架禁锢。

什么时候是你该对你的非错即对思维提出质疑的最后关头呢？相信自己的判断，但不要被它锁住。

不要设定规则：你的决定会基于这些规则（如，我得参加这个会，我不能先吃甜品，我得睡够 8 小时）。接受你做出的决定带来的后果，而不必做任何事。

5）去除自我实现预言

我们可以是自身最可恶的敌人。这点在自我实现预言中最为明显。

潜意识不能区分“真实”和想象，而想象是强有力的教师。证实自我实现预言第一批研究是在一家著名大学进行的。学生志愿者根据自由投篮的能力被分成三组，第 1 组即控制组，被告知在接下两周内不用做任何事；第 2 组在两周内每天练习投篮 20 分钟；第 3 组被要求不接触篮球，想象自己十分准确地投篮。结果控制组没有任何变化，第 2 组平均投篮能力提高 24%，第 3 组球都没碰过，但平均能力提高了 23%。认为你自己会成功，你果然成功了；认为你自己有创意，你真会是个有创意的人。不管你认为自己行还是不行，你都会证明你是对的。

用“我是有创造力的”这句话来给潜意识“编程”，请认识到，你传达给自身的信息会加强大脑神经的联结。

6）击碎底线思维

任何生意的底线就是盈利。而人们只买他们想要的东西。因此，这个问题就是：“在什么地方创造力能带来利润？”

佩德里克（A. Pedrick）是这个世界最不成功的发明家。从 1962 年到 1977 年，他有 162 项发明专利，以后更多。但没有一项被商业化生产。例如，他发明了：

- 水陆两栖自行车
- 可以从后座驾驶的小汽车
- 可以控制飞行方向的高尔夫球

这些发明都极富创意，但没有转化成创新的产品。为什么呢？因为发明家的自身兴趣和使用者的兴趣有冲突。创新是有实用价值的创意，创新满足使用者的需要、顾客的需要或是当事人的需要。

7）推开环境污染

讨论环境中可能窒息或禁锢创造力的因素，要点如下：

- 装饰：有些人更易受颜色的影响，如果环境是单调的，这些人会感觉迟钝，了无创意。
- 噪声：许多人会被工作场所的噪声分神；而另外一些人，则需要噪声才能更有效工作。
- 独处时间：人需要相对独处的时间，可以让大脑静静地休息，思考问题。在当今的办公室，要排除外部世界既不可能也不可行，电话的打扰，面对面的接触可能令一些人分神。
- 对其他人的态度：这可能是环境中最有影响力的单个因素。同事特别是上级如何看待创造性努力，对工作环境具相当重要的影响。

找出对你有影响的因素，包括那些在你所处的环境中的因素。

8）拒绝只有一个正确答案

工作几个小时或一些天以后，对一个实际的问题得到一种解决方法或者答案。接受找到的第一个答案是容易的，经常有许多人会犯这样的错误而使得他们不能看到其他的选择。只有一个正确答案的问题成为其他创造性想法的障碍。

9）让平静的水面起波浪

适当地激起水面的波浪是非常重要的。任何建议、提案将使平静的水面起波浪。你知道要适当地在你的组织里充满这些变化，在你所在的组织里使用它们。

◉ 思考与探索

1. 列举创造动机的有关理论与观点。
2. 通过实例分析克服创造动机不强及过头的方法。
3. 如何冲破观念束缚？
4. 如何破除完美主义的框框？

第 7 章　创新的障碍及其克服

本章概要：

- 早期家庭教育与创造性的发展
- 创造性氛围的含义与塑造
- 突破各类思维定势：经验定势、权威定势、书本定势等
- 思维定势对创新的阻碍作用及其克服的方法
- 克服从众心理及情感障碍对创新影响的方法

7.1 影响创造性的环境因素

一个 40 岁的成年人的创造能力只相当于他 7 岁时创造能力的 97%，真不可思议。但是事实，那么到底什么扼杀了创造力？究竟哪些因素影响了人们创造性的发挥？

环境与人本身是最主要的因素，上一章我们对阻碍人的创造性的习惯做了较充分的讨论，剖析了阻碍创造性的思维框框，这一章我们将围绕环境因素展开讨论，并着重分析所在的组织的创造性氛围。

7.1.1 早期家庭教育与创造性的发展

对于这个问题，豪（M. J. Howe）在 1998 年做了比较系统的研究。他依据个人早期家庭背景条件（有无良好的早期教育背景）、儿童期的特别进步（是否是神童）、成年后的成就（有无创造性成就），将人分为八种类型，并对其中六种类型进行了分析。

1）有良好的早期教育背景，儿童期是神童，成人后有创造性成就的人

这种类型中相当比例的人被认为有创造天赋。许多伟大的作曲家，在他们青少年时代就完成了高水平的演奏。不过不能由此认为高成就的成人音乐家在儿童时代必定是神童。在有关的传记中，几乎看不到遭到父母反对却能获得成功的例子。很多研究表明，只有那些在很早的时候就得到支持和鼓励的年轻音乐家才能达到高水平。当然并不是说他们的父母都是音

乐家，有的父母甚至对音乐并无多大兴趣。然而他们毫无例外地尽力为孩子的早期进步创造学习机会并保持孩子的兴趣。不过即使这样，也只有少数儿童变成音乐家。年轻人要获得成为音乐家的能力，必须要经过相当长时间的实践。

可见，“早期是神童”并不是成年后成为有创造性成就的成人的必然条件。但是无父母的鼓励和支持，要获得成功却是相当困难的。

2）有良好的早期教育背景、儿童期是神童、成人后无创造性成就的人

有很多原因使一些有前途的年轻人没有成为有创造性的人。神童不能保证以后会有创造成就。在一些环境中，神童的杰出表现可能会减少了其最终成为有创造性成就的人的可能性。

例如，父母发现了孩子在某个方面的天赋而进行严格的训练，使得儿童早年时期满是学习之事，就可能缺少时间和其他孩子玩要并学习怎样交往，从而缺乏和他人交往接触的意识和分享的意识。而且，孩子的大量活动是由父母安排的，可能会使儿童过分注意如何取悦他人，害怕发展个人兴趣。他们不能获得独立性，不能获得自我指导的感觉，也不能获得他们想在自己生活中做什么的意识。这种被剥夺了自我选择机会的年轻人，离开家庭进入社会后会没有目标感，没有自信，思维单一。

3）有良好的早期教育背景，但不是神童，成人后有创造性成就的人

在某些领域（如音乐）中，一个人如果在早年没有相当的进步，是很难成为突出而成功的人的。而在另外一些领域则不然，达尔文就是个特别突出的例子。

达尔文的祖辈都是极富创造力的人，他的父亲是一个物理学家。他的家庭为他提供了富有启发性的有益的早期教育。但他童年完全没有什么特别的能力，一点也不突出。达尔文在学校也从没得过奖。但他的同学注意到，他的学业成绩虽然中等，但自然、历史方面的知识很丰富，并擅长于辨认东西。他 16 岁离开学校时已对自然史有了强烈的兴趣并成了一个敏锐的业余收藏家。这种热情从童年一直持续到青春期。他对收藏昆虫特别感兴趣，他也是一个热情的鸟类观察者。

他的家里有足够的自然历史书，他的家庭成员也都对自然有强烈的好奇心。因此，对达尔文来说，与朋友分享他的兴趣根本就没有什么困难。收集活动让他的知识增长，观察敏锐。

达尔文还受到他兄长的强烈影响，当他 13 岁时，他的长兄（在剑桥上学）建起了一个简单的化学实验室，表面上哥哥负责此事，实际上是达尔文每天安排每一件事，并具体操作实验室实验。从存留下来的两兄弟的信中可以看出，达尔文的长兄一点都不怀疑他有足够的责任心做好所有必要的安排。

到了青春末期，儿童的爱好开始变成了达尔文的一种生活方式，他逐渐转向专业化，他把这种爱好作为自然史的课题有意识地加以研究。

达尔文的进步是缓慢而逐渐地，但很稳固，这使他建立起他所要的知识和技巧成为可能。他的例子证明，一个有创造性的人不一定在儿童时代早慧。

4）无良好的早期教育背景，儿童期是神童，成人后有创造性成就的人

对年轻人而言，缺少良好的家庭教育显然对成为创造性个体是不利的。可以想象这种早期教育的残缺，减少了一个人成为有创造性成就的人的机会。其实，也能找到早期没有得到有利教育而后来很有创造性的人，科学天才法拉第（M. Faraday）就是这类人。

法拉第出身于贫穷的家庭，没有特别的有利条件。儿童时期他很聪明，非常有好奇心。但是，由于家庭贫寒，他 13 岁就离开了学校，做了卖书人的徒弟。卖书人是一个善良和有同情心的人，他对法拉第的事业有很大的帮助。书店对有热心和好奇心的人来说是一个好的环境，法拉第从与书的接触中得到了益处。而且这种工作也使他有机会与受过教育的人接触，受到他们的熏陶。当然他更多的时间是自学。他的学习并不比其他有热情的学生快多少，但是他有极强的自律性和坚持力。

法拉第的家庭没有完全提供他所需要的条件，但是丰富多彩的学徒工作，补偿了他所缺少的东西。

5）无良好的早期教育背景，儿童期是神童，成人后是无创造性成就的人

属于这种类型的人不多，我国古代的方仲永是一个例子，国外也有这样的例子。美国有个叫科尔本的男孩，他在儿童时代有计算的天赋，他 6 岁就能解决 1 449 的平方之类的问题，会心算 12 225 乘以 1 223 得多少，并能说出 2000 年共有多少秒。他的父亲发现了他的计算天赋后，为了向公众证明他的天赋而带他到处旅行，赚了不少钱。他过着一种有趣的生活，当过演员、工人、教师，数学家们雇佣他解决一些复杂的计算问题。他 35 岁就死了，尽管早年他有很好的表现，但他没有任何创造性的成就留下来。

6）无良好的早期教育背景，不是神童，成人后是有创造性成就的人

早期家庭生活中虽缺少有利条件或缺少像神童那样的早期发现，但也可能有机会在成人时表现出有效的创造成就。英国天才斯蒂文森（G. Stevenson）就是例子，斯蒂文森为蒸汽机的发展做出了巨大的贡献。斯蒂文森 1781 年生于一个相当贫穷的家庭，他的父亲在矿区工作，父母抚养着 6 个孩子，没有钱送任何一个孩子上学，他 18 岁时才读书。尽管有这些严重的不足，但他被蒸汽发动机所吸引。在他 11 岁时他做了一个发动机模型 ,18 岁时成为一个相当有技术的机械师。斯蒂文森对机器有浓厚的兴趣，坚持注意机器的运作，日复一日，不倦地观察机器的不同部分是怎样工作的，他有时做一些自己的小实验来测试一些观点。但斯蒂文森在变成一个有技术的工人之前走了很长的路，最大的限制是他 18 岁时还是个文盲。那时他听到瓦特和其他人对蒸汽机的改进，因为不能阅读，他得不到这些消息，但他如此渴望获得这些信息。他甚至不能做最简单的计算，他不能解释工程师工作所需要的图和计算，他对物理一无所知。因为他工作时间长，闲暇时间很少，只能每周用 4 便士去听课，18 岁他开始学习阅读、写字和简单的算术。他从工人提升到了工程师后，他预测说：“我将做一些震惊整个英国的事。”那时他对蒸汽机车有相当的兴趣，因为当时蒸汽机车虽已发明出来，但笨重而不可靠，要在实践中用于载客还需要有巨大的措施，他花了很长时间做出了真正的发明和贡献。

由上可见，其一，早期教育具有积极作用。早期教育并不是一个人最终取得创造性成就的保证，但它有助于这种可能性。其二，不适当的早期教育具有一定负效应。例如，儿童期

的严格训练，可能使儿童智力早熟，但又易使他们没有机会获得一些非智力的能力，而这些能力是成人生活所必需的能力。父母过分关注儿童也可能导致不良结果。例如，在非正常的“温室”氛围中抚养儿童，儿童就很少有机会去获取那些必须在生活中才能获得的个人品质。

家庭是社会的细胞，也是儿童施展创造才华的重要场所。家庭对我们创造力发展的影响是没有任何别的因素所能替代的。创造力在儿童的早期，很可能遭到无知的父母或遵守惯例的大人们的阻断。

美国精神疾病医生斯伯吉翁的病案统计分析结果指出了许多不开明的、无知的父母对儿童创造力的负面影响。

他举出一个 10 岁小孩想尝试写一篇故事的例子：

有一天，当这个小孩死缠着母亲要听听自己写的故事时，母亲说：“哪个人会去看一位 10 岁小孩写的废物东西？”母亲不耐烦的回答以及那副讨厌的神情，使这个小孩惊慌失措。小孩再经历几次与此相同的挫折以后，自然就不会再想尝试写作了。即使这个小孩在写作方面有天赋，然而自此以后的一生中，却未曾有过创造性的作品。

另一个例子是，一个小孩要求父亲搭造一间狗屋的例子：

当这个小孩要求父亲盖一间狗屋时，父亲不但欣然答应，而且买回了材料，小孩期待着能与父亲共同建造狗屋的快乐时光立刻来临。然而，父亲却嫌小孩在旁边太碍事，就趁着小孩与朋友看电影的空档，自己把狗屋盖好了。小孩一回到家看到狗屋盖好了，他原先期待能与父亲共同盖狗屋的希望泡汤了；加上父亲对自己的作品洋洋得意，小孩的失望可想而知。事实上，这位父亲不希望小孩做粗重的活，却让小孩失去了尝试做一件新鲜事的机会。对孩子而言，这也是一种创造的训练。可怜的孩子，他从未用自己的双手做一件让父母赞美的事。

一个 20 岁的年轻人谈到了他的经历。

在他的经历中，从小到大，父母对他想做的任何事都说：“你能做得了吗？”这个年轻人因此而变得非常迟疑，造成了他优柔寡断、犹豫不决、害怕输给别人的性格。

父母对孩子追求理想的能力抱着怀疑和不信任的态度，除了严重伤害孩子的心理健康，也导致了孩子的创造力发展严重受阻。

这些受到无知父母们伤害的孩子成人后，不只是害怕再遭遇到孩提时代受到的批评和指责，且每当他们想从事某种创造性的工作时，立刻引发一种反抗父母的罪恶感，从而中断了他们的创造过程。

如何克服家庭阻挠呢？

1）关注孩子

父母的关注在于鼓励，肯定孩子的每一点进步，即使孩子某些表现较差，父母也能依然提供各种机会，并加以鼓励，促进孩子的独立思考，独立解决问题的能力。大量的事实和研究都表明：给予孩子积极的关注促进孩子朝家长所期望的方向努力，能促进其创造力的发展。

2）家庭民主

家庭的教育方式，一般分为三种：压制型、溺爱型、民主型。压制型和溺爱型的教育方式，易使孩子养成依赖、顺从的性格，思维懒惰，缺乏创新性，创造力较低。民主型的家庭教育，则可以让孩子积极参与各种事物，激发孩子强烈的创造动机。有意识地培养孩子的独立性，允许他们有自己的想法，做自己想做的事，只有在这种民主的家庭气氛下，孩子的创造性才能很好地得以发展。

7.1.2 文化环境与组织气氛对创造性的影响

文化的因素深深地影响着人们创造力的发展，不同的文化对个体创造力的发展的影响有很大的不同。一个人创造力的发展，创造潜能的发掘，受到文化的制约。原始部落中的任何一个很有创造力的儿童，其发展结果往往只能是一个优秀的捕猎者，而成为一个伟大的发明家、科学家或者艺术家可能性极小。

阻碍人们的创造力发展的阻力来自人们自己和社会两个方面，沉闷、保守的社会文化使它的社会成员思维僵化、不敢创新；外部的压力，习惯势力的阻力，束缚着人们创造的心灵火花。

禁忌是一种观念上的障碍。我们并非反对一切禁忌，禁忌通常是禁止那些可能会给社会大部分成员带来不愉快的行为，因此它发挥着积极的文化作用。然而，那些被禁忌的行为只是在实施时才会冒犯他人。一种相像的而非实际实施的行为不会损害任何人。因此，当你私下里思考一个问题时，不必担心是否会触犯禁忌。

组织与文化同样影响了创造性，现在我们来分析一下你所在的公司的创造性环境如何。下面的创造性气氛调查可以作为咨询工具帮助你达到目标。

创造性气氛调查

指示：测量你目前工作的创造性环境

在相应的行内划圈

记分：1= 非常同意　2= 同意　3= 不确定　4= 不同意　5= 非常不同意

1. 我在工作中受到批评时没有解释的机会。	1 2 3 4 5
2. 我被鼓励尽可能地发挥创造性。	1 2 3 4 5
3. 管理层评判员工的行动。	1 2 3 4 5
4. 管理层允许工作的灵活性。	1 2 3 4 5
5. 新的想法在工作中不被看重。	1 2 3 4 5
6. 管理层对新的想法和变化是开放的。	1 2 3 4 5
7. 我的经理控制我如何和何时完成工作。	1 2 3 4 5
8. 我的经理理解我在工作中所处理的问题。	1 2 3 4 5
9. 管理层对新的想法几乎没有尊重或兴趣。	1 2 3 4 5
10. 我的经理尊重我的感觉、价值和想法。	1 2 3 4 5
11. 我的工作环境几乎不存在灵活性。	1 2 3 4 5
12. 我的经理保护我的创造性想法。	1 2 3 4 5

13. 我的想法已经被其他人表达过了。 1 2 3 4 5
14. 别人尊重我所带来的多样化。 1 2 3 4 5
15. 我不得不小心地与管理层谈话，这样我才能被理解。 1 2 3 4 5
16. 管理层在和员工打交道时没有显示高的地位和权力。 1 2 3 4 5
17. 管理层对员工的想法给予信任。 1 2 3 4 5
18. 我的经理尊重和信任我。 1 2 3 4 5
19. 管理层对于信息是不公开的。 1 2 3 4 5
20. 我有机会学习和体验新的事情。 1 2 3 4 5
21. 管理层平等地对待每个人。 1 2 3 4 5
22. 组织气氛鼓励创造性。 1 2 3 4 5
23. 我的经理很少给员工精神上的支持。 1 2 3 4 5
24. 我能够直率地和诚实地向我的经理表达我的想法。 1 2 3 4 5
25. 有时我感到缺乏权力和知识。 1 2 3 4 5
26. 我的经理交流想法使之能够被理解，但不会坚持要我同意。 1 2 3 4 5
27. 我的经理使人很清楚谁是老板。 1 2 3 4 5
28. 我有时间和资源用于创造。 1 2 3 4 5
29. 管理层检查每一件事以确保工作顺利进行。 1 2 3 4 5
30. 我受到奖励去进行适当的冒险。 1 2 3 4 5
31. 管理层不允许犯错误。 1 2 3 4 5
32. 管理层对情况清楚并分析且客观。 1 2 3 4 5
33. 我的经理是照本宣科、头脑僵化的；我不能改变他的想法。 1 2 3 4 5
34. 我的经理提供了合适的方向和反馈。 1 2 3 4 5
35. 管理层认为他们的想法永远是对的。 1 2 3 4 5
36. 我被鼓励去直接接触客户。 1 2 3 4 5

批评的	开放的
1.	2.
3.	4.
5.	6.
得分	得分
讽刺的	**理解的**
7.	8.
9.	10.
11.	12.
得分	得分
投机的	**平等的**
13.	14.
15.	16.
17.	18.
得分	得分

单独的	培养的
19.	20.
21.	22.
23.	24.
得分	得分
自负的	**鼓励的**
25.	26.
27.	28.
29.	30.
得分	得分
武断的	**描述的**
31.	32.
33.	34.
35.	36.
得分	得分

创造性气氛调查评分

将每题的分数放到合适的空格，依每项气氛陈述加出单项得分，然后分左右两栏加出最后总分。

总分说明

不论你最后得分情况如何，现在你已经了解了你所在组织的创造性氛围了。这个调查可以提供你相关的信息和基本情况，有助于进一步改进创造性气氛。

封闭气氛得分	开放气氛得分
18—41 封闭	18—41 封闭
42—65 中立	42—65 中立
66—90 开放	66—90 开放

开放的环境有利于创造性的发挥，其特点如下：

开放的：鼓励弹性和创造性

1. 尽可能地允许员工计划他们自己的工作和期限。
2. 允许员工使用他们的创造性的方法和技术来进行试验。
3. 认同员工创造的努力，视员工为创造性的个体。
4. 建立工作小组鼓励整个小组加入创造性工作。
5. 为创造性的工作做好预算。

理解的：从员工的角度看问题

1. 保证工作在专业和个人两方面都得到奖赏（比如工作有趣和有意义）。
2. 通过要求员工投入努力，鼓励一种参与的气氛。
3. 保护富有创造性的员工，避免他们不被人理解。
4. 成为一个富创造性的角色。
5. 最小化风险因素和分担责任（比如给予研究所需的时间）。

平等的：尊重个人的多样化

1. 使员工相信他们的想法不会受到裁减和改变。
2. 使员工的工作是竞争性的。
3. 保证员工的想法实施得很好。
4. 个人的领导技术和风格适合每个员工的需求。

培养的：刺激自由地表达想法

1. 有兴趣地倾听创造性的想法。
2. 通过讲解和其他学习机会提供创造性的激励。
3. 在个人的项目和小组工作中同样培养创造性。
4. 提供必需的组织气氛刺激条件（如富有创造性的房间、融洽的办公室、安静的空间及任何其他条件）。
5. 通过有薪假期提供必需的休养。

鼓励的：鼓励员工创造性地寻找答案

1. 提供延迟工作时所需的时间或授权给其他人。
2. 给探索提供资源和方法。
3. 尽力为员工的创造性尝试作行动的催化剂（不仅仅停留在口头上，而是满足员工的需求）。
4. 积极地激励和奖励冒险。
5. 给予自我表达的自由和机会。
6. 认可表现出创造性的个体，并挑选他们作为顾问。

描述的：给予明确的目标和具体的反馈

1. 用具体的字眼，而不是含糊地说明任务的目的。
2. 平衡结构为创造性的表达提供机会。
3. 通过直接的客户接触提供资源。
4. 给予直接的支持的反馈。

7.1.3 创造性的氛围塑造

创意是很个人化的一样东西。个体是富创造性的，但公司却不是，这是事实。一家企业可以被视为一个创意体，因为它促进里面的工作人员的创造性。通常一家富创造性的组织，如3M、Hallmark或是Texas Instruments建立起一种支持创造性思维的气氛，即形成“OPENED”的开放气氛：

O: 思想解放（开放）（open-minded）

组织鼓励弹性和创意，允许员工用创造性的方法和技术进行实验。创造性努力已计入在预算中。

P: 理解（看问题的角度）（perceptive）

公司从员工角度看问题。确保工作从专业及个人两方面得到回报。并请求及实践员工的投入来鼓励参与的气氛。

E: 平等（equal）

每个人的多样性受到尊重，领导技术和风格因每个雇员的不同需要而富于个人化。员工的想法得到很好的实现。

N: 培养（nurturing）

刺激自由表达意见，促使雇员通过讲师、图书馆、培训及其它学习机会获取知识，为创意提供投入、有薪休息时间和年休假，以满足创新的需求。

E: 鼓励（encouraging）

鼓励员工寻找不同的、富创意的答案，不仅创意努力受到奖赏和强化，时间上也有保证，自我表达的自由和机会是存在的。

D: 描述（descriptive）

沟通良好，基本上组织中的每件事都有清晰的目标和专门的反馈，员工与客户有经常的直接接触，创意表达所需的结构和机会之间的平衡是存在的。

你会看到，典型的管理方法，一个控制者（按书本所教，按计划必须正确准时，按预算成本执行）最可能窒息创意。妨碍创意露头的评论被喻为“杀手的话”，你恐怕已经听到过：“我们以前从未如此做过”“不在预算内”“不是我们的政策”。照本宣科可以产生有效率的组织，但决不会是有创新的组织。

管理人员需要创意，不只是在做的过程中，而且在怎样去做的程序中。哈佛商学院的约翰（John Kao）博士说，他教授“企业关系：创造性与组织”这门课程，今天，管理人员要做的远超出开发一样新产品或是提高效率，他们还必须创造性地建立团队工作，处理组织中的人的问题。他们必须建立一种氛围，刺激和奖赏创意及风险尝试，错误将被视为生活的一部分。

管理者必须努力营造一种有益创意的气氛，展示上述六项特质。在这种环境中，个体的创造力才能活跃。

7.2 突破思维定势阻碍促进创新

7.2.1 思维定势及其积极意义

心理学认为，定势是心理活动的一种准备状态，是过去的感知影响当前的感知。比如，让一个人连续多次看两个大小不等的球，再让他看两个同样大小的球，他也会感知为不相等。因此，思维定势可以理解为过去的思维对当前思维的影响。

在现实生活中，我们会遇到形形色色的问题，而当我们长期处于某个环境，多次重复某一活动或反复思考同类问题时，头脑中会形成一种思维习惯，这就是我们所说的思维定势，下次再碰到同类问题时，思维活动便会自然而然地受这种思维定势支配。我们每时每刻都会遇到许多信息，正是因为有了思维定势，大脑才能驾轻就熟，在谈笑间将它们处理得井井有条。

思维定势对人们平时思考问题显然有很多好处，它能使思考者在处理同类或相似问题时省去许多摸索、试探的思考步骤，不走或少走弯路，做到举一反三，触类旁通，从而大大缩短思考时间，提高思考效率。

可以这样说，不管是家庭琐事，还是国家大事，离开了思维定势都将寸步难行。思维定势可以帮助我们解决99%，甚至更多的问题。

可在处理剩下的1%需要创新的问题时，思维定势就无能为力了。因为在进行创新思考时，无论面对的是新问题还是老问题，都需要有新的思考程序和思考步骤。因此，基于思考、处理同类问题而形成的思维定势当然会起阻碍作用。

埃及总督穆罕默德•阿里奉命讨伐韦哈比人，虽然打了一些胜仗，但难以攻破韦哈比政权的中心地带内志，因为那里的军队十分强悍。

一天，穆罕默德•阿里和他的将领们在讨论军队司令人选时，有几个将领争论了起来。他们都认为如果自己得到指挥权就能征服内志。

穆罕默德•阿里示意他们停止争论，他拿出一只红苹果，放在大地毯的中央，对将领们说："征服内志的任务十分艰巨，就像我们不能踏上这块地毯而要抓到这只苹果一样，谁能这样抓到苹果，谁才能征服内志。"

将领们一筹莫展，束手无策，只有穆罕默德•阿里的儿子易卜拉欣要求试一试。得到同意后，这名27岁的年轻军官走到地毯边，将它慢慢卷拢，卷到地毯中心时，他轻而易举地拿到了苹果。于是，父亲便任命他为司令。

经过两年奋战，易卜拉欣终于取得了成功。

那么多足智多谋的将领为何会在这样一个简单问题面前束手无策呢？

因为当看到这一问题时，他们的思维活动便顺着惯常的轨道进行，自然而然地将"卷起地毯"这一方法排除在外，当然就难以找到答案了。也就是说，正是思维定势束缚了将领们的大脑，使他们失去了创新能力。

因此，当我们面临新情况、新问题需要开拓创新时，思维定势不仅无能为力，而且还会成为"思维枷锁"阻碍新观念的产生，使人打不开思路，跳不出框框，难以进行新的尝试，甚至将人引入歧途。

同样，在科学技术研究中，思维定势也有着极大的阻碍作用。如果我们关注一下科学研究中的创造发明，就会发现它们所遇到的最大障碍和困难往往是没有人能突破思维定势提出新方案，而不是物质技术条件不具备。

20世纪中叶，美国和苏联都已具备了把火箭送上天的物质和技术条件，但由于双方都被"火箭推动力不足"这一问题所困扰，因此一直未能将人造卫星送上蓝天。

怎么解决这一难题呢？当时为两国专家所公认的唯一办法是增加串联的火箭数量。可火箭串联了不少，还是解决不了问题。

后来，苏联的一个青年大胆突破了"只能增加串联火箭"这一思维定势，提出了只串联上面两个火箭，下面改用发动机并联的新思路，最终取得了成功。

于是，一个新设想的提出，使一个长时间令成百上千世界上最优秀的科学家们束手无策的难题，轻而易举地得到了解决，也为技术稍显落后的苏联抢在美国之前，将人造卫星送入太空轨道做出了突出贡献。

突破思维定势作为一种创新思考方法，在人们的创新活动中有着极大的价值。它有助于打破旧框框的束缚，有利于发挥人们的想象力和创新能力，从而打开新的思路，产生许多出人意料的新思想、新方法。

公元前333年，亚历山大率领大军进入了戈底乌姆城，城中的神庙内有一个十分难解的“戈底乌斯绳结”，谁能解开这个绳结，就能成为亚细亚之王。

亚历山大为了解开这一绳结，费尽心机，但连绳结的头都未能找到。

最后，他拨出佩剑，把“戈底乌斯绳结”砍开了。

亚历山大在采用常规思路、费尽心机仍解不开绳结时，大胆突破思维定势，做出了违反常规的处理，最后终于成为亚细亚之王。同样，新的发现，新的创造，也常常是在突破思维定势后做出的。

比如，根据思维定势，人们想当然地认为，火车在铁轨上行驶，容易引起打滑。因此，在火车刚问世时，车轮和铁轨上都有齿轮。可英国发明家斯蒂文森却不这么想，他大胆突破思维定势，将铁轨制成了光滑的铁轨，车轮制成了光滑的车轮。结果，这样的列车在铁轨上行驶，不但不打滑，而且大大减少了摩擦力，既提高了速度，又大大减低了制造机车和铁轨的难度及费用。

再如，根据常规思维，气割枪是不能切割混凝土的，可鞍钢气焊工人李本茂却发明了用气割枪切割混凝土的技术，他的这项新创造，在许多重点工程中派上了用场。试想假如李本茂不突破思维定势，连想都不敢想，能有这么重大的创新成果吗？同样，在工业生产中，按常规思路，铸铁是不能冷焊的，而我国的陈钟盛却突破了这种常规思路，创造了铸铁冷焊技术，为国家补焊了许多重大设备，一年就能为国家挽回 2 400 多万元的损失。

7.2.2 突破各类思维定势阻碍促创新

常见的思维定势包括经验定势、权威定势、书本定势等，克服这些定势的阻碍就能促进创新。

1）克服经验定势促创新

（1）经验定势的积极意义

我们生活在一个需要经验的世界中，所谓经验就是人们通过实践获得的知识、掌握的规律或技能。

因为拥有了某些方面的经验，我们才能将各种各样的问题处理得井井有条：品烟大师拿着香烟一看一吸，就知道它的产地和等级；老农抓起一把土一瞥一捏，就知道它适宜种什么庄稼；老工人一听运转的声音，就知道机器在什么地方出了毛病。这些都与他们所拥有的丰富的经验分不开。

1923年，美国福特公司的一台大型电机发生故障。公司请工程师学会的专家们前来会诊，几个月查不出原因，后来只好花1万美元请来移居美国的德国科学家史坦敏茨。他在电机旁搭了个帐篷，住在那里两天两夜没有休息，听电机的声音。最后，在电机的一个地方用粉笔画了一条线，说："从这里打开电机，把做记号的地方的线圈减少16圈，故障就可以排除了。"

确实，经验是我们处理日常问题的好帮手。俗话说："不听老人言，吃亏在眼前。"如果忽视经验的作用，一味我行我素，往往会得不偿失。

（2）克服经验定势的消极作用促创新

经验能使我们少走许多弯路，但如果过分依赖经验，就会形成固有的思维模式，使大脑失去想象力，这类事情并不少见。

三国后期，诸葛亮屯兵阳平。由于错用马谡，丢失了街亭要地，自叹大势已去，遂紧急部署退兵，身边仅留下一些文官和两千余名老弱残兵。

忽然，探子来报，司马懿率兵十五万，兵临城下。

众人闻讯，无不失态。诸葛亮却镇定自如。他下令大开城门，自己身着披风，头戴纶巾，在城楼上焚香操琴，迎接司马懿的大军。

司马懿率兵冲到城下，见此情状，料定其中有诈，遂命令退兵。

他的儿子司马昭叫道："父亲，诸葛亮因为身边没有军队，才故意装出这副样子来迷惑我们，我们应该马上杀进城去，将其生擒。"

司马懿摇头道："诸葛孔明平素用兵谨慎，不曾冒险，现大开城门，城中必有埋伏。我若进兵，便中了他的计，这哪是你所能料想得到的啊。"

于是，魏军全部退去。

这是《三国演义》中"空城计"的故事。

司马懿身经百战，若论带兵打仗的经验，比当时的司马昭丰富得多，但正是这些与诸葛亮多次交战的过程形成的经验，禁锢了司马懿的大脑，使他做出了错误的判断，而经验阅历与他相比差远了的司马昭却做出了正确的判断。

在科学研究中，经验的阻碍作用也会发生。

1926年，有机化学奠基者，德国化学家李比希（J. von Liebig）在从海藻中提取碘时，发现在被提取过的碘的母液中，有一层带有刺激性气味的深褐色液体。他根据经验，想当然地在试剂瓶边上贴上了"氯化碘"的标签，并放置在药品柜中不再问及。

同一年，大学刚毕业的法国青年巴拉尔（A. J. Balard）却注意到了这种液体，并从中发现了溴。两年后，巴拉尔在法国《物理和化学年报》上发表了论文《海藻中的新元素》，向人们介绍了溴元素的发现过程。

李比希读到后立即从药品柜中取出那瓶"氯化碘"，重做巴拉尔的实验。结果证实那正是浓度很高的溴溶液！

就这样，为经验定势所困，化学大师李比希坐失良机，错过了发现新元素的机会。他为此非常惋惜，发表文章称："不是巴拉尔发现了溴，而是溴发现了巴拉尔。"懊丧之余，李比希将那张"氯化碘"标签从瓶子上揭了下来，端端正正地贴在床头，以便每晚入睡前都能看到，从而告诫自己：突破经验定势，捕捉发现的机会。

有人统计了从 1500 年到 1960 年全世界 1200 百多名杰出的科学家，结果发现科学发明的最佳年龄在 25 至 45 岁之间。也就是说，在科学史上有重大突破的人，几乎都不是当时的名家，而是学问不多、经验不足的年轻人。这是因为名家成名后，阅历、经验丰富了，但锋芒少了，突破少了，对别人具有指点迷津的能力，而自己去冲锋陷阵时往往显得力不从心了。这似乎成了一条规律，连诺贝尔奖获得者都不能幸免。

自 1901 年 12 月 10 日，诺贝尔奖首次在瑞典斯德哥尔摩音乐厅颁发以来，已经有 40 多个国家的 770 多位科学家、文学家、经济学家、社会活动家和国际性组织获此殊荣。

荣获诺贝尔奖后，获奖者的地位、社会影响力特别是科研条件会有很大的提高，这些均为他们再度获奖创造了有利的条件。然而，迄今为止，这 700 多位获奖者中，仅有玛丽 • 居里（Marie Curie）、鲍林（L. C. Pauling）、巴丁（J. Bardeen）和桑格（F. Sanger）四位科学家两度获奖。

另外，国外的一些学者对诺贝尔自然科学奖获得者们的研究也得到了与此相似的结论。他们发现，获奖之后，诺贝尔奖获得者们的创造性作品比获奖前减少了近三分之一。

人们对此“怪”现象进行分析后，认为其中一个最为重要的原因就是获奖者的大脑为经验定势所束缚而墨守成规，失去了创新的能力。

因此，经验定势会削弱大脑的想象力，造成创造能力的下降，是创造发现的大敌。有志成才的年轻人必须抓住缺少经验的“有利时机”，选准目标，大胆想象，在创新活动中实现自己的人生价值。

2）克服权威定势的消极作用促创新

（1）权威定势概说

有人群的地方就会有权威，权威的渊博常识和不容置疑的地位对维持人类社会的正常运转具有重要意义。

因为有了权威的定论，我们研究化学时不必再从头去探求一百多号元素间存在的规律性变化，而只需学一学门捷列夫的元素周期律就行了；我们不必再为两个大小不同的铁球是否会同时着地而争得面红耳赤，只需读一读伽利略的著作就行了；我们也不必为制造不出永动机而苦恼，因为根据能量守恒定律，世上根本没有什么永动机存在……

权威在各行各业中所起的巨大作用使人们对他们普遍怀着崇敬之情，一听说是某某方面的权威，便会肃然起敬，这是十分正常的。但如果这种崇敬演变成迷信，那不仅不正常，甚至是十分有害的。

因为当我们对权威产生迷信时，便会习惯于他们的观点；不假思索地以他们的是非为标准来考察问题。这时，即使产生了一些创新的设想，往往也会由于违背了权威的定论或没有得到权威的认可而轻而易举地自我否定。

事实上，“智者千虑，终有一失”。权威只是一个阶段的权威，并非万无一失。即使科技泰斗，也不可能永远正确，科技史上的许多事例都说明了这一点。比如，大发明家爱迪生曾写过几篇关于交流电的论文，在文中他断言交流电太危险了，不适合家庭使用，直流电是唯一途径；

20 世纪最伟大的科学家爱因斯坦，曾顽固地反对量子力学和测不准定理，尽管这些理论是根据他的发现推导出来的；曾提出原子结构“太阳系”模型的英国大物理学家卢瑟福（E. Rutherford），曾经断言从原子中释放能量是空谈妄想；法国大思想家笛卡尔（R. Descartes）曾用逻辑证明，托里拆利（E. Torricelli）发现的真空效应是不可能的；法国科学家勒让、德国发明家西门子、美国天文学家纽康等相继通过科学论证，得出了“比空气重的机械根本飞不起来”的结论；大名鼎鼎的牛顿也曾提出了“一切行星都是在某种外来的第一推动力的作用下，由静止开始运动”这一谬论。

因此，在现实社会中必须有权威存在，但权威所说的话，并非句句都是真理，权威也会说错话，做错事；世上没有永远的权威，再大的权威，他的学说也会陈旧，他的力量也会消逝，我们不能对他们产生迷信，被权威牵着鼻子走，否则人类社会便不会向前迈进。

（2）克服权威定势促创新

在科学研究需要推陈出新时，权威定势显然是要不得的。它会束缚我们的大脑，使之失去独立思考的能力；它会使我们在事实与权威的定论产生矛盾时，仍一味盲目崇拜权威，以权威的是非为标准，不敢怀疑权威，人云亦云，踩着别人脚印往前走，最终将一事无成。在科学发展史上，由于受权威定势束缚而错过重大发现的事例不胜枚举。

18 世纪，错误解释燃烧现象的“燃素说”被视为圣典，在化学界整整统治了一个世纪。其实，在此期间，卡文迪许（H. Cavendish）、舍勒（C. W. Scheele）、普列斯特里（J. Priestley）等许多著名的科学家都曾在实验室中得到足以推翻这种错误观点的证据，但由于他们受头脑中既有的权威定势束缚，迷信权威，在事实与权威理论产生明显矛盾时，不是去怀疑“燃素说”而是让事实去迁就“权威”的理论，以至于“在真理碰到鼻尖时还没能得到真理”（恩格斯语）。而后来，法国化学家拉瓦锡（A-L de Lavoisier）则在卡文迪许等人的工作基础上，大胆突破权威定势，提出了正确解释燃烧现象的“氧化学说”，创立了近代化学。

同样的事情也发生在天王星的发现过程中。

1781 年，天文学家赫舍尔（W. Herschel）首先认定天王星是太阳系中的一颗行星，震动了当时的天文界。其实，在他之前已有好几位天文学家观察过天王星了。例如，勒莫尼耶（P. Lemonnier）在 1750—1769 年间，曾先后 12 次观察到天王星，但他囿于“太阳系的范围到土星为止”的权威定论，不敢对此进行怀疑，结果削足适履，轻易地放弃了这一做出重大发现的机会。

中国古语云：“学贵有疑，小疑则小进，大疑则大进”。杰出的地质学家李四光也有句名言：“不怀疑不能见真理。”打开科学明星璀璨的科学史册，凡是有所作为的科学家，无一不具有勇敢突破权威定势的精神。一部科学技术史的诞生、成长以及发展，实际上就是一个不断推翻、否定权威的过程，突破权威定势往往就意味着创新。

李四光本人就是一位敢于大胆怀疑权威，勇于探索真理的科学家。当时，世界地质学权威们汇聚中国，在考察了我国的地质构造后，得出了中国是一个贫油国的结论。而李四光不迷信权威，大胆对权威们的定论提出异议。他克服了来自权威们的阻力和落后的研究条件等难以想象的困难，在对我国的地质结构进行深入研究后，预言我国石油的远景将十分辉煌，为后来的大庆、大港、胜利等油田的相继发现奠定了理论基础。

当然，与经验定势相似，权威定势也具有很大的惯性，而且在大部分的时间内也起着积极作用。因此，什么时候应该突破，什么时间应该使用是个极其复杂的问题，需要我们在思维实践中不断感悟，学校教育必须注意培养学生突破权威定势的意识和能力。

3）克服书本定势的消极作用促创新

（1）书本定势及其积极作用

书本是全人类有史以来共同创造的财富，是永不枯竭的智慧源泉。

因为有了书本，前一代得以将自己的知识、经验教训传递给下一代，使下一代人能够站在前人的肩膀上，批判地吸收他们的学识，而不必像动物那样事事从零开始。

书本对人类所起的积极作用是显而易见的，在一般情况下，如果“读书破万卷”，往往就能做到“做事如有神”。

1791 年深秋，拿破仑进军荷兰。荷兰军队打开各运河，法军统帅皮舍格柳率领的大军被洪水阻拦，无法前进。就在皮舍格柳无奈之下准备撤军时，他看到树上蜘蛛正在大量吐丝结网，于是马上下令停止撤退，准备进攻。不久，寒潮即到，一夜之间江水冰封，法军冲过瓦尔河，一举占领了要塞乌得勒支城。

试想，如果没有丰富的气象知识，皮舍格柳能根据蜘蛛吐丝，做出气候将变冷、江河将冰封的判断吗？

（2）书本定势的消极作用

由于书本知识反映的是一般性的东西，表示的是理想化状态，与客观现实之间往往存在着较大的差异。在处理问题时，如果忽视这种差距，不视实际情况，不加思考地盲目运用书本知识。一切从书本出发，以书本为纲，那么书本知识在为我们带来无穷多好处的同时，也会招来不小的麻烦。

比如《三国演义》中，“熟读兵书，谙熟兵法”的马谡在守卫街亭的战斗中，不听王平劝阻，在山上屯兵，认为这样可“凭高视下，势如破竹”；如敌兵截断水道，我军亦会“背水以战，以一当十”。马谡的这些观点都能在兵书上找到依据，可白纸黑字的兵书与刀光剑影的战场毕竟是两回事。蜀军在被围后，不仅不能“以一当十”，反而“军心自乱，不战而溃”。最后，熟读兵书的马谡未能在战争史上留下一场经典之战，却因诸葛亮的“挥泪斩马谡”而“流芳百世”。

同样的事情也发生在赵括身上。

赵括是赵国名将赵奢的儿子，从小熟读兵书，谈起用兵之道，连赵奢都对答不上来。但赵奢并不以为然。有人问其中缘由，赵奢说，用兵不是简单的事情，学问很深，并不仅仅是读几本兵书的事情，而赵括只会纸上谈兵。

后来，秦国进攻赵国，赵王听信谗言，撤回廉颇，任用赵括为将。秦国大将白起听到赵括为将后，便带兵攻打赵营，然后诈败。而这时，赵括根据兵书上“一鼓作气”“除恶务尽”的教诲，出兵追南，结果被乱箭射死。

马谡与赵括的书本知识不可谓不精深，但由于他们不顾实情，一味从书本出发，结果不仅未能享受到这些渊博的书本知识带来的好处，相反还因此招来了灾祸。

（3）克服书本定势的消极作用促创新

当然，知识是创新的基础，但并不是说知识越多的人，创新能力就一定越强，有时甚至常常出现相反的情况。这是因为书本知识的丰富会使我们的大脑为“这个不符合什么定理，那个与某某理论相违背”的框框束缚而一事无成。在这方面，飞机的发明就是一个典型的事例。

19 世纪末，在世界范围内掀起了一股制造飞机的热潮。但一些知识丰富的大科学家却纷纷表态，发表自己的看法和见解，抵制飞机的制造。比如，法国著名天文学家勒让认为，要制造一种比空气重的机械装置到天上去飞行是不可能的；随后，德国大发明家西门子也发表了相似的见解。接着，能量守恒定律的发现者，著名的物理学家赫尔姆霍茨又从物理学的角度，论证了机械装置是不可能飞上天的结论。随后，美国天文学家做了大量计算，证明飞机根本不可能离开地面。然而，1903 年，连大学都未读过的美国人莱特兄弟却凭着自己勇于创新的精神，将飞机送上了天，为人类做出了巨大贡献。这正应了日本物理学家汤川秀树的一句话：“知道许多事情有一个好处，就是至少在理论上可以有一个发现新事物的基础；但是，它也有一个逐步僵化的效应，不管发生什么他都不会惊讶，这也就失去了创新的机会。”

（4）只有克服书本定势才能促成创新

1953 年深夜，化学家斯托凯在美国康宁玻璃公司研究室中，将一种特种玻璃的配料放入坩锅里加热时，由于过度劳累，趴在桌上睡着了。醒来后他发现坩埚中只剩下些陶瓷状的不透明物质，斯托凯痛恨自己的失职，便把它使劲往地上扔去。这时，奇迹出现了：“玻璃”居然安然无恙！斯托凯惊讶不已，经进一步实验，研制出了性能优良的新材料——微晶玻璃。

在微晶玻璃问世前，“小晶体不仅破坏玻璃形象，而且还影响玻璃性能”的观点在教科书和论文中随处可见。由于带上了这一书本定势，大家普遍对小晶体存在偏见，没有人主动采用增加玻璃中小晶体的方法来改善玻璃的性能。如果不是那次偶然事件，恐怕至今我们也不一定能在玻璃家族中见到微晶玻璃的身影。

人们常说:“知识就是力量。”读很多书的人，知识十分丰富，可如果读死书，不会活用知识，在获得知识的同时，拘泥于书本，只限于从教科书的观点和立场出发去观察问题，陷入片面的书山文海中不能自拔，那不仅不能给人以力量，反而会消耗我们的创新能力；而读书少、知识不多、学历不高的人，只要善于运用创新思维，同样也能创造发明。

比如，爱迪生连小学都没毕业，瓦特的小学毕业证书是他的最高文凭，而他们却是举世闻名的大发明家。

一次，正在研制电灯泡的爱迪生想知道灯泡的体积，便让从大学数学专业毕业的助手阿普拉去测量。

阿普拉听到爱迪生要求他测量灯泡的体积，便又是量灯泡的直径，又是量灯泡的周长，然后列出公式进行计算。由于灯泡不是球形，计算起来十分复杂，算了密密麻麻几大张纸，仍没有结果。

过了个把小时，爱迪生催问结果，阿普拉还没算好。爱迪生一看，他算得太复杂了，便拿起灯泡，沉在水里，让灯泡中灌满了水，然后把灯泡中的水咕嘟咕嘟地倒在量筒中，看完量杯读数，便轻而易举地测出了灯泡的体积。

阿普拉大学数学系毕业，学历不可谓不高，可在碰到“测量灯泡体积”这一并未超过他本专业范围的问题时，却还不如只念了三个月小学的爱迪生！

只要我们关注一下科技史，就会发现：自古以来做出大发明者，不精通本专业知识的大有人在，“外行”发明家并不比科班出身的少。

比如，显微镜、照相机、彩色胶卷、电报等都是由一些理工科知识并不丰富的文职人员发明的；引起地质学革命的大陆漂移说是德国气象学家魏格纳（A. L. Wegener）提出并论证的；物理学家克里克（F. H. C. Crick）在 34 岁时转攻生物学，结果发现了 DNA 的内部结构，获得了诺贝尔奖；奥斯瓦尔德（F. W. Ostwald）在获得诺贝尔化学奖之后，才转攻数学，可在他 59 岁时却创立了第一个关于颜色的数学定理；被恩格斯誉为“近代化学之父”的英国化学家道尔顿（J. Dalton），在提出原子论时，还是一个对化学没有兴趣的气象学家，正是由于他头脑中的化学知识不多，才使他的大脑没有被这样、那样的条条框框所限制，从而创立了“原子论”，为近代化学奠定了基础。

当然，我们并不是试图以此来否认知识的存在价值，相反，我们认为搞创造发明没有书本知识也是不行的，我们的人才按专业培养，在求学时代掌握一定程度的专业知识，这些都是必需的，也是合乎要求的。但是，我们必须看到，一个人自身的专业并不包罗全部答案，也不拥有全部真理。最好、最有创造性的答案可能来自一个表面无关的领域，如果不去探索是得不到的。就科学的创新而言，专业知识的束缚同样是十分可怕的，它会使人成为知识的奴隶。

7.2.3 突破思维定势的几种方法

思维定势使人们习惯于从固定的角度来观察事物，以固定的方式来接受事物。因此善于转换视角，运用发散思维、逆向思维等方法建立思维的多重视角，从尽可能多的角度来观察事物，便是一种行之有效的突破思维定势的方法。

同样，利用形象思维，大胆联想，大胆想象，也是对常规思维的一种突破。

另外，人类的思维，可分为显思维和潜思维，我们平时所说的思维泛指显思维，思维定势也是针对显思维而言的。由于潜思维不像显思维那样易受思维定势束缚，一些人所共知的常识在潜思维领域也不起作用了，因此灵感思维、直觉思维、梦思维等潜思维的激发本身就是对思维定势的一种突破。

现介绍两种直接有利于突破思维定势促进创新的具体方法：暂时搁置与放松自己。

1）暂时搁置

破除思维定势一个可行的办法是把问题暂时搁置。

许多人常常有这样的经验：在尝试解决一个问题而毫无结果时，他们可以把问题暂搁置几小时、几天或几个星期，然后再回过头来解决，这时常常可以很快找到解决办法。法国著名数学家彭加勒（H. Poincare）于 1929 年报告了很多这样的例子。下面就是一例。

这时我集中注意来研究某些算术问题，显然没有得到多大的成功，而且也没有想到这些问题跟我以前的研究有什么联系。对自己的失败感到恼火，我就来到海边住几天，并且想些别的问题。一天早晨我正在悬崖绝壁上行走时，心中顿时出现一个念头，简明扼要，突如其来，立刻感到确定不移，认为不定三元二次方程式的算术转换式跟非欧几何上的转换式是相同的。

这种现象称为酝酿效应。

请读者自己尝试解决下面这个问题：

如图 7-1 的项链问题：你面前有 4 个小链子，每个链子有三个环。打开一个环要花两分钱，封合一个环要花三分钱。开始时所有的环都是封合的。

你的任务是要把这 12 个环全部接起来形成一个大链子，但费用不能超过 15 分钱。

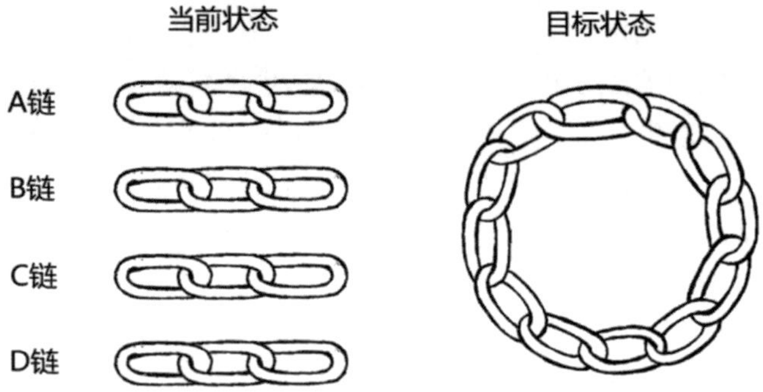

图 7-1 项链问题

心理学家西勒维拉（J. M. Silveira）于 1971 年用这个问题测试了三组被试。控制组用了半小时来解决这个问题，有 55% 的人解决了问题。一个实验组也用半小时来解决问题，但中间插进半小时用来做其他的事情，则有 64% 的人解决了问题。另一个实验组在半小时中插进了 4 个小时做别的事情，则有 85% 的人解决了问题。西勒维拉要求被试在解决项链问题时大声说话，结果发现被试回头来解决这个问题时并不是接着已经完成的解法去做，而是仍然像原先那样从头做起。

用定势效应最能说明酝酿效应，在解决问题的最初阶段，被试是以某种方式进行思维，并且依靠某些知识结构。如果最初这种定势是适当的话，被试就可以解决问题。然而，如果这种定势不适当，则被试的解决步骤将始终是不恰当的，问题当然不会解决。如果暂时不想这个问题，则不恰当的解决步骤的影响就会消失，这时被试就能够采取新的步骤。

2）放松自己

不会从精神上放松自己，不善于促成酝酿过程，就不会获得机会。

现在人们普遍认为，无意识在解决问题的过程中起着十分重要的作用。每个人都有这样的经验：即问题的答案往往不期而至。许多人熟悉的另一个现象是，在你思考重大问题时，解决办法总是姗姗来迟。你可能连续几天或几星期都在冥思苦想，试图找到解决办法，然后你又去干点别的事情。后来在某一瞬间，头脑中突然“闪现”出一个好主意来。这常令你懊恼不已，为什么不能早点想出这个办法？好像不到期限，问题就无法得到解决似的。

其实，正因为有了这一酝酿过程，好主意才能直接从你的无意识中产生出来。这种“酝酿效应”很起作用，是靠得住的。我时常全神贯注地思考某一问题（让它进入我的无意识），然后就把它彻底抛在脑后，一段时间后当我重新思考时，总能产生一些新的想法。

许多“酝酿”之光被普遍地感受到了。学生们大都认为，在临近交卷时，他们会把一项作业完成得更好。实际上，当他们完成一项任务时，任务接受得越早，就越有充裕的时间在无意识中积累信息，他们会在晚些时候发现更好的解决办法。只要有了酝酿过程，似乎总能在适当的时候产生正确的解决办法。学生们常说，他们通宵达旦苦熬几个昼夜，偏偏到该交作业的那天早晨，才突然找到了办法使问题迎刃而解。

因此，你必须使你的无意识有充裕的时间去对付尚待解决的问题。

解决问题时的酝酿过程十分重要。假如你在解决某一重大问题时不给自己充裕的时间以形成酝酿过程，那就不是一个好的计划。在解决问题的过程中，你应当学会放松自己，这也很重要。当你精神上放松时，强迫症就不那么严重，在你的头脑中就更容易形成一些看似“荒诞的”思想组合。如果根本不会放松自己，对一些无谓的琐事过于敏感，那就会严重地妨碍进行灵活敏捷的创造性思维。

7.3 突破从众心理障碍促创新

从众心理是指个体的信念与大众的信念发生冲突时，虽然明明知道自己没有错，但却由于自己没有信心，或不敢有违众意而采取与大众一致的观念。现代社会，从众心理已经扩大到盲目地服从权威、顺从众意、人云亦云等盲从行为。

1956 年，心理学家阿西（S. Asch）进行了一个名叫“三垂线实验”的研究。以大学生为被试，每组 5 人，但是其中只有一个人是被试，其余 4 人都是事先安排好的实验合作者。实验进行时，全组成员坐成一排，阿西教授向大家出示两张卡片。其中一张画有标准线 X，另一张画有线段 A、B、C。X 的长度明显与 A、B、C 三条线段中的一条等长。阿西教授要求 5 个小组成员判断 X 与 A、B、C 三条线段中哪一条等长。每一次实验，阿西教授总是把那个真实的被试人安排在最后回答问题，并且事先要求前 4 个合作者都说线段 X 与 A 等长，而实际上线段 C 明显地与 X 等长。这就形成一种与事实不符的群体压力，可以借此观察那个真实被试是否发生从众行为。阿西教授多次的实验结果表明：平均有 35% 的人发生了从众行为。我国也有心理学家做过相同的实验，发现我国大学生中有 44% 有从众行为。

根据心理学家的研究,从众者在智力方面低于有独立质疑性者。他们现实的自我不够坚强，缺乏应付危机的能力；他们压抑冲动、忧虑很多；很少自发地表现出受到压抑的情绪。在自我观念上，从众者缺乏自信并有较强的自卑感；与人相处时，常常很被动、依赖性很强，但是却又很少信任别人。而从众者最大的特点就是保守、缺乏质疑的能力，不敢创新。

如何克服从众行为，在创造过程中不受到从众压力的威胁呢？唯一的方法便是保持质疑的态度！

每个人在孩提时代都具有质疑的态度，因为他们必须在几年之内吸收消化大量的信息知识。例如，从出生到6岁之间自然汲取的知识远远超过成人有意传播给他们的知识。他们通过观察，提出疑问而获得大量知识。

不幸的是，许多人随着年龄的增长失去了这种质疑的态度,这有两种原因。

第一种是，人们不喜欢他们刨根问底。儿童到了一定的年龄，父母和其他成人往往对他们提出的那些与社会生活无关的问题（为什么能看透玻璃？为什么树叶是绿色的？）表示不耐烦（尤其当他们忙着做事或者回答不出的时候），这就抑制了儿童提问题。我们的教育机构勉强能够传授其理应负责传授的知识（读、写、算等），可供回答问题的时间很少，所以，实质上限制和阻止了学生提出问题。不少人开始讲课时恳请听众提问，下课时却既没有时间也没有兴致听取他们的问题，这样的教授大有人在。社会环境的影响使儿童失去了“好问”的特点（至少这种特点已表现得不那么明显）。

第二种原因与“知识大竞争”有关。随着年龄的增长，我们逐渐懂得聪明能干是好事，而聪明能干往往与我们所拥有的知识多寡密切相关。提出一个问题就承认了自己对某件事不知道或者不理解，因此招致人们怀疑自己知识不够渊博。这样，就会出现一种令人难以置信的怪事，即大学生们每年交纳学费数千元，居然能够听天书般地坐在课堂上而不提出问题。因此，有人在学术会议上恭听着他们根本不知所云的谈话,有人在高技术领域使用自己一知半解的行话术语。

质疑的态度从最广泛的意义上说是促进创造性思维所必需的。如果盲目地接受现状，就不会有创新的动因，就不会看到需求和问题之所在。所以对问题的敏感性是一个人富于创造力的重要特征之一，一旦发现了问题，就必须不断地采取质疑的态度，一定要找到全新的解决方法。一个富有创造力的人对现存的答案、技术和方法应该持有健康的怀疑态度。

一本有趣的书叫作《环球旅行者，软科学指导：创造力，解决问题与构想过程》，其作者唐•科勃格（D. Koberg）和吉姆•巴格纳尔（J. Bagnall）谈到了“对现状的建设性不满”，他们说:“人长到16岁一般就具备了实现一半这种创造力不重要特征的全部条件。‘满足现状的’年轻人很难找到,不满与这个年龄相伴而行。在年轻人看来一切都需要改进……随着年龄的增长，人们的不满足心理逐渐衰减。人们从社会生活中懂得，惯于‘吹毛求疵的人’扰乱‘其他人’的正常生活现状。压制不满情绪的方法应运而生。不‘兴风作浪’或不‘捣乱’的人，‘不惹是生非’的人和‘多做少说’的人成了‘好人’。不出头露面、不爱管闲事的人是‘好人’。而找麻烦的人不好。所以，产生创造力和发挥创造力遇到了重重困难。因此，积极建设的态度是事物发展所必需的、不满现状是解决问题的先决条件。二者结合起来便构成了一个人能够创造性地解决问题的主要素质：一种不断发展的建设性不满。

7.4 克服情感障碍促创新

人的情绪也会影响人的行为，缺乏挑战精神和情绪急躁以及怕担风险、容不得“混乱”等情感因素，阻碍了人们的创新。

7.4.1 缺乏挑战精神与情绪急躁

缺乏挑战精神与情绪急躁都不好，尽管这两个方面是相反的。缺乏某种刺激，你干起工作来就不会全力以赴。如果做某项职业干得好就可以赚钱，将来的工作也有保障，他或多或少就会因此受到激励。人至少应在一段时间内感受到挑战，才能有所前进。

如何克服缺乏挑战精神和情绪急躁的现象呢?

（1）经常参加一些你既感兴趣又具有极强竞争力的活动，提高好胜心;

（2）经常给自己制定一些需要付出一定的努力才能达到目标的计划，然后尽力去完成它，体会成功者的征服感;

（3）在执行计划之前要充分考虑好执行这个计划的困难所在，给自己一个较为宽松的时间去执行计划，不要让自己在这个过程中毫无思考的时间。

7.4.2 怕犯错误与惧怕失败

怕犯错误，怕失败或者说怕担风险，这恐怕是影响创造力最基本、最常见的情感障碍了。我们若能“正确地”回答问题便受到奖励，一旦犯了错误就要受惩罚，大多数人都是在这种训诲的熏陶下成长的。遭受挫折的时候,我们觉得自己令别人(经常是我们所爱的人)伤心沮丧。

因此,人们常这样告诫我们,生活要安定,尽可能别去冒险(比如“双鸟在林不如一鸟在手”，“省一文就得一文”）。显然，当你产生了一种创造性想法并试图推广它的时候，你就得担点风险，你可能犯错误，可能失败，丢面子，也可能遭受经济损失，伤害自己，等等。

这种担忧在一定程度上是现实的。新事物通常是对既定秩序的威胁，会受到抵制，给创新者造成巨大的思想压力。创新所冒的风险在于，它往往造成困难重重的局面。当然，要人们不现实地去考虑创新所付出的代价是不可能的。例如，想靠实施一项商业想法去赚钱，至少需要 8 年的时间，还要付出相当的体力和感情投资，往往会牺牲婚姻、美味佳肴等物质生活。

然而，阻碍创造的种种担忧往往并非建立在现实的假想的后果之上。一个较为“新颖”的想法作为课堂讨论的个人见解，当然不会危及创新者的生活，也不会牺牲他的婚姻，更不会使他遭受经济损失。给他带来麻烦可能只有一个，那就是，老师也许会不喜欢他的意见（不过有个别的老师却偏偏喜欢学生的创新精神，遇到这样的老师不得不说是很幸运的）。这样的担忧可能算是那种更一般的怕冒险的畏惧心理。

如何克服怕担风险呢?

1）估计创新带来的后果

正如有时人家会问你：“你认为最坏的结局是什么？”假如你有个改进车锁的好主意，你打算辞退工作去找一家生产锁头的小企业，而那里有生产这种锁头相配套的生产线，那么你就要冒较大的风险（除非你有一大笔钱，或者你在商业界有重要的关系）。

假如你发明了一种新的飞行技术（比如，用蜡把羽毛粘合成翅膀），那么你在产品制作过程中也要冒较大的风险。然而，假如你只是想重新订一个作息时间表，或者粉刷你的浴室，或者与你的室友换一种相处方式，你所担的风险就小多了。

2）估计创新行为的后果

人们对一种创新行为的后果往往不能做现实的估计。他们或者对可能产生的后果掉以轻心，或者出于一般的畏惧心理，过分夸大产生错误的可能性，而不管这种错误在未来的历史学家眼里显得多么微不足道。

当你提出一种创新意见的时候，其潜在的消极后果一般并非那么严重。假如你有个似乎要冒些风险的想法，你就要花点时间对可能产生的后果做一翻调查研究。这时你就要将“最坏的结局”考虑在内（假设一切进展得不顺利），然后看一看结果。这样做，你就知道你是否打算去冒这个险了。

下一次，当你拿不定主意是否提出一项“创造性”主张的时候，就写份两页纸的短文，列出“最坏的结局”。尽量详细描述一下，假如“一切进展得不顺利”会怎么样。搞好这么一份材料并正视它，你就可以用你的分析能力来取代怕失败的畏惧心理了——这是一个十分可行的办法。

7.4.3 容不得“混乱”的情感障碍

怕犯错误当然是出于不安全感，多数人或多或少都会有这种感觉。另一种情感障碍，为不能忍受不确定的、存在多种可能的状态，过分渴求秩序，容不得“混乱”。这一障碍中的某些因素同样具有合理成分。我们并不主张为使自己的创见就抛弃一切秩序，生活毫无章法，我们要讲的是那种大事小事都一味追求秩序的心理。一个复杂问题的解决过程是棘手的，严格的符合逻辑的方法和手段往往十分必要，但不能过分。你时常会碰到一些错误的或不适宜的数据、模棱两可而无从检验的概念、观点、评估等诸如此类的问题，你为此绞尽脑汁。从某种意义上说，解决问题就是把混乱的局面理出头绪来，渴望秩序是必要的。然而，也应该具备应付混乱局面的忍耐力。

我们知道有一种强迫症患者，他们干什么事都喜欢井井有条，假如生活秩序受到干扰，他们就沮丧万分。这种习惯一旦成为一种心理特征，就会给他们带来麻烦，严重影响其工作能力。过分强调物质环境中的条理性的原因之一是讲求效率。井井有条也会给人以美感享受，这可能是另一个原因。然而还有一个原因，即不安全感，假如你的内衣叠得平平整整，穿起来也得体，那么就少了一桩对你造成威胁的事情。没有人在乎你的内衣怎么放，但假如你的思想也这么按部就班、循规蹈矩，那么当你解决问题时恐怕就带有很大的局限性了。

如何克服容不得“混乱”的情感障碍呢?

（1）允许自己有一些混乱的想法和行为，如果你是一个平时特别爱整洁的人，那么，不妨拿出一段时向来决不收拾你的房间，为自己制造一点“混乱”；

（2）在你进行创造性思考时，特别是在极力搜寻解决问题的方法时，请先不要考虑这些方法是否会带来混乱的结果，也就是说，需要你延缓判断的容忍态度；

（3）不要立刻去批评别人的“奇怪的或者异想天开”的想法很混乱，想一想这些想法有没有能够给你带来启发的地方，如果有，你还应该感谢你的朋友而不是批评他。

◉ 思考与探索

1. 试述突破思维定势的方法（举例说明）。
2. 如何掌握克服情感障碍的方法促创新（举例说明）？
3. 如何营造创造性的组织气氛？

第 8 章　创造性人才的人格特征

本章概要：

- 创造意识的误区
- 创造力开发的年龄特征
- 创造性人才共同的人格特征
- 创造性人才性格培育策略

8.1 创造与创造之人

创造力是实践与应用的产物，人的因素对创造力的发挥起着至关重要的作用，人格卑劣的小聪明是难以成就创新的大事业的，但一个人即使拥有足智多谋，一旦染有人格缺陷，也难以实现富有创新智慧的人生，他们即使有些创造成果，也往往会被人格缺陷所吞噬，丧失其本身应有的价值。

长期的社会、家庭的熏陶和不同知识、经验积累，造就了每个人独特的个性，这些个性品质良莠并存，就创造力而言，有其独特的个性品质要求，任何一个渴望成功的人，千万不要忽略自己创造性人格的培养。

人的特征影响了创造性的过程，不同的意识、态度、动机、知觉、能力、经验、个性品质等导致了不同的创造性结果。

8.1.1 意识

思想决定行为。创造性的人更重要的是要具有创造意识，内在的意识决定了个人外在的行为表现。科学家们对人类的贡献举世共睹，他们的成功无一不与他们强烈的创造意识有关。一个人如果没有创造意识，就不可能有创造思维和创造活动，因而对创造性工作来说，有无创造意识，是个首要问题。有了强烈的创造冲动，才可能推动自我去探索新问题，产生新思路，取得创造发明的成果。

意识是支配和指导行动的，由于认识上的误区，常常导致人们自我评价上的自贬，压抑了自我的创造力。认识上的误区主要有：

天才观：绝大多数人认为创造发明非常神秘，认为“创造发明只是科学家、天才、高智商的人的专利，一般的芸芸众生哪敢高攀”，对照心理学家研究的杰出科学家的几个共同特质，看看自己一条也不具备，这样更让人自卑得无地自容。其实，人人都有创造力，只要你愿意，有信心和决心，创造就会在你身旁。

国内外的许多实践表明，许许多多申请专利的人多是和我们一样普普通通的人。甚至一些划时代的大发明家，如发明蒸汽机的瓦特，发明发电机的法拉第，原来都是普通工人。张家口汽车配件二厂工人藏立华，他发明的汽车、拖拉机、摩托车节油器和煤气节能器等节能产品，已取得了 13 项国家专利，机械电子部已在全国推广应用，以减少能源消耗和环境污染，而藏立华只是一个初中学历的青年工人。

自卑感：天才观和自卑感似乎是一对 “孪生兄弟”，有“天才观”的人往往也伴随着相当的“自卑感”。自卑心相当普遍，有 95% 的人在自我评价上是偏低的，他们往往会找出种种的理由来自我安慰，如年纪大了、文化水平低、工作太忙没时间、家庭负担重等等。

自卑思想是创造发明的大敌，它导致人们丧失了发现问题的敏感性，使许多机会失之交臂；自卑也导致了惰性；德国辩证法大师黑格尔（G. W. F. Hegel）曾尖锐地指出：“自卑往往伴随着懒惰，往往是为了替自己在其有限目的的俗恶气氛中苟活下去做辩解；这种谦虚是一文不值的。”中国有句格言：“欲胜人者，必先自胜。”“自胜”即要战胜自己，克服自卑。

自满感：任务现状已经很好了，不需要再变化了，这也是创造意识的一个障碍。创造的实质是变革，与满足现状的自满思想是风马牛不相及的。

由于上述认识上的误区，人们往往有很多借口来接受自己不接纳新思想。下面是两种常见的说法 ：

1）它行不通

- 我们以前试过
- 我们这里情况不同
- 付出的代价太高
- 超出我们的责任
- 这不是我的工作
- 由于太忙而无暇去做
- 这个变化有些过快
- 我们没有时间
- 缺乏足够的帮助
- 那样的话，其他的设备就用不了
- 让我们先做市场调研吧
- 我们的办公室太小
- 对操作人员来说不实际
- 员工决不会买它
- 在六个月内实现

- 我们以前从没有做过
- 它与公司政策相违背
- 使管理费用增加
- 我们没有权力
- 那太理想化了
- 让我们回到现实中来吧
- 这不是我们的问题——我们还没动之前
- 它仍然行之有效，为什么要改变它
- 我不喜欢那个想法
- 你说得对，但明天再说吧
- 比预定的时间还差两年呢
- 我们还没准备好
- 我们没有钱、设备、房屋和人员
- 预算里没有这笔开支
- 这不适应现代生活
- 显示了专业上的非权威性
- 我们已经试过一次了，但没有成功
- 你究竟生活在哪个世界上
- 这种尝试是愚蠢的

2）太老了，无法再学新东西了

- 老狗学不会新把戏，老人难适应新事物
- 想法不错，但不实用
- 让我们把它暂时放一放
- 让我们再想一想
- 高层管理人员决不会同意的
- 让我们把它写下来
- 我们将会成为别人的笑料
- 不能让那样的事重演
- 从长远的角度来看，我们会有经济上的损失
- 你从哪里发现这个主意的
- 没有它，我们可以做得很好
- 这是我们可以从员工那里得到的
- 过去从来没试过
- 暂时把它束之高阁吧让我们组成一个委员会
- 别人试过它吗
- 客户不会喜欢它的

- 我看不到它们之间的联系
- 这在我们公司里将不适用
- 你所说的真正意思是什么
- 或许这在你的部门里适用，但在我的部门里不适用
- 执行委员会不会批准的
- 你不认为我们应该更深入地考虑一下它吗
- 我们的竞争对手在做什么
- 这个无法实行
- 问题太多，无法改变
- 得不偿失
- 我知道有人试过
- 这不可能
- 我们一直是这样做的

以上的说法可以说是层出不穷，这些认识上的偏见阻碍了人们创造力的发挥，成了成功道路上的绊脚石。对于任何一个渴望成功的人，应走出上述种种认识的误区，开发自我，摒弃脑子里已有的偏见和旧观点，摔开包袱，轻装上阵。

8.1.2 态度

态度是个人对某一客观对象所持的评价与行为倾向，如赞成或反对、肯定或否定、喜欢或厌恶。态度不是天生的，是通过后天的学习获得的，一旦形成，即有相对的持续性和稳定性。

内在的态度决定人的外在行为，看看你的创造性态度是否积极呢？

下列的创造性态度评估练习将进一步帮助你判断你是否对创造性持有正确的态度。

创造性态度评估练习

指出下列论述你实际行为或工作意图的正确态度，用下列分值回答问题：

几乎从不如此 =1　很少如此 =2　不知道 =3　经常如此 =4　几乎总是如此 =5

1. 我和我的上级讨论工作进展和机遇
2. 我尝试用新主意和新方法解决问题
3. 我对事情进行分解来发现它们的运行方法
4. 我欢迎与工作有关的不确定性和不寻常的情况
5. 我试图对我的工作状况和条件进行谈判

6. 我能够为现有的方法和设备找到新的用途
7. 在我的同事和同学之间，我总是第一个或几乎是第一个找到新方法或观点的人
8. 我抓住机遇从其他渠道为我的团队获取新的信息
9. 我表现出创造性
10. 我愿意解决给别人造成很大困难的问题
11. 在提出新方案时我发挥很大作用
12. 我为我的团队提供经过仔细研究的建议
13. 我和外部专家建立联系
14. 我利用我的影响力争取自己最喜欢做的团体计划的那一部分
15. 我抽出时间来做自己喜欢的想法和计划
16. 我抽出时间和精力来从事有风险的想法和计划
17. 我认为为了找到理想的解决方案，人们也许需要打破规矩
18. 在小组会议上，我敢于发言
19. 我喜欢同其他人一道工作解决复杂的问题
20. 我有时候为人们带来愉快的变化

统计你的分数，很快就可知道你对创造性所持的态度如何。

结果说明：

0 ～ 20 分	对创造性的态度非常消极
20 ～ 40 分	对创造性的态度消极
40 ～ 60 分	创造性的态度模棱两可
60 ～ 80 分	对创造性的态度积极
80 ～ 100 分	对创造性的态度非常积极

对于创造性而言，下列积极的态度尤其显得重要：

- 自信
- 必胜的信念
- 绝不放松自己的软弱
- 相信自己会成功

8.1.3 知觉

知觉是对当前事物的各种属性和各个部分的整体反映。知觉受个人知识和经验的影响，对事物的理解是知觉的必要条件。

通过学习和经验的获得，人们在头脑中已经存在了某些看法和观点，这些固化的观点和思维将影响他们对事物的更进一步的探索与研究，具体表现在知觉的障碍上。

所谓知觉，是人脑对客观事物的整体性的反映。在日常生活中，即使对一个很简单的自然事物的知觉，也不一定符合客观实际，如图 8-1 就是一个垂直线与水平线的错觉图。

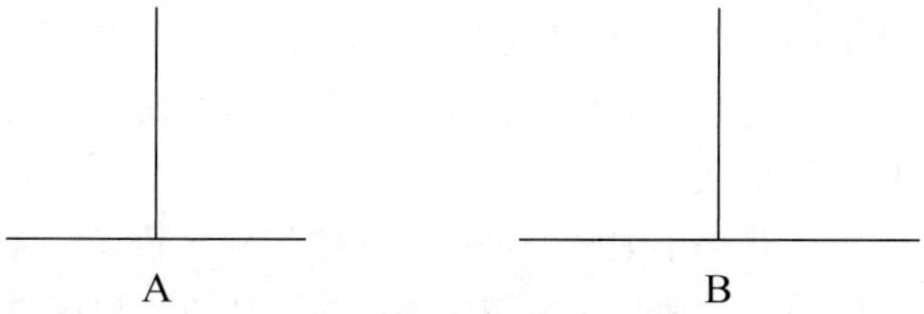

图 8-1 垂直线与水平线的错觉图

图 A 的垂直线实际和水平线长度相等，但看起来好像垂直线长于水平线；图 B 的水平线实际长于垂直线，但看起来两线好像相等，这就是知觉的组织结构所造成的错觉。另外还有许多知觉发生错觉的例子，例如缪勒 - 莱依尔（Muller Lyer）错觉：两条线是等长的，由于下面一条线的两端箭头向外延伸，占据较大空间，于是显得长些。

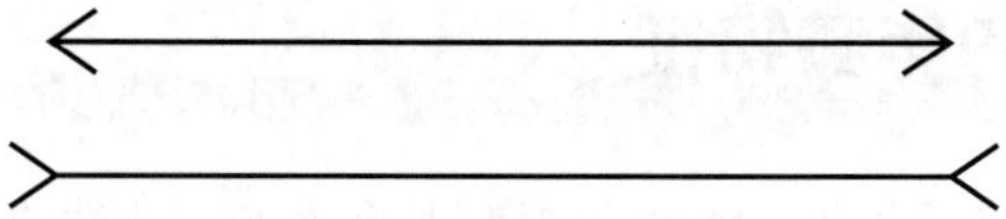

图 8-2 缪勒—莱依尔错觉

所以，眼见不一定为实，人的知觉有时会成为判断事物的障碍。

8.1.4 能力与经验

能力是指个体从事一定社会实践活动的本领。为了顺利地、成功地完成某些活动，重要的前提是要具备相应的能力。例如，熟练地进行操作，按质、按量、按期地完成生产任务，是操作工人必备的能力；善于鉴别色彩、形象记忆、 掌握线条比例是画家必备的能力。从创造性的观点来看，下列能力与经验是从事创造、发明工作必不可少的：

- 敏感性
- 坦率、诚实、爽直
- 宽容
- 交往的欲望

人们已有的经验对创造性而言，有的是积极的，有的是消极的，应该将经验作为一种流动的信息，而不能作为一种堵塞，成为创造性的障碍。

心理学家曾经做过这样一个实验，称之为“大鱼和小鱼的实验”。实验是这样的：在一个中间用一块透明玻璃板隔开的鱼缸里，一边放一条饥饿的大鱼，另一边放一条小鱼。这条大鱼看见小鱼后，马上扑过去，想要吃掉小鱼。结果，头撞在玻璃上。但它不甘心，继续扑过去，头不断撞在玻璃上……无数次碰撞后，它终于停下来。后来，心理学家把鱼缸中间的玻璃抽掉，让小鱼可以自由地在鱼缸里游，在大鱼身边游来游去。大鱼尽管饿得发慌，但它再也没有勇气和信心去吃小鱼了。

由于大鱼一次次的尝试获得了失败的经验，这些经验导致了它强烈的失败意识，纵然饥肠辘辘，纵然美食就在眼前，大鱼也不敢越雷池一步。所以不要因过多的磨难和失败就丧失信心，其实失败是成功的前提，成功往往垂青于那些不怕失败、具有强烈成功意识的人。

下列的经验是有利于创造的：

- 失败是成功之母
- 不断开拓新思路
- 百折不挠

8.2 创造力开发的年龄特征

创造性的年龄因素也是学者非常感兴趣的课题。年龄与创造性的发挥无疑是紧密联系的。国内外许多学者对此也做了深入的探讨。

8.2.1 创造性人才取得成果的年龄

莱曼（H. L. Lehman）从20世纪50年代就开始从事创造力发展的研究。1953年他研究了几千名科学家、艺术家和天文学家的年龄和成就，认为25—40岁是创造的最佳年龄。其中，不同领域的科学家的最佳创造年龄为: 化学家26—36岁；数学家30—34岁；哲学家35—39岁；发明家25—29岁；医学家30—39岁；植物学家30—34岁；心理学家30—39岁；生理学家35—39岁。

1）诺贝尔奖获得者取得成果的年龄

曼尼奇和福尔克（E. Manniche & G. Falk）1957年对从1901年至1979年在物理、化学、生理、医学等方面获奖的305人取得成果的年龄统计见表8-1。

表 8-1　诺贝尔奖获得者取得成果的年龄

项目 \ 人数 \ 年龄	取得成果的年龄	25 岁以下	26—30 岁	31—35 岁	36—40 岁	41—45 岁	46—50 岁	51 岁以上
物理奖（111）人	人数	9	18	33	14	22	11	4
	百分比	8.10%	16.20%	29.80%	12.60%	19.80%	9.90%	3.60%
化学奖（91）人	人数	3	10	19	20	16	13	10
	百分比	3.20%	10.90%	20.80%	22.10%	17.60%	14.30%	11%
生理医学奖（103）人	人数	3	6	18	34	15	13	14
	百分比	2.90%	5.80%	17.50%	33%	14.60%	12.60%	13.70%
总计（305 人）	人数	15	34	70	68	53	37	28
	百分比	4.90%	11.10%	23%	22.30%	17.40%	12.10%	9.20%

从表中可以发现类似的结果：第一，31 至 45 岁是获奖者取得成果的最佳年龄区，占 305 人的 62.7%；第二，若把 35 岁以下作为青年科学家计算，他们获奖所占比例，物理奖为 54.1%, 化学奖为 34.9%, 生理和医学奖为 26.2%。三项总计为 39%；第三，物理奖获得者取得成果的最佳年龄区偏早，在 25—35 岁之间，而化学、生理、医学奖获得者取得成果的最佳年龄稍晚，在 30—40 岁之间。

研究还发现，诺贝尔自然科学获奖人取得获奖成就的年龄随时间变化不大。以物理学奖进行统计，1901—1925 年的平均年龄为 37.2 岁，1926—1950 年为 35 岁，1951—1975 年为 38.2 岁，1976—1999 年为 37.1 岁。可见，中青年始终是取得创新成就的峰值年龄。

创造的高峰期虽然集中在中青年，但研究表明，创造力与年龄几乎没有关系。廉颇蔺相如的故事传诵了几千年，那个老当益壮的廉颇老矣，尚“能饭否”，那么现在年长的人能不能像廉颇一样仍旧发挥余热呢？年纪大了，创造力是否也随之退化呢？人的记忆力的峰值在 20 岁左右，然后随着年龄的增长而逐渐衰退，特别是 50 岁以后，健忘得更快。但大脑中主管创造性思维的部分——前额叶，从 10 几岁开始逐渐成熟后，并不随着年龄的增加而衰退，而是继续成长，80 岁仍向前发展。

许多发明家、科学家的事例都证明了这一点：爱迪生在 81 岁时，取得了他的第 1033 项专利；富兰克林在 78 岁时发明了双光眼镜；德国自然科学家洪宝德到 75 岁时才动手写他最重要的著作《宇宙》；美国遗传学家芭芭拉 • 麦克林 • 托克，81 岁时获得了诺贝尔奖；奥地利科学家费贝希也是 87 岁时获得了诺贝尔奖。我国著名的文学家、思想家、小说家巴金在 80 岁的高龄仍在孜孜不倦地撰写《随想录》；齐白石也是在老年才投入绘画生涯，并成为一代宗师。

老年人与青壮年相比，虽然在精力、记忆力方面处于劣势，但在经验、知识、判断力等方面存在明显的优势，因而他的实际成果并不比青壮年逊色。因而“人老了，不中用了”的说法，其实仅仅是指记忆力衰退，老年人只要能够扬长避短，并且树立坚定的信念“我能行，我是个有创意的人”，只要具备创造的冲动和条件，他们仍然可以摘取创造的硕果。在老年期仍能做出创造活动的人也是很多的。据 1984 年的统计，年过 70 岁而荣获诺贝尔奖的科学家有 15 人之多，其中 75 岁以上荣获者 5 人，80 岁以上荣获者 3 人。

2）文学人才取得成果的最佳创造年龄

再以文学人才为例，莱曼等人将所调查的文学家的创造最佳年龄列成表 8-2, 其结果与科技人才相似，不同之处在于年龄区更低一点。

表 8–2 各类作家最佳创造年龄

作家类别	年龄
25 位挽歌诗人	30
19 位颂歌（Odes）诗人	28
40 位讽刺文作者	33
19 位十四行诗作者	30
41 位抒情（Lyric）诗人	27
27 位描写诗作者	28
82 位喜剧与悲剧作者	35
47 位最有名小说家	45
128 位比较不著名小说家	35
102 位散文作家	42
163 位男性圣诗作家	35
152 位女性圣诗作家	35

大量研究都表明，创造力与年龄有着十分密切的关系。虽然在不同的领域，创造力的最佳年龄不尽相同，但总的看来，中青年（30 至 40 岁）是创造力发挥的最适宜年龄。但并不意味着这是创造力辉煌的唯一时期，高水平的创造力在任何年龄段都有可能产生。

3）创造的最佳年龄区对创造力开发与培养的启示

创造的最佳年龄区给学生创造力开发与培养提供了如下启示：第一，从小学到大学的学校教育是人才打基础的关键期，在这一时期，虽不乏崭露头角者，但主要还处于学习、积累的过程。这一过程完成得好，就能顺利地进入创造成功的最佳年龄区。第二，要重视人才的继续教育，尤其是高级进修教育。一般来说，在 40 岁左右安排访学、交流和研究性高级进修，对于人才保持和延长创造成功的最佳年龄区是有益的。第三，为人才的成功和得到承认创造良好的社会教育环境是至关重要的。由于人才创造成功的年龄区比较低，有的甚至更早，例如：牛顿创立微积分，23 岁；柏金发明苯胺染料，18 岁；爱因斯坦发表相对论学说，26 岁；伽利略发现钟摆原理，17 岁等等，对于十几岁、二十几岁的年轻人来说，其成就容易遭人忽视、冷落、甚至压抑，因此，必须创造一个良好的社会教育环境，鼓励和支持年轻人才脱颖而出，对其成就及时给予承认和激励，使其能够顺利地健康地进入创造成功的最佳时期，创造出应有的优秀成果。

8.3 创造性人才的共同人格特征

8.3.1 人格的概念

在心理学中，人格是指一个人的稳定的心理特征和行为倾向，它揭示了人的个体差异和行为的一致性。行为的一致性有两种形式：跨环境的和跨时间的一致性。跨环境的行为一致性主要指人的典型行为不会随环境的不同而不同；跨时间的行为一致性主要是指人的典型行为不会随时间不同而不同。

在西方心理学中普遍采用“人格”一词说明人的个体差异，在前苏联与我国心理学界有时用“个性”一词说明个体差异。其实，“个性”与“人格”所指的内涵是一致的。本书中大部分场合采用“人格”一词。个别地方提到“个性”，但所指对象和内涵是没有区别的，特此向读者说明。

个性是人的心理特征和品质的总和，这些特征和品质决定着人的行为方式。当一个人个性趋向稳定的时候，其表现出的行为也是类似的。

下列个性特质对创造性起促进作用：

- 勇气
- 好奇心
- 坦白
- 创新
- 即兴创造的兴趣
- 学习的愿望

- 争取利益
- 渴望独立，向往自由

下列个性特质对创造性起阻止作用：

- 害怕
- 骄傲自大、自负
- 安全感
- 依赖感
- 轻信
- 自我贬低
- 缺乏耐心
- 不能容忍的

8.3.2 创造性人才的共同特征

吉尔福特（J. P. Guilford）1959 年对创造性个体的人格特征进行了深入的研究，结果表明有创造性的人有以下几个特征：(1)有高度的自觉性和独立性，不肯雷同；(2)有旺盛的求知欲；(3)有强烈的好奇心，对事物的机理有深究的动机；(4)知识面广，善于观察；(5)工作中讲求条理性、准确性与严格性；(6)有丰富的想象力、敏锐的直觉、喜好抽象思维，对智力活动与游戏有广泛兴趣；(7)富有幽默感，表现出卓越的文艺天赋；(8)意志品质出众，能排除外界干扰，长时间地专注于某个感兴趣的问题之中。他认为才能中的创造性是最重要的因素，其他因素有：需要方面的认知需求、兴趣方面的趋向、态度方面的坚持性等，各种因素之间有机联系，互相作用促成了真正的创造行为。

美国心理学家戴维斯（G. Davis）于 1980 年在第 22 届国际心理学大会上将创造性非智力人格特征概括为以下 10 个方面：

- 独立性强
- 自信心强
- 敢于冒风险
- 具有好奇心
- 有理想抱负
- 不轻听他人意见
- 易于被复杂奇怪的事物所吸引
- 具有艺术上的审美观
- 富有幽默感
- 兴趣爱好既广泛又专一

综合各家研究结果，以下 8 个方面应为各类创造性人格的共同特征：（1）求知欲强，喜欢接受各种新事物；（2）想象力丰富，富于幻想；（3）好孤独，全身心投入所从事的事业中；（4）对未知东西有强烈的好奇心，敢于探索，渴求发现，不满足于已有的结论；（5）坚忍不拔，执着追求，深深理解自己行为的价值；（6）独立自信，不从众，不轻易相信别人的看法；（7）自制力强，能克服困难达到成功的目的，并在此过程中体验到快乐；（8）反叛，不顺从。

8.3.3 不同领域创造性人才的人格特征

1）自然科学家与科技领域创新人才的人格特征

据巴伦（F. Barron）1968 年的测验，最富有创造力的自然科学家具有以下非智力人格特征：

- 高度的自我坚持力及情绪稳定性
- 对独立和自治有强烈需要
- 对冲动有高度控制能力
- 具有超越的能力
- 喜欢抽象的思考，并有求知与赞美的欲望
- 具有高度的自我控制能力
- 在思考上拒绝群众压力（虽然在社会行为上并不一定如此）
- 在人与人的关系上距离较远，态度较超然，但又不是没有感应力与洞察力，喜欢处理物质与抽象问题，不喜欢与人交往
- 只要是在个人力量所能决定成败的范围内，很喜欢以自己向未来下赌注
- 喜欢有秩序、条理和准确性，但同时也接受由矛盾、例外和无秩序所产生的挑战

一些科学家在某个方面是惊人的相似：他们的认识方式和感受方式。他们都趋向于新的、不熟悉的事物，或者以新方式来对旧材料加以重新组织，并且承认他们渴望进行这种重新组织。

我国有学者的研究发现，中国科技领域的创造者的人格特点在以下十个方面异于一般的科技工作者：（1）低乐群性，（2）高稳定性，（3）低兴奋性，（4）高有恒性，（5）低情绪性，（6）低妄想性，（7）低忧虑性，（8）高实验性，（9）高独立性，（10）高自律性。

综合国内外学者的研究可以看出，人格因素在创造力的发挥上起着举足轻重甚至是决定性的作用。勤奋、独立、坚持、自信是取得高创造性科技成就的人员的共同特征。

2）社会科学家的人格特征

据马斯洛（A. H. Maslow）对社会科学家的研究，最富有创造力的社会科学家具有以下非智力人格特征：

- 能比较有效地观察现实，能很好地处理与现实的关系。就整体而言，他们对隐晦的或杂乱的事物的观察力相当敏锐，他们的预测力也比较客观而正确。
- 善于接纳自己、他人和自然。能接受自己的缺点与优点。他们无须对自己的行为感到羞耻、罪恶与焦虑。因此，他们不必将精力用在自我防卫上。

• 他们的行为具有自发性，没有丝毫的矫揉造作，只是随机而生。

• 以问题为中心而非以自我为中心。他们通常都有一个人生的目标，有忘我的工作精神。

• 能超然物外，能做到不受他人打扰。因此他们始终能保证充分的睡眠和集中精力忘我地工作。

• 自立自主，比较不受文化与环境的影响。他们不满足于现实，也不因外界的种种打击与挫折而感到懊丧。

• 能不断地体验到新鲜的滋味。他们对生活始终感到新奇、愉快与美好。

• 有洞察玄奥的经验（the mystic feeling）以及物我两忘的感觉（the oceanic feeling）。

• 富有同情心和济世救人的社会兴趣。

• 具有很深厚的人际关系。他们的交往范围虽然很狭窄，但对于少数的朋友有很深厚的交情。

• 具有民主的作风，对各种各样的人，不分教育程度、肤色人种和贫富，均一视同仁。

• 清楚地区分方法与目的之间的差别，方法总是以目的为依据的。

• 具有非敌意性但又富于哲理性幽默。换言之，幽默而不尖酸刻薄。

3）艺术创造人才的人格特征

弗雷斯特（G. J. Feist）认为，在探求艺术创造性人才的人格特征之前，有必要说明怎样界定艺术家和把艺术家与哪些人进行比较这两个问题。他认为艺术家不仅包括创作视觉作品的艺术家（画家、雕刻家、电影摄影家、摄像师、建筑师），也包括文字创作家（作家、诗人）和表演艺术家（音乐家、歌唱家、演员）。在此基础上，他总结出艺术领域的创造性人才具有下面这些人格特征。

（1）非社会性方面的人格特征

• 经验开放、富于想象

对电影摄影师的研究发现，他们非常愿意选择新经验，具有经验的开放性。创造性艺术家（画家、诗人、作家和电影导演）与他们同龄的人相比，更具有审美倾向、审美想象力和对美的直觉。这些发现证实：艺术家比非艺术家在经验上更开放，更容易接受幻想、想象。

• 易冲动、少理智

这一点与艺术家的难以控制的、不愿服从的气质有紧密联系。他们似乎都很冲动、缺乏理智。艺术类学生在自我控制上大都得分非常低。艺术家比和他们同龄的没有创造性的人相比，明显更冲动，更缺乏理智。

• 情绪感受性高

多项相关研究一致发现艺术家的创造性和艺术情感病之间有密切联系。各种形式的心理变态（药品滥用、焦虑症、自杀倾向等）在艺术职业中比在其他职业中更常见。极端的情感错乱与艺术领域的创造性联系更紧密，作家比自控力强的人更容易出现情感错乱。

艺术家的另一个典型的特征是情感上容易受伤害，敏感，易表露出狂躁情绪。研究表明艺术家比非艺术家情感更丰富、更敏感，他们的情绪感受性更高。

• 有内驱力和有抱负

专业艺术家与非艺术家相比，前者有更高水平的成就需要。青年舞蹈家比其他青年群体有更高的成就取向和成就驱动力。

（2）社会性方面的人格特征

• 对准则的怀疑性、不遵从

艺术创造人才也有一些与艺术创造性相关的社会取向的人格特征，其中一个就是具有反叛精神，即不遵从。艺术家可能比其他社会成员更易提出问题，更喜欢反叛已有准则。比如，霍尔和麦克金农（W. B. Hall & D. W. MacKinnon）1969 年曾做过一个有名的实验，他将美国建筑工程师按照各自情况分为三组。第一组是 41 名美国最著名的建筑工程师；第二组是 43 名与第一组年龄相当、但在工作上是第一组的助手的工程师；第三组是 41 名年龄相当，但在工作上表现很一般的建筑师。他用测量、专家观察、写自传等方法，对他们的创造性人格进行研究。他发现大多数有创造性的建筑师的人格是矛盾的、冲动的、不服从的、怀疑准则的、多疑的、独立的、不关心责任和义务的。

• 冷漠

艺术家具有一些与艺术创造性相关的反社会人格特质。作家、创造视觉效果的艺术家、科幻小说家在“热情”这一因素上的得分都低于一般人。另外，在侵略性、冷漠、反社会、自我中心、固执上艺术家比非艺术家的得分高。

• 内向

艺术家大都相当内向。实际上，独处和远离他人对创造性行为的产生是必要的。只有那些愿意长时间独处的人，才能把必要的大量时间花在思考和创造上。然而，一些研究也表明，创造性艺术家有高水平的外向性，但这只局限于表演艺术家，如演员、歌手等。专业演员与非专业演员相比，前者更外向、社会性高、不羞怯。

总的来说，创造性艺术家的人格特质是想象力丰富、易接受新思想、神经质、情感性强，但社会性低（甚至是反社会）。

4）作家的人格特征

据巴伦（F. Barron）1957 年对作家（美国最著名的 56 位职业作家）进行的全面观察、测验、面谈，发现杰出的作家有以下非智力人格特征：

• 真诚地推崇智慧与认识活动

• 尊重自己的独立自主

• 异常灵敏，可以很巧妙地表达观念

• 作品丰硕，可以将事情完成

• 对哲学问题很感兴趣（如宗教和生命的意义等）

• 自我期望很高

• 兴趣广泛

• 具有超俗思想，并有异常的思考与联合观念的能力

• 是一个非常有趣而引人注意的人物

- 与人交往直率而坦白
- 行为合乎伦理及个人标准

5）建筑师的人格特征

据心理学家对美国杰出建筑师的测验，最富有创造力的建筑师具有以下非智力人格特征：

- 审美性
- 自我期望高
- 强调自己的独立与自治
- 多产，可以将事情完成
- 真诚地推崇智慧及认识活动
- 有意无意地关心自己的妥当性
- 非常可靠和负责任
- 兴趣广泛
- 行为一向合乎伦理和个人标准
- 在社交场合能从容大方，泰然自若
- 爱好感官经验
- 具有批评性、怀疑性，很难给予好印象
- 与人交往表现直率而坦白
- 谈锋甚健。

6）教师的人格特征

人们对普林斯顿创造力测试中心的测试量表进行总结，认为创造力强的教师具有如下非智力人格特征：

- 有见识，能从差生中发现具有创造才能的学生，在“教鞭”下发现瓦特、牛顿、爱迪生并给予悉心指导。
- 有献身精神，创造活动的目标方向异常强烈、鲜明，喜欢“自找麻烦”，即使失败也处之泰然，勇往直前。
- 有敏锐的观察力和分析能力，见微知著，富有预见性，能想象和正确推断出学生的发展趋势和未来的成就。
- 有独立性，不囿于教学的清规戒律，敢于打破传统的“框框”和“程式”，喜欢搞试验，乐于“标新立异，自圆其说”。
- 在人际关系方面，耿直、坦率，不拘小节、虽诙谐、幽默，但有时不那么惹人喜欢。

8.4 创造性人格的开发与培育

创造性人格的开发与培育主要包括勇敢和冒险的精神、独立性、自信心、顽强的创新意志、面对挫折的乐观态度、旺盛的求知欲和好奇心等几个方面。

8.4.1 勇敢和冒险精神的开发与培育

勇敢和冒险的精神是创新个性中最重要的特点。马克思、恩格斯曾经说过，在科学的道路上是没有平坦的道路，只有不畏艰险勇于攀登的人才能达到光辉的顶点。确实，创新是在未知中探索，不可能一帆风顺，经常会遇到各种障碍和众多的困难，成功总是属于那些备尝艰辛又异常勇敢的人们，只有勇敢和冒险的人才能作出创新。

在欧洲的北爱尔兰，有一座名叫阿尔斯塔的城市，该城市的市徽竟然是一只血淋淋的手。原来在 1015 年，有一个名叫奥尼尔的英雄同一个海盗首领争夺北爱尔兰的领土，出发之前，双方约定：谁先用手摸到那儿的土地，谁就将是那块土地的主人。于是，两支船队同时出发，全速前进。在快到终点时，奥尼尔的船队稍稍落后。看着对方的船队快要靠岸，奥尼尔急中生智，突然做出了一个令人瞠目结舌的行动：只见他抽出佩剑，用力砍下了自己的右手，再用左手捡起，将砍下来的右手向岸上扔去。结果奥尼尔的断手比对方早一刻触摸到了北爱尔兰的土地。

奥尼尔凭着自己的勇敢和冒险精神，成为了阿尔斯塔的第一位首领。同样，在科学研究中也需要奥尼尔的这种勇敢和冒险的精神。一部科学史表明，没有勇敢和冒险精神，就不可能有科学的发展。比如被誉为“解剖学之父”的比利时医生维萨里（A. Vesalius）冒着被杀头的危险，多次偷尸解剖，仔细研究人体的各部分构造，终于写成了《人体的构造》一书，成为世界上第一个正确描写人体结构的专家；著名科学家富兰克林（B. Franklin）冒着雷击的危险，在雷电交加的情况下，利用风筝做了一次接引“天电”试验，从而揭开了雷电之谜；“炸药大王”诺贝尔为了研究炸药，几名助手和弟弟被炸死，自己也几次死里逃生，可他不畏艰险，继续研究，最终发明了炸药；发明狂犬病疫苗的巴斯特（L. Pasteur）为了研制狂犬病疫苗，不顾生命危险，用吸管从疯狗嘴中抽取唾液，经过千辛万苦，多次与死神擦肩而过，终于发明了预防狂犬病的疫苗……

上述这些事实无可辩驳地说明，在创新过程中，没有勇敢和冒险精神是永远不可能成才的。然而一个人的勇敢和冒险精神并非与生俱来，需要后天培养。

8.4.2 自信心的开发与培育

自信心是指在对自己做出正确估价的基础上，对事业充满信心，是一个人的气魄、胆识、求胜的信念。自信心是创新的立脚点，没有坚定的自信心，创新思维能力再强，也很难做出创新。

日本的小泽征尔是世界著名的音乐指挥家。在他成名前，有一次去欧洲参加音乐指挥家大赛，决赛前，他被安排在最后一位。小泽征尔拿到评委交给的乐谱后，稍作准备，便开始全神贯注地指挥起来。

忽然，他发现乐曲中有一点不和谐。开始他以为是演奏错了，就让乐队停下来重新演奏，但仍觉得不和谐。

于是，小泽征尔认为乐谱有问题，可是在场的作曲家和评委会的权威们却郑重声明，乐谱不会有问题，是他的错觉。

面对几百名国际音乐界的权威人士，小泽征尔也对自己的判断产生了犹豫，但他考虑再三，坚信自己的判断是正确的。于是，他斩钉截铁地说：乐谱肯定错了。他的声音刚落，评委席上的评委们立即站起来，向他报以热烈的掌声，祝贺他大赛夺魁。

原来这是评委们精心设计的一个圈套，以试探指挥家们在发现错误而权威人士又不承认的情况下，是否能坚持自己的正确判断，因为只有具备这种素质的人，才真正称得上是世界一流的音乐指挥家。而小泽征尔正是凭着自己的自信心，获得了这次世界音乐指挥家大赛的桂冠。

总之，凡在事业上有所成就的人，都是有着坚定的自信心的。高尔基说："只有满怀自信的人，才能在任何地方都把自信沉浸在生活中，并实现自己的意志。"自信能催人奋进，自信心是成功者的力量源泉，只有当人们对他所从事的事业充满信心时，才会采取相应的积极态度去争取，从而做出创新。

8.4.3 独立性的开发与培育

创新个性的独立性是指创新活动中不盲从、不随俗、不受旧的习惯势力的限制和约束，不屈从外界压力而能坚持自己的见解。

由于创新活动本身要求的是新颖性和独特性，要求创新成果与众不同和前所未有，因此独立性是进行创新活动必不可少的、宝贵的个性品质，创新者必须具有独立性和自主精神，在产生一个有意义的设想后，不应该受环境和他人意见的左右，也不应该受传统观念的影响。

比如在现实生活中，人们对老鼠总是深恶痛绝的，因为它传播疾病，偷吃粮食，可美国画家迪士尼却运用自己的独特思维通过艺术加工，创立了有史以来最伟大的动物卡通形象——米老鼠；俄国著名化学家门捷列夫研究元素周期律时，被人说成"痴人说梦"，可门捷列夫不为所动，仍坚持研究，最终取得了成功。

1975 年，比尔·盖茨还是哈佛大学法律系二年级学生时，便认识到个人计算机体积小、价格低，可以进入家庭，因而有可能引起一场深刻的革命。比尔·盖茨的这个想法是与当时计算机界的主导思想背道而驰的。当时统治计算机王国的是 IBM 公司，他们的看法是微型的个人电脑不过是小玩意，只能玩玩游戏，简单应用，不能登大雅之堂，领导计算机发展潮流的只能靠大型机、巨大型机。而比尔·盖茨不为所动，毅然从哈佛大学中途退学，创办了自己的公司"Microsoft"，这就是现在举世闻名的"微软"。

8.4.4 顽强的创新意志的开发与培育

心理学认为，意志是意识的自动调节，是人们自觉地确定目标，并根据目标调节和支配自己的行动，进而克服困难，实现目标的心理过程。因此，创新意志就是指人们自觉地以创新为目标，并根据这一目标来调节和支配自己的行动，进而克服困难，做出创新的心理过程。法国文学家巴尔扎克曾说过，天才只是成功的一半，另一半则是顽强的意志。发明家爱迪生也曾说过，伟大人物最明显的标志就是他们有坚强的意志。确实，创新型人才最显著的标志之一，就是他们拥有常人难以想象的顽强意志。没有坚强的创新意志，艰巨的创新活动将难以取得成功。比如，文王拘而演《周易》；屈原放逐乃赋《离骚》；饱受宫刑之辱的司马迁完成了传世之作《史记》；贝多芬耳聋却谱出不朽的乐章；英国科学家史蒂芬•霍金全身瘫痪，浑身上下只有右手的三个指头能动，却做出了举世瞩目的伟大成就，被誉为当今世界继爱因斯坦以来的最杰出的理论物理学家；著名演说家德蒙西尼小时候患了口吃病，可他却想成为一个演说家，为了纠正口吃，他经常将小石子含在嘴里发音，他还经常面向大海，耳听澎湃的海涛声，以使自己习惯于嘈杂声音的干扰，就这样，德蒙西尼凭着他的顽强的意志，克服了重重困难，最后终于实现了自己的理想，成为著名的演说家……

可见，人人都渴望成功，人人都想得到成功的秘诀，然而成功并非唾手可得。我们常常忘记，即使是最简单、最容易的事，如果没有顽强的意志坚持下去，成功的大门绝不会轻易地开启。只有勇敢无畏的奋勇攀登者才能达到光辉的顶点。确实，创新是在未知领域探索，不可能一帆风顺，经常会遇到各种障碍和众多的困难，在这种情况下，创新意志所起的作用就显得特别重要了。

8.4.5 面对挫折的乐观态度的开发与培育

创新者在遇到挫折时，必须注意调整心态，笑对失败。比如，爱因斯坦在提出相对论后，曾有100个教授联合写了一本书，谴责他的相对论，爱因斯坦对此却不加理睬，继续自己的研究，他说：“如果我真的错了，那么一个教授就足够了。”美国通用汽车公司经理到实验室后，有一个工作人员精神十分沮丧地求见，原来他为了解决一个问题做了 1 000 次试验，结果都失败了。这个经理告诉他：“不要把这些试验看成失败，实际上你的进展很了不起，你已经发现 1 000 种方法是不能用的。”同样，爱迪生研制白炽灯时，有人问他：“你失败了那么多次，有何感受？”爱迪生说：“我没有失败，我至少已经证明了好多种物质不能用作灯丝。”

1914 年 12 月，爱迪生的实验室在一场大火中化为灰烬，损失超过 200 万美元，但事前却只上了 23.8 万美元的保险。

火势最旺的时候，爱迪生 4 岁的儿子查里斯在浓烟和废墟中发疯似的寻找他父亲。他最终找到了：只见爱迪生平静地看着火势，他的白发在寒风中飘动着。

“我真为他难过。”查里斯后来写道：“他都 67 岁，可眼下这一切都付诸东流了。他看到我就嚷道：“查里斯，你母亲去哪儿了，快去把她找来，她这辈子恐怕再也看不着这样的场面了。”

第二天早上，爱迪生看着一片废墟说道："灾难自有它的价值。我们以前所有的谬误过失都给大火烧了个一干二净，感谢上帝，这下我们又可以从头再来了。"

火灾刚过去三个星期，爱迪生就着手推出他的第一部留声机。

总之，就创新的历程来说，挫折是成功密不可分的挚友。丘吉尔说得好："成功，就是以不息的热情，从失败走向成功。"创新学的奠基者奥斯本也说："好的设想的夭折率很惊人，一个新的设想在开始时不遇失败，这种情况是十分罕见的。"所以每一位立志创新的人都应该笑对挫折，保持乐观的心态。否则就会失去斗志，走向失败。

8.4.6 旺盛的求知欲和好奇心的开发与培育

求知欲是对学习、了解、掌握新知识的渴望，也包含探索未知的欲望。在现实生活中，当一个人发现自己与他人的知识经验，已知的信息与未知的信息之间差距过大或未知的东西正是自己的兴趣所在时，便会在内心产生一种心理上的失调。因而，也就形成了要尽快地消除这种不平衡状态的需求，从而萌发迅速行动，采取某种适当的方法重新获得平衡的愿望，这就是求知欲。一个人没有旺盛的求知欲，就会意识不到自己知识结构的缺陷和水平的不足，容易自满自足，从而也就谈不上创新。

好奇心是人们由于力争弥补已有知识与未知领域的差距而产生的一种心理，是对不了解事物所产生的一种新奇感和兴奋感。好奇心往往表现为对新奇事物的一种注意力，为弄清它们的原因，而提出为什么。好奇心是求知欲的具体表现，一般来说，好奇心愈旺盛，渴求获得知识的心情就愈迫切。

旺盛的求知欲和好奇心在人们创新的过程中具有重要的推动作用，是一个人取得成功的先决条件，那些伟大的科学家、发明家往往都有着强烈的求知欲和好奇心。比如巴甫洛夫对狗流的唾液感到好奇，经过潜心研究，发现了条件反射的秘密；牛顿对苹果落地却不往天上飞的现象感到疑惑，引起了"万有引力定律"的诞生；瓦特对水沸腾时壶盖跳动的现象很好奇，经进一步研究，发现蒸汽是有能量的，从而发明了蒸汽机；爱因斯坦对时间和空间的问题十分好奇，从而导致了相对论的创立……

著名科学家齐奥尔科夫斯基小时候，就显露出了极强的求知欲和好奇心，对于任何事情总要刨根问底。8 岁时，他母亲送给他一个氢气球，这个能在空中自由飘动的小玩意，引起了他极大的兴趣。他想：为什么不能乘坐气球去航行呢？可是到了 10 岁时，他因患了猩红热引起并发症，完全失去了听觉。在这种情况下，他仍以旺盛的求知欲和好奇心在科学道路上攀登，他整天在苏联最大的图书馆自学，刻苦攻读。他想：能否制造一个永远悬在天空中的金属气球呢？能否发明一种航行飞行器呢？能否利用地球旋转的能量呢？

可以说，连中学都未读过的齐奥尔科夫斯基之所以能成为"火箭之父"与他的这种旺盛的求知欲和好奇心是分不开的。

8.5 创新型人才的性格特征及其培育

性格是个人对现实的态度和行为方式中那些稳定的心理特征的总和。人在与外界环境的长期互动中，逐渐形成性格，而且在生活经验中一经巩固就成为个体的习惯性行为方式。

我们不可否认，大凡创造者都具有独特的性格特征。过去有许多心理学家曾经研究各类创造人物的性格特征，这里所谓的性格特征，其实就是一组行为的归类。我们必须通过一个人的一组经常发生的类似行为来判断该人的性格特征。

创造性解决问题包括提出和弄清问题，生成和选择思路，执行计划，回顾反馈等过程，每一过程都需要一组共同与特殊的行为来完成特定的任务。心理学家研究发现高创造力者的性格特征有：开放性、独立性、怀疑性、严谨、果断自信、坚韧不拔等。

虽然创造性活动是许多复杂多样的活动的组合，同时不同类型的创造性活动差别已很大，但是，具有前述这些性格特征的人往往会表现出更高的创造力，其成就也更大。

不要认为这些性格特点你无法具备，我们每个人实际上都具备这些性格特点的基础，只要注意自我培养，性格是可以逐渐完善和健全的。

美国著名心理学家威廉•詹姆斯（W. James）曾说过："你播种行为就会收获习惯；你播种习惯就会收获性格；你播种性格就会收获命运"。可见性格是完全可以通过行为进行自我塑造的，江山易改，性格可塑！

为把自己塑造成开拓型的、锐意进取的创意人才，除了要明白管理创新和变革的重大意义外，下列特质是缺一不可的，它们是具有创新和变革意识的人应具有的。

好奇心：好奇心和疑问感决定创造力的大小。对待任何事物都应持一种有兴趣、期待以及敏感的态度。而且，越是不容易弄清的问题，兴趣越浓，寻根问底的好奇心越盛。科学史上有很多重大的进展不是由问题解决者促成，而是由问题的寻求者促成的，后者具有追问精神，能在别人视为平常中发现问题，能"在平常中看出异常"。有人问爱因斯坦，他那些最重要的科学概念是怎样产生的，他回答说是由于他"不理解最明显的东西"。他那深邃的好奇心能在别人（包括现代一些最杰出的科学家）不觉得是问题的事情上看出重要问题。

好奇心往往伴随着探索性。探索性是一种扩大未知领域、发现自身智能弱项、极力实现探索新知、大力拓展智慧视野的特性，同探索、发现、挑战以及成就感并行或关系密切。探索性指向未来，它是发展创新智慧的起点，又是贯穿于创新活动的第一驱动力。

敏感性：一个具有创新能力的人，会不知疲倦地工作，总是在寻找工作中的差距和问题，而且对此类问题有着独特的敏感性，思维细腻而清晰。吉列的灵感就来自吉列特本人的敏感。

吉列（GILLTTE）是一家生产经营剃刀的企业，总部设在美国波士顿。谁也没想到，生产一把剃力，营业额却十分巨大，以 2003 年为例，其销售额达 54 亿美元，纯利润 2.9 亿美元，拥有资产 51 亿美元，排在美国最大的 500 家工业公司的第 99 位。谁也没想到，这家公司的创立和发展，是从突然的灵感而产生的。吉列剃刀公司创始人吉列特人生并不顺利，他一直奋斗到 36 岁仍是一家瓶塞公司的推销员，虽然从小就决心要搞创造发明，自己开拓一番事业，但总是摸不着头绪，常为此苦闷不堪。

一天早上，吉列特为了赶着上班，急急拿起剃刀刮胡子，因剃刀钝了，再加上他心急，把脸也刮破了，而且伤得不轻。一气之下，他把剃刀摔在地上。这一天，他反复想起剃刀的事："剃刀老会刮破脸，特别在时间仓促时使用就更糟糕了！为什么没有一种刮不破脸的剃刀呢？"他想着想着，又联想到他的老板讲的："好的商品无非是能满足人们的需要！"吉列特想到这里，灵感来了，他想，如果能研制出一种不会刮破脸的安全剃刀，那肯定会受男士们欢迎，这样的产品一定有前途。于是他反复研究，阅读许多书籍，对钢材金属也进行了研究分析，并设计了许多图样，反复试制和改进，终于成功研制了新型的刮胡刀。

自信力：敢于承担风险，善于捕捉时机，不怕受到挫折；绝不气馁，不为舆论所左右；不相信"山穷水尽"，坚信"柳暗花明"；信念是：失败之后，紧接着便是成功，自信是成功的保证。

一个人如果对自己从事的事业充满信心，那么成功的信息就会传入他的脑海，使他处于一种积极亢奋的心境之中。在这种情况下，一种强大的精神力量就会自然而生，人的潜能也会得到充分发挥，此时一切克服不了的困难，摆脱不了的困境，都不再是不可逾越的障碍，甚至还可以创造奇迹。

挪威探险家阿门得森就是一个有积极信念的人，为了实现极地探险的愿望，提高在极地恶劣环境中活动和生存的能力，他从 15 岁起便如饥似渴地阅读与极地有关的书籍资料；他还在天寒地冻的冬季开窗睡觉，经常跑到山里去锻炼筋骨，以磨炼自己坚强的意志。在极地探险中，战胜了一个又一个常人难以想象的困难。1898 年，他在指挥被困于南极的"贝尔吉卡"号摆脱冰雪封船、没有干粮和冬衣的困境中，经受了种种磨难。他组织船员捕捉海豹和企鹅充饥，用毯子缝制冬衣御寒，用挖、砍和爆破的方法在冰原上开凿通向海面的水道，经过长达 13 个月的艰苦奋斗，终于迫使被困的 "贝尔吉卡"号探险船摆脱了险境。1911 年，他和他的探险队再次向极地进军，经过 99 天的艰苦卓绝，第一个踏上了南极。

正如著名成功学家拿破仑 • 希尔（N. Hill）所说，成功的必要条件不在于要具备多么好的经济基础和超群的天赋，而是一份绝对的自信。只有充分的自信才能使自己倾力而出，创造奇迹，获取成功，并进入一个良性循环的轨道。

独创性：也可称独立性，指不安于现状，不屈服于习惯势力，不囿于陈规旧俗。信奉 "领先一步"就能把握住发展机遇，对未来充满信心；判断事物，不人云亦云，常常力排众议，容易抓住事物的本质、问题的核心，使得错综复杂的问题能迎刃而解。

独立性是指独一无二而非鹤立鸡群，独立思考而非蔑视舆论，独立行动而非排斥群体意识，独闯新途而非拒绝继承往昔一切可以或值得继承的事物及因素。独立性也是展示个性的前提，是人生独领异趣的前导。独立性，是奇才的温床。

灵活性：灵活性包括适应性、弹性。是人生历程中一刻都不可忽视的战略谋局、战术应变能力的人格化。灵活而不失主见、创见，适应而不失本色、自尊，富于弹性而不失韧性、刚性，是灵活性的人格特性，在此基础上以适度的宽容、谅解、通融、回避、礼让、放弃为其表现方式。它要求灵活性的人有着较强的记忆力，能够经常把一些以往的经验，作新的排列、组合、筛选，使之互相渗透，互相交叉，互相影响，从而产生新的构思，新的观念。

灵活性在创新智慧的发展中类似于调节智慧杠杆支点的能力，它所产生的微妙效应及显著收益往往是其他品格所难以取代的。

自控性：是在理解、适应人的生态环境、伦理环境的基础上所产生的自我协调以及与环境协调的能力，主要表现为保持情绪稳定和完善情感理性、运筹情思起伏和维护生存热情的能力。自控，是求主客观高度和谐的一种自觉，是求最佳生存态势的一种自调。自控也是精神健全的主要指标之一，是创新人格健全发展的重要基础。

冲动性：是指创意思考和创造活动所引发的激情状态，同心理学上所谈的那种由于强烈刺激而引起的失控心理状态不同，它非但不会造成思维受阻以至情态畸变的后果，还会促进灵感飞动、创意喷涌的高度创造活力。这种冲动性，也可以叫作“智慧的冲动”。

耐久性：是持续地投入创新活动的人格特征。表现为注重有价值的创新活力的保持，指望与成果相关的挫折耐性的锻炼，关心富于效率的生命姿态的维护，以及关注把握瞬时收获的心理状态的一贯性。顽强、执着、勤奋、热情、坚韧、拼搏，以及充满着理性色彩的固执、审美色彩的倔强，均为刚毅性人格特征的表现形式。

下面是培育创造性格的几点策略。

1）培养开放性

英语中有一个“open mind”的说法，意思是“开放的心”。开放性是创造者必备的人格特征。开放性是乐于接受新颖观念，而不是故步自封的态度，是一种求变的思维方式。

（1）养成刻意去另想主意的习惯

遇到一个问题无法用已知方法解决时问问自己：有什么别的方法？换个主意如何？别人有没有什么好的意见？

（2）培养立意创新的习惯

一个问题即使能够得到解决，这时，不要忘记再问问自己，有没有其他更好的方法？有没有一种新颖别致的解决办法？换了别人这个问题会怎样解决？

（3）养成多角度观察和评价事物的习惯

遇到问题时，我们脑子里所闪出的第一个主意往往是最熟悉、最通俗、最合乎逻辑或最受以前经验影响的主意。当一个很想买一个照相机的人看到大减价的广告后，便想去买等待已久的名牌相机。他当时的主意便受到广告的影响。他没有想到以下几个问题：是否别家商店的同类相机更便宜？是否有别的名牌更质优价廉？是否将有新功能的产品问世？是否可以不买？

2）重视独立性

大凡具有高度创造力的名人，如爱因斯坦、牛顿、达•芬奇、弗洛伊德等，都是非常具有独立性格特征的人，有的甚至给人以孤僻的印象。他们中很少有从众的性格，虽然他们也遵守社会规范，但他们在创造性工作中表现出来的拒绝从众的思维态度和独立解决问题的能力却令人们印象深刻。

由于创造性格活动是求新，求变的思维活动为基础，对人的独立性相应要求较高。下面是培养独立性的一些策略。

（1）克制从众心理

在团体讨论中克制自己的从众心理。问一问自己：与大家不一致的意见的主意中，有没有更好地解决问题的办法？我是不是一定要同意大家的意见？我反对的理由是什么？

（2）敢于面对权威

在面对权威的时候，不要放弃自己独立思考的能力。问问自己，我是否完全理解了权威理论？这个权威理论的好处和坏处各是什么？我能不能改进这个理论？我干脆放弃它另辟蹊径？

（3）不要轻易放弃

一旦选定自己认为有价值的工作后，不要因为外界的压力轻易放弃。全身心专注于自己的工作，相信自己的工作虽一时不被人理解，但迟早会展示出自己工作的价值。

1924 年，英国细菌学家弗莱明（A. Fleming）在研究各种葡萄球菌变种时，突然发现培养皿边沿生长一堆奇特的霉菌，同时又发现霉菌周围的葡萄球菌已经死亡。这两个现象在 50 年前就曾被日本科学家古在由真发现过，但他认同了当时常规的思路，把它看作是污染霉菌的迅速繁衍消耗了培养皿中的养分，使周围的葡萄球菌失去生存的营养条件而死亡。弗莱明没有从众，独立进行了深入思索和研究，设想出另一种可能性，即这种奇特的霉菌也许具有吞噬葡萄球菌的本领，经过反复实验终于证实了这一新的设想。

独立性性格特征使弗莱明成为承载人类光辉创造史册的科学家。

培养自己的独立性，你完全可以从今天开始！

3）保持严谨性

创造既需要异想天开的思维，又需要脚踏实地，不失严谨的作风。某些人认为天才与疯子在异想天开上没有区别，但天才却善于把自己异想天开的想法付诸实践，用辛勤的汗水创造出惊世杰作。

古人有“语不惊人死不休”的宏愿，严谨性就是一种深入探索，锲而不舍，努力创造的行为方式。在把思想转化为实际创造成果过程中，严谨性具有突出的重要作用，可以说，没有严谨性，任何创造活动都不会最终得以实现。

培养严谨性格与培养开放性格并不矛盾。

如果说开放性性格特征促进发散思维的发挥，那么严谨性性格特征就是收敛思维的温床。只有二者很好地结合起来，创造性成果才会最终产生。

下面是如何培养严谨性格的具体策略：

（1）力求完美

在选择思路，制定计划之后，就必须以追求完美的心态去执行计划，创造出自己满意的完美杰作。我国古代诗人贾岛有“两句三年得，一吟泪双流”的感慨，皮日休有“百炼成字，千炼成句”之说，足见精益求精、踏实严谨对创造者的重要性。

（2）训练耐心和毅力

有意寻找一些需要耐心和毅力才能完成的工作，如练习书法、练习某种乐器、徒步登山、长跑等，向自己的毅力和耐力极限挑战。

（3）寻找严师益友

寻找一位具有严谨作风的老师或朋友，经常与他一起工作，你会被他的严谨作风所感染，久而久之也会养成严谨的作风，所谓“近朱者赤”正是如此。

严谨性是创造性格的另一只翅膀，只有拥有它，你的创造活动才能展翅高飞！

◉ 思考与探索

1. 自然科学、科技人才的人格特征与社会科学、作家的人格有何差异？
2. 试述开发与培育创造性人才人格特征的有效途径。

第 9 章 创新技能培育及运用

本章概要：

- 组合发明法和类比发明法等创造技法的原理及应用
- KJ 发明法等具体方法的操作步骤
- 创新技能的培育以及在实践中的运用
- 创新技法对创新与开发创造力的意义

创新技法是人们根据创造原理解决发明创造问题的创意，是促使发明创造活动完成的具体方法和实施技巧，它是创造原理融会贯通以及具体运用的结果。

在科学技术近代史上，先后发生过三次技术革命。第一次是十八世纪七八十年代开始的以蒸汽为代表的技术革命，使手工业生产方式进入大规模的工业化生产方式。第二次是以发电机为代表的技术革命，电气化进程推动了钢铁、煤炭、化工等重工业体系的建立。第三次技术革命则以原子能、空间技术、微电子技术和电子计算机为代表的革命，它正在以新的姿态迎接着新的技术革命的到来。未来人工智能可能会带来第四次的技术革命。

第三次技术革命与前两次不同，如果说前两次技术革命是替代性的，以蒸汽机替代手工劳动，以电力替代蒸汽动力，那么，这次技术革命则有综合特点，把多种技术加以综合。综合已成为一种重要的创造途径。

日本的钢铁工业技术体系是相当先进的，他们先后引进了奥地利的氧气顶吹炼钢技术、西德的熔钢脱氧技术、法国的高炉吹重油技术、美国和苏联的高炉高温高压技术、瑞士的连续铸钢技术和美国的带钢轧制技术。他们把这些技术融合为一体，从而有效地提高了钢铁生产的产量和质量。下面介绍的各种技法，在创造实践中起了至关重要的作用。

9.1 创新技法——组合发明法

日本明治大学工学部教授川口寅之助在其所著的《发明学》一书中，将发明根据不同的机制，进行了分类，其中有一种方法叫组合法。

他认为科学和技术是两个不同的概念，技术在实质上是科学的应用。把各种各样的科学现象与实际操作结合起来就能产生新的技术。例如摩擦焊接法就是把摩擦这种物理现象与焊接这类现场技术相结合而形成的新技术。

用上述方法去思考，就产生了“组合法”，如图 9-1 所示。

该图的意思是，首先可在组合法图表中心圆里填写某种物理的或化学的现象，再在四周的小圆内写上现场技术或加工工艺，然后把中心圆内现象同四周的实际技术结合起来，一个一个加以探讨，看看哪些技术已被开发，哪些技术尚没有开发，哪些技术有可能被开发，已被开发的技术能否扩大应用范围。

图中，填写的实际操作的小圆数目越多越好。中心圆中可写现象，也可写具体事物。有时，现象与现象的组合也是可行的，例如索尼研究所研制成功的索尼二极管就是由磁阻效应（一种物理现象）和霍尔效应（另一种物理现象）组合而成的。

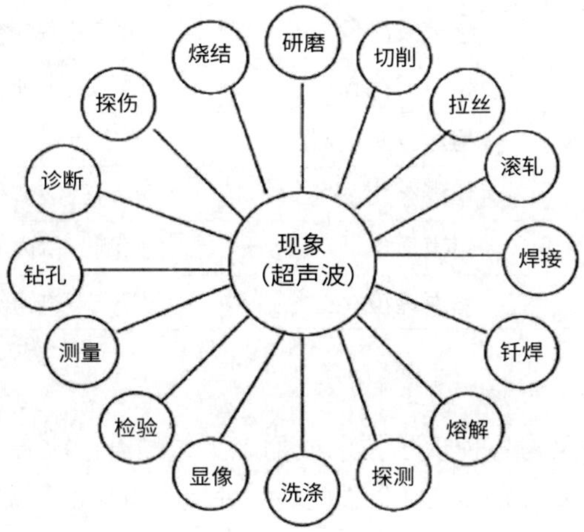

图 9–1 组合法示意

以图 9-1 为例，可组合出多种多样的超声波应用新技术（表 9-1）。

表 9–1 超声波应用新技术

超声波与某种技术、工艺相结合	产生新技术	应用价值
洗涤	超声波洗涤器	洗涤钟表零件等
探测	鱼群探测器	探测鱼群等
熔解	超声波熔解	实验阶段已成功，可熔合铝铅等合金
焊接	超声波钎焊	用于铝焊

（续表）

超声波与某种技术、工艺相结合	产生新技术	应用价值
焊接	超声波焊接	用于铅板熔接等方面，变形量小
滚轧	超声波滚轧	设想中的方法，有可能开发
拉丝	超声波拉丝	用于拉丝、线标尺寸正确
研磨	超声波研磨	设想中的方法，有可能开发
切削	超声波切削	有多种优点
探伤	超声波探伤	早已应用
诊断	超声诊断	用于诊断某些疾病
钻孔	超声波钻孔	宝石、玻璃、牙齿等钻孔
凝聚	超声波凝聚	使用悬浮于气、液体中微粒沉淀
测量	超声波测量	如测量海深等
检验	超声波检验	用于测定弹性模量等
测定	超声波测定器	测定流量、黏滞系数等
雾化	超声雾化	如将药液雾化以治疗疾病等
显象	超声显象	探测人体内脏切面图像
透镜	超声透镜	用作声透镜等

由上可见，把某种现象与各种现场技术或加工工艺结合起来一一加以考虑，有时就可以产生出新设想，创造新技术。所以，组合法也是一种较为有用的创造技法。

9.2 创新技法——专利发明法

专利发明法或叫专利分析法，是一种利用情报、专利的发明技法。

专利制度在世界范围内已被150多个国家和地区所采用，并建立了105个国家和地区专利局。发明创造所做出的技术知识，通过专利文献向世界各地传播。专利文献以其国际化、情报化的特点，反映了现代科学文化技术的发展水平。

因此，专利文献是创造发明的一个宝库，善于利用专利文献，是创造的重要源泉。

专利和期刊论文，所包括的技术范围广泛，可供多方面利用。通过查找专利文献，寻找创造发明的设想或目标，对创造活动有着重要的作用。拿电灯的发明为例，英国有个自学成材的业余科学家叫斯旺，早年曾在一药剂师手下当学徒，只是利用业余时间学科学。1845年他得到了一份斯塔尔关于电灯的专利，读后开始研究如何制造这种白炽灯，1860 年终于制造出世界上第一只碳化灯丝的灯泡，但实用价值不高。不久，爱迪生制成了有使用价值的白炽灯，但他却是在阅读了斯旺发表在美国《科学美国人》杂志上的文章得到启示后，才研制成功的。这种通过调查专利文献，选择发明目标，从中寻求启示，促使发明创造获得成功的例子是很多的。

还有一种是通过脉络调查的方法。通过对众多专利的研究，不仅可以找到很多成功发明的脉络，也可以找到许多失败的脉络；还可以找到潜在的、经过努力可望成功的技术脉络。通过对这些脉络的调查，可以进一步发现成功与失败的原因在哪里，是使现有专利实用化的关键之处。可见，研究发明的脉络是一种有效的发明方法。这种方法，可说是一种寻找现有专利的知识空隙的发明方法。它的具体步骤如下：

- 确定初始课题
- 专利文献调查
- 评价
- 找出专利文献的知识空隙（被别人忽略的现象，未引起人注意的问题，文献缺乏的新知识，等等）
- 增加新知识，补充研究
- 制订正式课题

卡尔森（C. Carlson）发明干印刷术就是成功地运用这种方法的一个实例。卡尔森于 1934 年到马洛利公司当专利律师，在任职期间，他看到复印文件需要花费大量而繁重的劳动，于是决定从事新复制方法的研究。最初做了几次均遭失败，由此他认识到：要解决问题就必须先对存在的问题做深入的调查。在以后的三四年时间里，他利用大部分的业余时间，去纽约国立图书馆查专利文献，最后发现以前确曾有许多人对复印技术做过研究，但都限于采用化学效应，均未想到利用光电效应。他根据专利文献存在的这一知识空隙，提出了将光导电性与静电学原理结合的新系统——完全干式的照相术，经过反复研究实验，终于取得了成功。

9.3 创新技法——移植发明法

所谓“移植法”，就是将某个学科领域中已经发现的新原理、新技术、新方法，移植、应用或渗透到其他学科、技术领域中去，为解决其他学科、技术领域中的疑难问题提供启示或帮助，从而使它得到新的进展的一种方法。移植法也称“渗透法”。

从思维的角度看，移植法可以说是一种侧向思维方法。它通过相似联想、相似类比，力求从表面上看来仿佛是毫不相关的两个现象或事物之间，发现它们的联系。因而，它与类比法、联想法有着密切的联系，在很多情况下还与灵感思维有关。

17 世纪的笛卡儿（R. Descartes）是科学移植法的先驱。他以高度的想象力，借助曲线上“点的运动”的科学想象，把代数方法移植到几何领域，使代数与几何融为一体而创立了解析几何。19 世纪以前，化学家们只局限于自身的范围内研究化学运动，这就使化学长期未能超越经验科学的地位，到 19 世纪下半叶，人们开始把物理学的理论知识和研究方法移植于化学领域，终于出现了物理化学这门边缘学科。这一重大成果，使化学研究由定性走向定量，由归纳走向演绎。

自然界物质运动的多样性与统一性，为学科间的渗透、移植提供了客观基础。

学科移植大致有如下一些情况：

● 同一学科中，不同方法的移植，产生了新方法。如前面所说的由于解析几何的出现，产生了新的数学方法。

● 不同学科、不同理论方法的移植，从而产生新学科。如物理和化学的相互渗透，先后产生了物理化学和化学物理；化学、物理学和生物学的相互渗透，出现了生物物理，生物化学，分子生物学，生命科学等新学科；把数学应用于管理，出现了管理数学。

● 多个学科领域之间的渗透和移植，即许多学科的理论和方法的综合应用，去研究同一对象，从而产生新的综合学科。如环境科学、空间科学、海洋科学等就是多学科的综合。

● 不同研究领域的研究方法、手段、实验技术的移植，从而出现了许多新技术或分支学科。如将射电技术应用于天文学，产生了射电天文学；激光技术应用于生物和医学，产生了激光生物学和激光医学；X 线衍射技术在医学上的应用，形成了电子显微镜技术。

● 基础理论学科与技术科学、专业技术的相互渗透，产生了许多新学科。如应用物理学和化学等基础学理论去解决各种材料及其生产问题，产生了材料科学；把一种基础科学理论应用到不同的生产部门中去，如把力学理论应用到采矿、建筑、材料等不同生产部门，产生了岩体力学、材料力学等等分支学科。

● 自然科学与社会科学之间的互相渗透。

由上可见，移植、渗透方法，用一门或几门学科的理论知识与研究方法，去研究另一学科的研究对象，是发展科学技术和创造新学科的重要途径。许多事实证明，移植法在科学研究与创造活动中是一种比较简单和有效的方法。它对技术创新和新产品开发，也有重要的应用价值。

掌握移植法，要善于联想，要善于从其他事件、现象中寻求启示。

在欧洲，直至 19 世纪中叶，由于外科手术落后，在做手术后大部分患者都会受感染而化脓，死亡率很高。医生对此束手无策。英国医生李斯特（J. Lister）眼看很多患者一个个死去，心里很难过。为了找出化脓原因，他昼思夜想，经很长时间探索仍一无所得。后来，巴斯德（L. Pasteur）发表了有关有机物腐败和发酵的研究成果，证明有机物腐败系由微生物——细菌所引起的。巴斯德的发现，顿时引起了李斯特的联想，感到恍然大悟：病人伤口感染化脓，不就是微生物（细菌）在作怪吗？不久，他又在一次机遇中发现细菌是怎样跑进伤口中去的。于是，决定采取石炭酸消毒的办法，终于在 1865 年首次采用无菌手术获得成功。到 1868 年时，别的医生术后病人死亡率高达 80% 以上，而由李斯特做手术的病人，死亡率仅 15%。李斯特成功地移植了巴斯德的研究成果（证明腐烂由细菌造成），发展了外科手术的消毒法。

要想更好地运用移植法，还要努力提高自己的“辐射”能力，即善于从“看来无关”的事物中寻找启示和线索。

一个人踩到丢弃在路上的香蕉皮会滑倒，这是众所周知的常识。香蕉皮为什么会滑溜呢？想到这个问题的人也许不多，把它当作一个问题去研究的人，可能更少。有人用显微镜加以观察，发现它由几百个薄层构成，层与层之间可以滑动。据此，有人提出推断，如果能找到类似结构的物质，就可以由此发现性能优异的润滑剂。在对许许多多的物质进行研究后，人们终于发现二硫化钼和石墨的结构完全类似香蕉皮的结构。石墨早已被用作润滑剂，二硫化钼却是通过这种移植方法被发现的。它具有极薄的层结构，厚度为 0.1 微米，仅为香蕉皮层厚的二百万分之一，其易滑性相当于香蕉皮的 200 万倍。它的熔点高达 1 800℃，常用润滑剂黄油只能在 150℃以下的条件下使用，而二硫化钼在 400℃温度下使用也不成问题，是一种良好的耐热性润滑剂。留意、探究“日常小事”，有时也可以引发出新发现，这对于我们从事技术开发、产品开发的人们来说，是具有启示作用的。

移植法，有时对某个学科自身来说是一种普通的原理或技术，从移植到另一个学科领域后却生长出崭新的科学成果。例如，红外辐射，它在物理学中，是一种常识性的知识，因为它不过是一种很普通的物理过程——不同温度的物体，会发射不同的红外辐射。可是，当它移植到临床医学上，出现了全新的医疗手段和诊断技术；把它应用于遥感，可用来勘测资源、农业估产、植物保护；用于军事目的，将它用于国防科学、工业生产和国民经济其他部门，现在已形成了一门崭新的现代红外技术。这个事例给予我们一个重要启示：千万别嫌某个理论、原理或技术的“普通”，因而瞧不起它，重要的是多多思索，能否通过移植，为它开拓“用武之地”。有人认为，在科学研究活动中，运用移植法最大困难，在于科学研究工作者有时不能够理解其他领域内的新发现对于自己研究工作的意义。

移植法不仅适用于科学技术领域，在其他领域中也有广泛的应用价值。平时人们常说的借鉴，就是一定意义上的移植（当然不是生搬硬套）。就拿篮球和排球运动来说，在篮球运动中，一些优秀的进攻队员常以投篮的假动作迷惑对方，诱使对方防守队员起跳，等他们从空中落地，进攻队员早以真功夫投篮了，这时的防守队员已来不及第二次起跳，眼看着对方投篮也奈何不得。这种“假动作”，后来移植到排球运动之中，发展成为一种所谓“时间差”的进攻战术。同样，篮球运动也受排球运动的启示，“二传”引进了自己的技术体系之中，产生了一种“二传式”投篮。它由中场控制球的队员发动，“二传手”中间传承，埋伏在对方篮下附近的高大进攻队员突然起跳，接过快速传来的球，趁势将球投入篮筐。

在建筑设计中，有些高明的设计师在设计像旅游建筑群这类建筑时，把音乐中的“旋律”引入设计之中，使人们对建筑群产生一种美感，谱写一种美的“旋律”。

许多能工巧匠用树根雕出了富有诗意的、栩栩如生的动植物形象，使废品变成珍贵的工艺品。如此等等，说明移植法确是一种颇有用处的创新方法。

9.4 创新技法——类比发明法

9.4.1 类比法概述

类比，指的是不同事物或现象在一定关系上的部分相同或相似。类比法是根据两个（或两类）对象之间某些方面的相同或相似而推出他们在其他方面也可能相同或相似的一种方法。它在科学研究、技术创新和各种创造活动中都是一种很有用的方法。

类比是以比较为基础的。人们在探索未来的过程中，可以借助于类比的方法，把陌生的对象与熟悉的对象相对比，把未知的东西与已知的东西相对比，这样，由此物及于彼物，由此类及于彼类，可以起到启发思路，提供线索，举一反三，触类旁通的作用。正如康德（I. Kant）所说：“每当理智缺乏可靠论证的思路时，类比这个方法往往能指引我们前进”。

类比推理，简称类比或类推，可用如下公式表示：

A 对象具有 a，b，c，d 属性

B 对象具有 a'，b'，c'，d' 属性

所以，对象 B 可能也具有 d' 属性。

这里，a'，b'，c'，d' 分别与 a，b，c，d 相同或相似。前三项是共同属性，d' 是推理属性。

类比法在科学研究中是一种得到广泛应用的科学方法。例如，1678 年荷兰物理学家惠更斯 [C. Huyg（h）ens] 将光和声进行比较，发现光和声有一系列共同属性，如直线传播、反射、折射、干涉等等，而声是由于物质震动而产生的一种波，于是德国物理学家欧姆（G S. Ohm）把关于电的研究和法国数学家傅立叶（J. B. J. Fourier）关于热的研究加以类比，建立了欧姆定律。傅立叶假设热流量与温度成正比，用数学方法建立了热传导定律，欧姆则用电流量对应热流量，用电位对应于温度，并用实验证明两者有着相似的关系，终于发现了欧姆定律：I（电流）=V/R（电压 / 电阻），电流与电压成正比。1911 年著名物理学家卢瑟福（E. Rutherford）提出原子结构的行星模型假说，也是应用类比方法的结果。他在 a 粒子的散射实验中证明了原子中有一个核，他仅占原子体积的约十万分之一，却具有原子质量的 99.97%, 核外电子只具有极少的质量。据此，他拿小小的原子与巨大的太阳系做类比。在太阳系中，太阳是它的核心，具有太阳系总质量的绝大部分（99.87%），却只占太阳系空间的极小部分。原子核与电子之间的电吸引力，太阳与行星之间的万有引力，又遵循与距离的平方成反比的规律。于是从太阳系是由处于核心的太阳和环绕它运行的许多行星构成的情形，提出了原子是由原子核和环绕着它运动的电子构成的行星模型假说。又如，1923 年德布罗意（L. V. de Broglie）将光学现象和力学现象作了类比，提出了物质粒子的波粒二象性。总之，这类例子是很多的。

同样，在技术领域，运用类比方法进行创造从而取得创造成果的情形也是屡见不鲜。控制论的创始人维纳（N. Wiener）等人，通过类比，把人的行为、目的等引进机器，又把通信工程的信息和自动控制工程的反馈引进活的有机体，产生了控制论的理论和方法，从而使模拟方法推进到功能模拟方法的新阶段。仿生学的发展，更说明了类比方法的应用价值。狗的鼻子向以灵敏著称，它能感觉 200 万种物质和不同浓度的气味，嗅觉比人灵敏 100 万倍，在 1 立方厘米空气中，

约有 268 亿个气体分子,其中只要含有油酸分子 900 个以上,狗就能嗅出它的气味。现在，人们以不同物质的气味对紫外线的选择性吸收为信息，研制成了“电子警犬”用它来检测，其灵敏度甚至可以达到狗鼻子的 1000 倍。当今，人们又采取计算机和仿生学方法，模拟人脑的学习、记忆和逻辑思维过程，从事着智能模拟方法的研究。仿生学还在向管理领域渗透，例如，人们根据髓鞘神经纤维的结构及神经冲动的传导特点，用类比方法，来研究现代管理科学指挥系统的结构和功能。类比方法在技术领域中起着催生助产的作用。相传鲁班从茅草边缘带齿能划破皮肉而发明了锯，就是类比的结果。医学上的叩诊的诊断技术也是由类比而产生。18 世纪中叶，奥地利有个医生叫恩布鲁格，有一次给患者看病，检查不出生病的原因，患者不久就死了。解剖尸体后发现患者胸腔早已化脓，满腔脓水，这使他想起他父亲在经营酒庄时用手指敲叩木制酒桶，凭着叩声不同以估计桶内酒量的方法，终于发明了叩诊法。有人发现，古恐龙身躯庞大，却只长着一个“樱桃小口”，凭这小口进食怎么能填饱肚皮？经仔细观察，终于发现恐龙的小口内长有双层锉刀式的牙齿，它具有高度的咀嚼草料的功能。从此得到启发，人们通过模拟实验，制成了类似“龙牙”的有两排刃齿的联动刃钻头，大大提高了钻机的效率。在隧道工程中曾经得到广泛使用的“构盾施工法”的发明，也曾得益于类比的方法。1820 年，英国要在泰晤士河河底建隧道，由于土质条件很差，用传统的支护开挖法，因河底松软，渗水，易塌方，施工难度极为困难，工程师布鲁尔内感到一筹莫展。一天，他在室外无意中发现有只小虫使劲地往坚硬橡胶树皮里钻。这时候他恍然大悟：河下施工为什么不能用这种小虫的掘进技术呢？终于发现了“构盾施工法”——用空心钢柱打入河底，以此为“构盾”，边掘进边延伸,在构盾的保护下进行施工。在这里,思考对象——水下隧道施工技术;某一客体——以壳护身钻进树皮的小虫。他通过联想和类比，将两者联系起来，从树皮孔壁到空心钢柱体的相似，找到启示，产生出创造性的设想。

类比法是一种以已知推向未知的一种创造技法，它有两个基本原则，即异质同化和同质异化。所谓异质同化，是运用熟悉的方法和已有知识，从而提出新的设想。所谓同质异化，是运用新方法来处理熟悉的知识，从而提出新的设想。

9.4.2 类比发明法的类别

类比发明法具体可分为以下七类：

1）拟人类比

在进行创造活动时，有时可将创造对象“拟人化”。如挖土机的问世就是模拟人体手臂的动作来进行设计的。它的主臂如同人的手臂，可以上下左右弯曲，挖斗如同人的手掌，可以插入土中，将土挖起。

拟人类比又称为自身类比。这是发明创造者把研究的对象拟人化，如凯库勒把自己比作一条正在咬自己尾巴的蛇，从而得出苯环的设想，从而从已知推向了未知。

我们在进行产品设计时，同样可以利用自身类比，如要求设计一把椅子，我们首先设想，当我是椅子时我有怎样的感觉，如：

- 我希望自己有弹性
- 在胖子的压迫下我唉声叹气
- 我害怕折断
- 我想经常改变我的外表
- 我妒忌沙发椅的发明
- 我比沙发形状更多

从椅子本身的自白，我们可以进一步了解椅子的性能等，于是我们在设计时就会考虑到它的牢固性、多样性、弹性，这样设计出来的产品一定是大受欢迎的。

2）直接类比

从自然界或者从已有的发明成果中，寻找与创造对象相类似的东西，通过直接类比，创造新的事物。如古时“见飞蓬而知为车”。近代如利用仿生学原理设计飞机外壳、潜艇体型，效仿蝙蝠而提出超声波定向等等。

直接类比是从已知的事物去寻找与创造发明对象相类似的东西，贝尔发明电话的设想，是比拟人的听觉系统的构造而得到的。目前，被科学家越来越重视的仿生学就是研究如何使用直接类比法，来仿造生物构造的。

用直接类比法来解决问题，他的基本原则直接来自自然界，一般可将问题分为三步进行：第一步，目前存在哪些类似的、已经解决好了的问题，即收集过去的观点；第二步，哪些采用当今的方式是不相适合的；第三步，改编剩下来的具体的解决问题措施。如飞机的设计源于鸟类的飞翔就是利用这三个步骤，一步一步地解决问题。

3）象征类比

所谓“象征”是指用一种具体事物来表示某种抽象概念或思想感情的表现手法。在创造中，人们有时赋予创造对象以一定的象征性，使之独具风格，这叫象征类比。这种方法在建筑设计中用的较多，例如设计纪念碑赋予“庄严”等象征格调，设计音乐厅赋予“优雅”等象征格调，设计旅游建筑群使人感到有“旋律”的美。

象征类比是指借助于具体的事物来表达某种抽象的思想与感情。比如，我们要用象征类比来解决盗窃问题，这个方法要求分三步来解决这个问题，下面我们分别详细地叙述它。

第一步，收集与盗窃有关的事物和概念。

贼、麦克风、黑暗、混凝土、门窗、门铃、钱、阳台、痕迹、黄鱼车、赃款、水落管、销赃渠道、暴富、电话、眼罩、望风、看门、手套、报警、现场、杀人、放火、内盗、螺丝刀……

第二步，将上述收集到的概念进行强制性的组合，组成双关概念。

（1）销赃—销赃渠道；（2）报警—电话；（3）现场—痕迹；（4）钱—暴富；
（5）内盗—望风；（6）螺丝刀—门窗；（7）阳台—水落管；（8）门铃—看门；
（9）手套—杀人；（10）手电筒—人力车；（11）警察—麦克风；（12）混凝土—攀。

第三步，利用双关概念进行联想，寻找解决措施，用来防止盗窃，具体可以制定出如下的防盗措施。

（1）加强市场管理，取缔非法经营来路不明的物品。

（2）简便公安局报警电话，110 及时宣传做到家喻户晓，人人皆知，一有可疑情况就可以及时通告。

（3）周围群众不围观，不起哄，保护好现场。

（4）对一下子成为暴发户的有前科的人进行仔细观察，一有可疑情况，及时举报。

（5）增设保安系统，利用保安人员注意可疑人员。

（6）加固门窗，用铁栅栏、铁门和防盗锁，随手关门。

（7）封阳台及防滑玻璃。

（8）加设特制的门，用密码锁，且有防盗铃。

（9）随身携带防身武器，锻炼身体，人人都强壮有力。

（10）加强人力车车牌管理，联防队员加强巡逻。

（11）建立一个警报系统，用麦克风与警察直接联系，精确地及时地报告情况，互通信息。

（12）用混凝土加固墙头，使盗贼攀爬发生困难。

用象征类比的方法，三步即可收集到这么多的信息，在工作、生活发生困难需要解决时，不妨试试。

4）渐近类比

渐近类比，顾名思义就是指用渐近技术来设计一个新的产品。所谓渐近，即渐渐靠近，范围从大到小，由远及近等。比如我们接到一个任务，要为儿童设计一个新型玩具，这时就可采用渐近类比法。

第一步，寻找与儿童有关的概念及儿童的特征。

变形金刚、好奇心强、洋娃娃、游戏机、哭、各种各样的电动玩具、挑食、爱问问题、喜欢鲜艳的色彩、多动、爱看儿童节目、儿童乐园、幼稚、天真、喜欢和小朋友在一起、怕老师、家里小皇帝、怕闪电、打雷、丢东西、不按时做功课……

第二步，思考：当我是小孩子时，我愿意玩什么？

爱自己动手做的玩具，如风筝、刮片、铁板等；随手拈来的，如打弹子、玩弹弓、捉知了；智力开发玩具，如航模、船模等；斗鸡，一种简单但有竞争性的集体游戏；滑板等。

第三步，设计一个新的玩具。

鉴于目前家长的生活节奏快、工作压力大、很少有精力照顾小孩，设计一种电动玩具，能模拟人说话的声音和幼儿交谈，并且可以教授外语，附设报警装置，碰到电、火等立刻可以切断线路，及时报警，有机器人的功能，但形象是以可爱的动物出现，让人可接受、灵巧、可亲。

这样的玩具也许不被市场接受，或者由于技术达不到标准，或者造价昂贵无人问津，但设想却是大胆的，突破了思维的局限，产生了新的想法，仅这点而言却是非常诱人的，因为它是现实的第一步。

5）因果类比

两个事物的各个属性之间，可能存在着某种因果关系，因此，人们可以根据一个事物的因果关系推出另一事物的因果关系，通过因果类比创造出新事物。例如，在面粉中和入发酵粉可做出松软的馒头，美国一家橡胶厂由此考虑能否在橡胶中放入“发泡剂”，终于制成了海绵橡胶，通过同样类比，有人在合成树脂中加入“发泡剂”，制成了重量轻、隔热、隔音、性能好的泡沫塑料，日本人铃木又由此联想到水泥中加入某种“发泡剂”，发明了隔热、隔音、又轻的泡沫水泥。

牛黄是种珍贵的药材，一直通过自宰牛获取，数量少，远远满足不了医学上的需要。广东海康医学公司科研人员从河蚌育珠中得到启示，通过因果类比，用人工方法培植牛黄成功。河蚌经过“插片”，将砂迁入河蚌内，蚌分泌出黏液将砂包住，形成珍珠。牛黄的生成也是由于胆囊里混进了异物，周围凝聚了许多分泌物，日积月累形成胆结石。他们通过类比，选择失去使用价值的残牛做实验，实行外科手术，在牛的胆囊里埋入异物，一年后，取出胆结石，他和天然牛黄一模一样，实验成功了。

6）对称类比

许多事物，相互具有对称性，人们可以通过对称类比，创造出新的东西。例如，英国物理学家狄拉克（P. Dirac）从描述自由电子运动过程中，得出正负对称的两种能量解。一个能量对应着电子，那么另一个能量解应对什么呢？通过对称类比，他提出了存在“正电子”的大胆设想，1934 年，终于由美国的安德逊（C. Anderson）在宇宙射线实验中得到证实，这是首次发现的反粒子。

7）综合类比

物质属性之间的关系错综复杂，但是，人们可以综合它们相似的特征进行类比。例如设计一架飞机，可先做成模型，放在风洞中进行模拟飞行实验，这就综合了飞机在飞行中的许多特征，进而进行综合类比。同样，也可用船模型来模拟设计要建造的船舶。这种方法在很多地方可以得到应用。

总之，类比方法在创造活动中应用广泛，但是，正如前面所指出的它的可靠程度取决于前提中确认的共同属性的多少，以及共同属性和类推出来的属性的关系是否密切。它是一种或然推理，因而在运用时要注意避免轻率的、机械的推理。

9.5 创新技法——检查单发明法

为了有效地把握发明创造的目标和方向，促进想象的形成，奥斯本（A. F. Osborn）还提出了检查单法，也有的将它译成“检查表法”“对照表法”，日本有人称它为“分项检查法”。

检查单法是在实际解决问题过程中，根据需要创造的对象或需要解决的问题，先列出有关的问题，然后逐项地加以讨论、研究，从中获得解决问题的方法和创造发明的设想。这种方法可以有意识地为我们思考提供步骤。据说在第二次世界大战期间，美国军队已成功地使用这种方法明显地改善了许多兵工厂的工作。

检查单法实际上是一种多路思维的方法，人们根据检查项目，可以一个方面一个方面，即一路一路地想问题，这样，不仅有利于比较系统和周密地想问题使思维更带条理性，也有利于较深入地发掘问题和有针对性地提出更多的可行设想。

有人认为，检查单法几乎适用于各种类型和场合的创造活动，因而可把它称作“创造技法之母”。目前，创造学家们已创造出许多各具特色的检查单法，但其中最受人欢迎，既容易学会又能广泛应用的，首推奥斯本（A. F. Osborn）的检查单法。

（1）现有的东西（如发明、材料、方法等）有无其他用途？保持原状不变能否扩大用途？稍加改变，有无别的用途？

人们从事创造活动时，往往沿着这样两种途径，一种是当某个目标确定后，沿着从目标到方法的途径，根据目标找出达到目标的方法；另一种则与此相反，首先发现一种事实，然后想象这一事实能起什么作用，即从方法入手将思维引向目标。后一种方法是人们最常使用的，而且随着科学技术的发展，这种方法将越来越广泛地得到应用。

某个东西，“还能做其他什么用途？”“还能用其他什么方法使用它？”……这能使我们的想象活跃起来。当我们拥有某种材料，为扩大它的用途，打开它的市场，就必须善于进行这种思考。美国有人想出了 300 种利用花生的实用方法，仅仅用于烹调，他就想出了 100 多种方法。橡胶有什么用处？有家公司提出了成千上万种设想，如用它制成：床毯、浴盆、人行道边饰、衣夹、门扶手、棺材、墓碑等等。炉渣有什么用处？废料有什么用处？边角料有什么用处？……当人们将自己的想象投入这条广阔的“高速公路”上时，就会以丰富的想象力产生出更多的好设想。

（2）能否从别处得到启发？能否借用别处的经验或发明？外界有无相似的想法，能否借鉴？过去有无类似的东西，有什么东西可供模仿？谁的东西可供模仿？现有的发明能否引入其他的创造性设想之中？

当伦琴发现“X 线”时，并没有预见到这种射线的任何用途。因而当他发现这项具有广泛用途时，他深感吃惊。通过联想借鉴，现在人们不仅已用“X 线”来治疗疾病，外科医生还用它来观察人体的内部情况。同样，电灯在开始时只用来照明，后来改进了光线的波长，发明了紫外线灯、红外线加热灯、杀灭细菌的灭菌灯等等。科学技术的重大进步不仅表现在某些科学技术难题的突破上，也表现在科学技术成果的推广应用上。一种新产品、新工艺、新材料，必将随着它的越来越多的新应用而显示其生命力。

（3）现有的东西是否可以做一些改变？改变一下会怎样？可否改变一下形状、颜色、音响、味道？是否可以改变一下意义、型号、模具、运动形式……改变之后，效果又将如何？

如汽车，有时改变一下车身颜色，就会增加汽车的美感，从而增加销售量。又如面包，给它裹上一层芳香的包装，就能提高嗅觉诱惑力。据说，妇女用的游泳衣是婴儿衣服的模仿品。滚柱轴承改成滚珠轴承就是形状改变的结果。

（4）放大、扩大。现有的东西能否扩大使用范围？能不能增加一些东西？能否添加部件，拉长时间，增加长度，提高强度，延长使用寿命，提高价值，加快转速……？

奥斯本指出，在自我发问的技巧中，研究“再多些”与“再少些”这类有关联的成分，能给想象提供大量的构思设想。使用加法和乘法，便可能使人们扩大探索的领域。

“为什么不能用更大的包装呢？”一家橡胶工厂大量使用的黏合剂通常装在1加仑的马口铁桶中出售，使用后便丢掉。有个工人建议黏合剂装在50加仑的容器内，容器可反复使用，节约了大量马口铁。

“能使之加固吗？”一织袜厂通过加固袜头和袜跟，使袜子的销售量大增。“能改变一下成分？”一牙膏中加入某种配料，成了具有某种附加功能的牙膏。

（5）缩小、省略。缩小一些怎么样？现在的东西能否缩小体积，减轻重量，降低高度，压缩、变薄？……能否省略，能否进一步细分？……

前面一条沿着“借助于扩大”或“借助于增加”而通往新设想的渠道，这一条则是沿着“借助于缩小”，“借助于省略或分解”的途径来寻找新设想。袖珍式收音机，微型计算机，折叠伞等就是缩小的产物。没有内胎的轮胎，尽可能删去细节的漫画，就是省略的结果。

（6）能否代用。可否由别的东西代替，由别人代替，用别的材料、零件代替，用别的能源代替？可否选取其他地点？

如在汽车中用液压传动来替代金属齿轮，又如用充氩气的办法来替代电灯泡的真空，使钨丝灯泡提高亮度。通过取代、替换的途径也可为想象提供广阔的探索领域。

（7）从调换的角度思考问题。能否更换一下先后顺序？可否调换元件，部件？是否可用其他型号，可否改成另一种安排方式？原因与结果能否对换位置？能否变换一下日程？……更换一下，会怎么样？

重新安排通常会带来很多的创造性设想。飞机诞生的初期，螺旋桨安排在头部，后来，将它安装到了顶部，成了直升机，喷气式飞机则把它安放在尾部，说明通过重新安排可以产生种种创造性设想。商店柜台的重新安排，营业时间的合理调整，电视节目的顺序安排，机器设备的布局调整……都有可能产生更好的结果。

（8）从相反方向思考问题，通过对比也能成为萌发想象的宝贵资源，可以启发人的思路。倒过来会怎样？上下是否可以倒过来？左右、前后是否可以对换位置？里外可否倒换？正反是否可以倒换？可否用否定代替肯定？……

这是一种反向思维的方法，它在创造活动中是一种颇为常见和有用的思维方法。第二次世界大战期间，有人就曾运用这种“颠倒”的设想自上而下建造舰船的各层甲板，这一来，焊接工就不必再仰头工作了，舰船的建造速度也有了显著的提升。

（9）从综合的角度分析问题。组合起来怎么样？能否装配成一个系统？能否把目的进行组合？能否将各种想法进行综合？能否把几种部件进行组合？等等。

例如把铅笔和橡皮组合在一起成为带橡皮的铅笔，把几种部件组合在一起变成组合机床，把几种金属组合在一起变成种种性能不同的合金，把几件材料组合在一起制成复合材料，把几个企业组合在一起构成横向联合，跨界运作……

有人认为以上各种方法中，组合在产生新的设想方面，其效率胜过其他各种方法。

检查单法给予人们一种启示，考虑问题要从多种角度出发，不要受某一固定角度的局限，要从问题的多个方面去考虑，不要把视线固着在个别问题或个别的方面。这种思考问题的方法，对于企业、事业单位和国家机关的管理者来说，也都是富有启发意义的。

在美国的不少企业，已将检查单法应用于管理领域。例如，通用汽车公司的职工就都持有为开发创造性而采用的检查单，其内容是：

- 为了提高工作效率，不能利用其他适当的机械吗？
- 现在使用的设备有无改进的余地？
- 改变滑板，传送装置等搬运设备的位置或顺序，能否改善操作？
- 为了同时进行各种操作，不能利用某些特殊的工具或夹具吗？
- 改变操作顺序能否提高零部件的质量？
- 不能用便宜的材料代替目前的材料吗？
- 改变一下材料的切削方法，不能更经济地利用材料吗？
- 不能使操作更安全吗？
- 不能除掉无用的形式吗？
- 现在的操作不能更简化吗？

一个企业在研制新产品方面的工作做得好坏，往往关系着它的兴衰成败。国外许多企业很重视这项工作，下面就是有的企业制订的用于新产品研制的检查单：

- 增加产品——能否生产更多的产品？
- 增加性能——能否使产品更加经久耐用？
- 降低成本——能否除去不必要的部分？能否换用更便宜的材料？能否使零件更加标准化？能否减少手工操作而搞自动化？能否提高生产效率？
- 提高营销的魅力——能否把包装设计得更加引人注意？能否按用户、顾客要求卖得更便宜？

日本明治大学教授川口寅之助认为，在以上四项中，第三项尤为重要，效果也最为显著，因而有必要专门制成降低成本用的检查单，单独印发给职工，便于随身携带。下面就是川口寅之助所并列的用于降低成本的检查单：

- 能否节约原料？最好是既不改变工作，又能节约。
- 在生产操作中有没有由于它的存在而带来干扰的东西。
- 能否回收和最有效地利用不合格的原料和操作中产生的废品？能否使之变成其他种类具有商业价值的产品？
- 生产产品所用的零件能否使用市场上销售的规格品，并将其编入本公司的生产工序。
- 将采用自动化而节约的人工费和手工操作进行比较，其利害得失如何？不仅从现在观点看，而且根据长期的预测，又将如何？
- 生产产品所用的原料可否用其他的适当的材料代替？如可代替，商品的价格将如何？产品性能改善情况怎样？性能与价格有何关系？能否把金属改换成塑料？

● 产品设计能否简化？从性能上看有无加工过分之处？有无产品外表看不到而实际上做了不必要加工的地方？这时，首先要从性能着眼，考虑必要而充分的性能条件，其次再考虑商品价格、式样等。

● 工厂的生产流程有无浪费的地方？材料处理对生产率影响很大，这方面的改进还可以节省工厂的空间。

● 零件是从外部订购合适，还是公司自制合适？要充分考虑工厂的环境再做出有数量根据的判断，从而能在大家都认为理所当然的事情中发现意外的错误，只凭常识是不可靠的。

● 查看一下商品组成部分的强度计算，然后考虑能否再节约材料。

我国有研究人员参考国外的“检查单法”并结合我国少年儿童的特点，归纳出“聪明的办法”十二条：加一加、减一减、扩一扩、缩一缩、变一变、改一改、联一联、学一学、代一代、搬一搬、反一反；定一定。

也有研究人员提出了所谓“新观念提示法”十条：（1）综合（综合就是创造）；（2）移植；（3）杂交；（4）改变；（5）放大；（6）缩小；（7）转化；（8）代替；（9）颠倒；（10）重组。

检查单法要求人们从问题的不同方面，并从不同角度去思考、研究问题，集中起来就是一个“变”字。这是开发创造性的一种有效方法。前几年，浙江绍兴的一些针织厂紧紧地抓住了一个“改”字，如：横机改圆机，狭机改阔机，染色改印花，平板改提花，大号改小号，厚型改薄型，取得了显著的经济效果。以尼龙袜为例，当时国内成年人尼龙袜滞销，而儿童袜却因利薄到处缺货，于是他们就来个“大号改小号”，从幼儿到少年的尼龙袜，“配套成龙”销往全国各地，虽利薄，但多销，经济效益极好。

检查单法在我们的企业中，看来是大有用武之地的。我们的企业中，在提高产品质量，降低生产成本，改善经营管理方面，都存在着很大的潜力，如果企业管理者能根据本企业存在的情况、特点和问题，制订出相应的检查单，让广大员工都来开动脑筋，提设想，献计策，通过群策群力，是必定可以取得显著成效。

9.6 创新技法——NM 发明法

NM 法或称中山正和法，是由日本创造学家中山正和提出、并由高桥浩做了改进的一种创造技法。

日本中山正和教授根据人的高级神经活动理论，把人的记忆分为“点的记忆”和“线的记忆”。由第一信号系统对具体事物形成的条件反射，称为“点的记忆”；由第二信号系统对事物的抽象化而形成的条件反射，称为“线的记忆”。如果通过联想、类比等方法来搜索平时积累起来的“点的记忆”，再经过重新的创造性设想，做出新的发明。

洗衣机的发明过程，就运用了NM法。采用NM法发明洗衣机。不是先去设想它的具体结构，而是先把它抽象化，找出能反映洗衣机本质（或者发明一种洗衣机所要达到的目标）的“词”

例如，反映洗衣机能洗东西的“洗”一词，洗的是否清洁的“清洁”一词，使用是否安全的“安全”一词，等等，先找出这些关键词。关键词一般可以选择 4 ～ 5 个。

第二步，从这些关键词中选出一个，如“洗”，围绕这个关键词，通过联想、类比等扩散思维的方法，突破原有洗衣的概念，充分发挥自己的想象力，把各种各样洗涤方法列举出来，如搓板搓洗，棒槌敲打，河水漂洗，流水冲洗，以及其他洗涤方法。

第三步，进行集中思维，对设想出来的各种各样洗涤方法进行本质的研究，找出关键：水流速度问题。

第四步，应用类比方法，设想出各种可以加速水流速度的机构，以及如何把黏附在衣服上的污物冲掉的方法。如找出可用以加速水流速度的机构——泵、喷嘴、甩水、超声波发生器等，然后根据一定的标准以及现有技术条件，进行可行性评价，选择出最经济又可行的设计方案。

如果选择“洗”一词并不能达到目标，可以另选关键词，以上述相同的步骤，重新寻找设计方案，直到找到比较理想方案为止。也可以同时选几个关键词，找出几个方案，进行分析比较，从中选出最佳方案。

9.7 创新技法——KJ 发明法

KJ 是日本东京工大教授川喜多二郎于 1964 年提出的。KJ 就是他的名字的字头。这种方法目前在日本颇为流行。这种方法，首先将与课题有关的分散想法进行整理，经过归纳，而发展成一种新的想法。

KJ 法是川喜多在尼泊尔、喜马拉雅从事多年探险所积经验的产物。其基本思想是，把大量事实（即使是细小的不起眼的）如实地捕捉起来，通过对这些事实的组合和归纳，找出全貌、假说、新学说之类的东西。

这种方法的大致程序是：

主持人（组长）1 人，与会者 4 ～ 7 人。事先准备好纸条、大白纸、白黑板、粉笔、彩色笔、曲别针、橡胶圈等物品。

主持人给出议题。与会者在充分理解议题基础上就这一议题自由地发表意见和看法，过了一段时间后交给组长。

组长收集写好的卡片，并将卡片混合。混合后再将卡片发与会者。与会者充分理解每张卡片的意义，不懂之处可以提问。

组长宣读自己手里的某一张卡片。组长询问与会者手中是否有相同内容的卡片，如有，也同样宣读，加深大家的理解。随后将这类内容相同的卡片与组长那张放在一起。

重复上述过程，组长一张张读卡片，直到读完为止。这以后，与会者手中如果尚有卡片，也同样方式宣读。与会者受启发而产生新设想，当即把它写在卡片上并进行宣读。

等全体人员的卡片都读完后，与会者认真思考已经分类的各组卡片。在卡片分组后，给每组卡片加上一个适当的标题，用彩色写在封皮上，扎好。如封皮标题内容相近，可做进一步的归并，合并后的卡片封皮上写新标题。

将这些分门别类的卡片扎摆在大白纸上，内容有联系或有关系的放在一起，或用线条把他们联结起来。打开各捆卡片，将每张卡片贴在纸上，按类用彩笔画出范围，同样写上标题词。

有人认为，掌握 KJ 法有以下好处：可以培养集中琐碎现象然后对问题进行系统思考的能力；养成重视零碎细小信息的习惯；提高分析和综合问题的能力。

一提到小革新、小发明，有些人往往会看不上眼，感到它“低级”“没有多大学术价值”，不过是些“小玩意”而已。

错了！千万别轻视小革新、小发明。小革新小发明不仅能加速技术进步，推进经济发展，而且，在开展小革新小发明活动中，还能锻炼员工，提高他们的团队意识、技术和文化素质。实际上，这也是开发员工创造力的一个重要途径。

在这方面，日本的一些经验是值得我们借鉴的。近二十多年来，发明、创造活动受到了他们的高度重视，许多企业都曾得益于它。日本《读者文摘》杂志的一位负责人曾说：“资源小国日本成为经济大国的奇迹，在世界上是绝无仅有的。这是由于日本制定了名为实用新案的法律来保护小创新，使得好思考问题的人日益增多，专利申请件数跃居世界第一位，并输出他们智慧结晶的缘故。”这一席话虽然并不全面，因为日本能够成为经济大国的原因是很多方面的，但不可否认，他们的企业由于重视创新而给企业带来的经济振兴的作用是不可低估的。下面试举几例。

日本尼崎有家名叫阿尔纳的工业机械公司，它是一家制造电车和火车车辆的工厂，员工 600 多人。这家中型企业面对强大的竞争对手，由于设备和技术都相对落后，一度陷入困境。该公司的车窗负责人发动员工在车窗上动脑筋，终于扭转了局面。他们发现当时运用铝框窗户优于木框窗户，因为前者不易着火，但是，当车身运动时，玻璃窗户会嘎嘎作响。怎么办？经过反复研究实验，想出了办法：在窗框上开一条小沟，里面塞进像葫芦瓢一样的橡皮条，这样一来，橡皮条使玻璃紧贴窗框，不再发出响声。这个微不足道的创新，几年之后便使日本 60% 的车辆都用上了该公司的车窗。同时，他们又将这项发明应用于楼房的窗户，顿时销路大增，成为了日本最大的窗户工厂。

产品更新换代在加速，这对生产过时产品的企业，是个巨大的威胁。在电风扇盛行的时代，做扇子是日落西山的过时产品，然而，空调机的时代一到来，电风扇又将受到冲击。同样，在“地毯时代”，织席匠便成为过时产业的员工。但是，这对那些确具应变能力善于创新的企业，不会被难倒。他们往往有两手：一是出奇制胜，杀开生路；二是赢得时间，从容研究转向对策。日本有家只有三十余名职工的织席小厂，由于地毯进入时兴之际，使它面临厄运。但他们依靠职工的创造力，下功夫在式样上创新，把原来的黑色边沿改为蓝色、茶色等多种颜色的边沿，又把价格便宜的“金丝”“银丝”织入席边，显得美观、明亮、与众不同，很受顾客欢迎，出现了销路大盛的意想不到的效果。

小企业底子薄，如果不善于经营，是很难长久立足的。小企业若能在商品的新颖性和经营方式的特色上动脑筋，就可以“乘虚而入”，还是可以大有作为的。日本有家小企业——

白元公司，它的经理长尾别具眼力，他把注意力瞄准大企业利用自动化大量生产商品所不能顾及的问题，“钻”到了“空子”，获得了很大成功。他发现电冰箱等电器化制品由于采用了自动化生产方式，造价低，每个家庭都需要也都买得起。在这里，能否动点脑筋？有心去找，“空子”就见：冰箱虽使用方便，但一种食物发出的气味会影响另一些食物，许多用户正为此感到头痛哩！于是他决心发明一种除气味的东西，作为企业新产品的开发重点。很久以来，活性炭、椰子炭能吸收气味，人们已知，并且已应用于许多场合，但是别人都没想到将它放到冰箱里，实验结果，冰箱中各种食物的气味果真被吸收了。他们把它取名为除味器，这一产品吸引了几乎所有的冰箱用户。小小的发明想不到竟会有这么大的魔力。原因很简单：用户需要它！

历史悠久的大企业也难免碰到危机险境，在这种情况下，“小发明，帮大忙”的事例也不少见。日本著名的东芝电器公司和三菱电机公司就都曾发生过类似的情况。东芝电器公司由于进入家用电器制品领域较晚，一度曾出现赤字不断、股票价格下跌的危机。后来，依靠这样一个发明——制造出取代煤炉（用煤球）的电暖炉（用镍铬丝），才使公司恢复元气，回到了全盛时代。三菱电机也曾一度出现赤字连年，使企业陷入窘境。后来，他们发现日本家庭妇女体力劳动中最重的负担是弄干被褥，遇上梅雨季节，更是麻烦。他们想，如果能制造出一种能在房间内烘干被褥的工具，肯定会受人欢迎。不久，被褥烘干机终于由他们企业推出，马上成为了当年最受日本家庭妇女欢迎的商品。这种烘干机是从理发用的电吹风中得到启发而创造出来的。说起来简单，却使企业大受其益。

日本对小革新、小发明一直比较重视，早在 1904 年就成立了发明协会，后来又每年进行一次全国性的优秀发明评选和授奖大会，还广泛开展了称之为“一日一案”的国民运动，号召人们立足本岗位每天提出一项“岗位发明”（革新提案）。在民间还有很多创造发明团体，如发明学会，“星期日发明学校”等。参加星期日发明学校的有企业员工、家庭妇女、企业经理。由于成效显著，它在日本享有很高荣誉。不少小企业主通过星期日发明活动，尝到了甜头，有的说：“我们不担心资源缺乏，我们只怕缺乏智慧和创造性。”许多大企业也广泛开展了发明设想活动，如丰田汽车公司，在总公司专门设立了“创造发明委员会”，负责领导和推动这一活动，下面各个部门则有“创造发明小组”，具体组织这一工作，成效非常显著，如 1975 年该公司就收到了有关创造发明设想的建议 38 万多条，这些建议的被采用率高达 83%，虽然公司为此付出了奖金 3.8 亿日元，可是当年光制造部门就获利 160 亿日元。又如松下电器公司，其所属的录音机事业部，员工 2100 人，1982 年一年中，平均每个员工提出创造发明设想 138 项。特别重要的还在于，通过开展并长期坚持创造设想活动，人们养成了思考问题、寻找设想的习惯，正如丰田公司有位老员工所说：“实行发明制度以来，我们对工作岗位上接触的一切事情，都经常有一种能不能更好一些的要求。无论看见什么总要问一问，方法、做法还能更好一点吗？时间和手续还能更节省一点吗？成本高的材料难道不能取消，或者使它便宜点吗？”日本的一些企业家认为，企业的创造发明，不能只靠少数天才，这要通过每一个员工在自己身边和岗位上做出种种发明，并把他们点点滴滴地聚集起来，就可以获得很大的经济效益。

日本重视开展革新、创造活动，他们的不少做法对我们来说是可以借鉴的。

9.8 创新技法——ZK 发明法

ZK 是创造这种方法的日本作者片方善治姓名的罗马式拼法缩写。

ZK 法的基本点是依据站在信息资料的立场，还是站在系统的立场不同，创造性开发的方法也有所不同。ZK 法是一种基于系统观点的创造性开发法。

为了把联想或思想与创造结合起来，必须经过实践的程序阶段。也有一旦形成好的联想或思想，就马上投入创造的场合。不过大多数场合，必须积累联想或思想。

ZK 法首先从集体观察并找出混在大量事物中的目标开始，接着每个人按照自己的特点（性格倾向）加以思考，然后又观察事物，再按照个人特点思考……这样反复进行，统一二者，来促使思想的产生。然后使这些思想观点相互交流，最后在实践中归纳整理。

在创造过程中有种种思考手段，这里把思考假定为以下三种。

1）由感觉而生的思考——由吃惊或高兴、以及通过感官到疑问、不明白等为开端的思考，可说是感官范围的思考。

2）由想象而生的思考——受现实束缚思想产生不了，就自由地展开想象的翅膀，扩大脱离现实的表象，来产生思想。这种思考只有在想象的世界才有可能。

3）由现实而生的思考——在把思想具体化、把想象的东西实际化时，基于现实考虑。这种思考，当然是在现实范围内进行的思考。

ZK 法作为创造性开发的方法使用时，重视“由感觉而产生的思考”，然后向“由想象而生的思考”以及“由现实而生的思考”依次发展。在作为解决问题的方法使用时，重视并发展“由想象而生的思考”和“由现实而生的思考”的个人差异是极大的。“在想象世界的思考”是作为启发思想的过程来运用的，“在现实世界的思考”是作为实践这个思想的过程来运用的。ZK 法可说是把这些思考方法统一起来的技法。

上面把思考区分为三种类型，实际上，“由感觉而生的思考”与“由想象而生的思考”有时很难加以区分。另外根据课题，二者之间有时也有连续性。在这种时候，开发创造性和解决问题也可以合用同一程序，下面我们就从这个角度论述。

把“由感觉而生的思考”与“由想象而生的思考”作为和“产生思想的联想”有联系来把握住，把“由现实而生的思考”作为“实现这个思想的手段”来把握住，做出如图 9-2 那样展开程序。

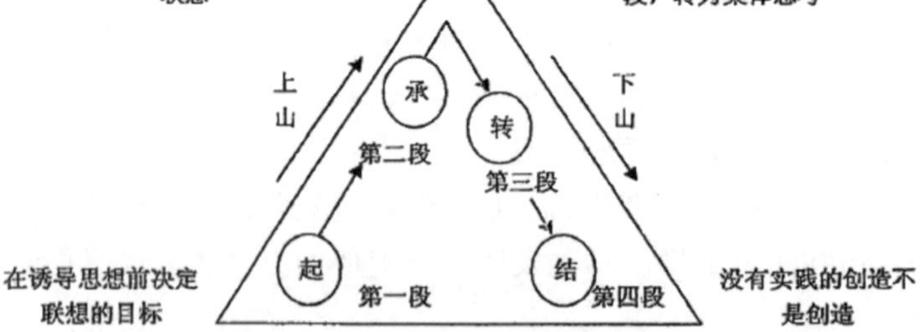

图 9–2 ZK 法的展开程序

由此，ZK 法可以下个定义，它是把产生思想的联想的心理过程与实现这个思想的手段统一起来的开发创造性的方法。ZK 法的程序是按起、承、转、结展开的，下面叙述这个展开程序的阶段和步骤。

ZK 法展开程序如表 9-2 所示。创造性开发，受采用这种技法的人所采取的态度所左右。技法不过是使创造性发挥出来的手段。随着程序的进展采取的态度也必须随之改变。以下根据下表概括说明。

表 9-2 ZK 法的具体步骤

内容构成	展开阶段	步骤	采取阶段	时间
诱导思想的部分	第一阶段（起）	联想的出发点（讨论会） 明确主题，造成融洽的气氛 提出问题 弄清问题的背景 分析问题 明确归纳问题	深刻感受 ⇩ 开始	约 30 分钟
	第二阶段（承）	冥想和思索 诱导个人的思想，把与主题有关的联想结合起来 冥想和开放的思考（记录笔记） 收拢的思考和开放的思考（记录笔记） 归纳和积累 自我评价	开始创造 ⇩ 创想	⟹（3+4）* 回 =56 分钟 约 1 小时
实践的部分	第三阶段（转）	相互作用（集体思考） 互相启发地集体思考，让“承”的结果产生飞跃并结合 图表的集中并提示 审视图表 相互作用（记录图表） 归纳和积累	创意 ⇩ 创见	约 1 小时
	第四阶段（结）	产生实践的冲动（讨论会）选择最佳方案，向成果冲击 选择最佳方案（按照评价高低的顺序） 全体的再估价 实施创造	创造方案 ⇩ 创造	约 30 分钟

1）联想的出发点

首先是第一阶段，这一阶段的目标是，每个人都深刻地体会到问题的重要性，具有对问题的共通的理解，产生要求开发创造性的热情高涨的统一认识。

ZK 法虽然一个人也可以应用，但一般是组成 5 ～ 7 人的小组运用。在实行 ZK 法时，要选个安静的环境（不设电话，也不接待来访者）、舒适的环境（时间长也不会觉得身体或心情的不适）。

第一阶段，以开会讨论的方式进行。讨论内容包括：①提出问题；②弄清问题的背景；③分析问题；④明确归纳问题，这几方面。讨论主持人是推选出来的，这个主持人应注意使讨论保持热情高涨的气氛。

2）冥想和思考

在第二阶段中，原来静止的个人思考开始活动，诱导思想，把得出的形象与思考相应地结合起来，最后归纳，做成图表。

（1）冥想和开放的思考

冥想唤起想象。有时冥想能引起遥远的过去的回想，有时模糊的回忆的情景一个个浮现出来了，不过，这一段时间与主题有关的形象就会出现了。

约 3 分钟的冥想结束后，睁开眼睛，把冥想中的形象、想法和观点或者对过去的回忆用 4 分钟写在笔记本里。在记笔记时或记完以后，有时会与刚才冥想完全不同的东西又在头脑中浮现了。因此，在记笔记或记完以后，尽可能考虑各种各样的东西的思考属于开放的思考。

ZK 法的特征之一，就是反复进行这种冥想的开放思考。一般，冥想约 3 分钟，开放的思考（包括记笔记）约 4 分钟，把这个过程往返 8 次，即用这种办法进行约 1 个小时的冥想思索。

（2）收拢的思考与开放的思考

在冥想和开放的思考阶段，归纳整理记下的笔记，就进入下一步收拢的思考。记录收拢思考得出的东西，又会再转向开放的思考。

（3）归纳和积累（图表化）

记好笔记，归纳已经初步整理的思考结果，再进一步核对归纳的结果，再仔细检查一下，看有哪些可以积累的，画出用于提示的图表，这就是“归纳和积累（图表化）”

图表的样式，有各种各样的，列表法、表格法、示意图（透视图法）、层次 / 网络法、候选图表法等，一般采用简便的列表法。

（4）自我评价

每个人各自对自己的成果给予评价，具体来说，就是把想着重提出的个人观点、别人给补充的观点及思想提出的观点……都记在笔记里，作为自己手头的备忘录。这个记有评价的备忘录，在第 3 阶段集体思考时的发言中就能用上了。

3）相互作用（集体思考）

第 3 阶段，是把在第 2 阶段得出的每个人自己的思考结果，在集体中相互交流，以便得到对主题最适宜的方案。这是对别人的思考，自由地积极地参与，也是全体讨论者最兴奋活跃的场合，每个人的思考飞跃了，产生新的结合，通过这个新结合又产生飞跃……，所以是总结思考的成果阶段。

4）产生实践的冲动

第 4 阶段，从在第 3 阶段根据集体的相互交流中产生的结果里选择最佳方案，向最后的成果冲击。

（1）选择最佳方案

根据全体成员彼此评价的高低排出顺序，把居于首位的选出作为最佳方案。

（2）全体的再估价

“全体的再估价”，是在实施前的最后一道“工序”。在思考的过程中，如果迷了路又会走回到原来的路上去，沿着螺旋的循环的回路再重新走一遍。在 ZK 法中称为反馈。

（3）实施创造

创造的实行，也就是一般说的“知与行的统一”。根据经过选择、重新估价得到的最佳方案，去奋斗取得成果。这就是实施创造。

ZK 法思考过程的分析如下：

- “冥想和开放的思考”的分析

ZK 法的冥想是微微闭着眼在大脑中描绘主题的形象信息，开放的思考是把根据冥想得出的形象信息在纸上写出来。下面试分析一下这个思考过程。对日本某公司的 150 名骨干进行的调查表明，思考的生产效益在 8 次重复最高，在 4，5，6 回时效益最低。另外，思考的创造性也随着反复的回数有高低变化，思考的创造性，是从质的方面来统计入笔记的内容，看在记入比的内容中实际付诸使用的有多少，统计结果也是在 8 回的反复中最多。

- “相互作用”的分析

相互作用，是通过对他人的思考结果，自由而积极地进行参与，产生出对课题最适宜的方案的活动。在集体讨论中，也会有各种各样的情况出现，有全体集中于一个思想的，有全体的意见结合产生更好的思想的，有通过讨论后分化为更多的思想的，还有的形成两个以上对立思想的。

在集体讨论时，有时有的人会随声附和，随大流，也有的人能言善辩、口若悬河来卖弄自己，对这些不利于讨论的现象，主持人应注意纠正。

恩田彰在一篇文章里论述了 ZK 法的特征：“ZK 法与 KJ 法、NM 法等相比，它的首要的特征，是依靠反复进行冥想和思索，通过交互进行开放的思考与收拢的思考来展开创造的思考。这是 ZK 法所特有的东西。第二，是依靠加深个人的思考和集体讨论者的相互交流来促进联想，把这些思想系统地归纳起来。ZK 法是把东方式的冥想与西方式的系统思考结合起来的方法，所以它不仅适合于日本人的创造开发和解决问题，对其他国家也具有普遍的意义，可以充分利用。”

ZK 法是以对解决问题的迫切感为出发点的，在起、承、转、结的开展中，进行“个人思考→集体思考→再个人思考……”“开放思考→收拢思考→再开放思考……”“紧张→松弛→紧张……”“上升→下降→上升……”这样的变化。

随着这种变化，主观到客观、感性到理性、精神到物质、特殊到一般、个别到全体、梦想到现实、发现到发明，进行螺旋式的循环，孕育着创造，产生着创造。

◉ 思考与探索

1. 试述类比发明法的类别及其对创新及创造力开发的意义。
2. 解释 ZK 发明法的涵义及其操作方法及对创新的意义。
3. 重新学习与评估创新技能。

第 10 章 运用多种心理活动规律激发创新

本章概要：

- 潜思维、联想思维、逆向思维
- 运用潜思维、灵感、梦思维促进创新
- 运用想象力、联想思维、逆向思维激发创新

10.1 激活潜思维是诱发创造的导火索

显思维与潜思维是两种不同的思维方式。显思维是本人意识到，能直接加以控制，也能独立进行信息处理的一种思维活动。潜思维是相对于显思维而言的，是本人意识不到，不能直接加以控制，却能独立进行信息处理的一种思维活动。潜思维是在潜意识基础上发展起来的，是潜意识的高级形式。

美国著名神经心理学家斯佩里（R. W. Sperry）关于裂脑人的研究表明：大脑的两个半球，既有分工，又通过“联络脑”相互作用，显思维功能主要集中于左脑，右脑则是潜思维的发起者，显思维通过“联络脑”对潜思维实施控制。

发生在我们周围的一些事情很好地说明了显思维对潜思维的制约作用。比如，婴幼儿往往不顾场合，随心所欲，想哭就哭，想笑就笑，看见想吃的东西就毫不客气地用手去抓，无所顾忌，甚至光着身子到处乱跑，一点也不难为情。对幼儿的上述表现，人们常常解释为“不懂事”，其实这些都是潜思维的表现。

由于幼儿时期显思维不发达对潜思维控制力不强，因此它会在幼儿的行动中自由地表现出来。但随着年龄的增长，显思维对潜思维的约束力逐渐得到加强，于是，人越来越有“涵养”，甚至达到了“不以物喜，不以物悲”的境界。

潜思维的创新作用。思维定势是创新的大敌，如不经过特殊训练，在需要创新时，显思维往往因为受条条框框的限制不起作用。而蕴藏在大脑深处的潜思维则不然，它不像显思维那样易受思维定势束缚，一些人所共知的常识在潜思维领域也不起作用，这时头脑中各种观念便能自由自在地组合，能从各个不同的角度来观察问题了。

因此，在有待创新的问题上，能否灵活地运用多种思考途径与方法的潜思维往往起着关键的作用。

尽管我们至今还不能为潜思维提供充分的科学依据和科学论证，但潜思维的创新作用已得到了爱因斯坦（A. Einstein）、彭加勒（J. H. Poincare）和钱学森等许多著名科学家们的认同，甚至有些国家的法院在审理案件时，也认可了潜思维的创新作用。

有人曾控告甲壳虫乐队的乔治•哈里森（G. Harrison），说他在1970年灌制的流行唱片《我可爱的老爷》剽窃了罗尼•麦克（R. Mack）演唱的流行歌曲《他多潇洒》。

法院在进行大量取证后宣布：乔治•哈里森并非故意抄袭，因为他的潜思维知道那发表过，但他的显思维并不记得此事！

由于潜思维领域贮存了人脑的大部分信息，而潜思维对创新又具有重要意义，因此对我们每个人来说，潜思维就是一座蕴藏了无数智力资源的智慧宝库，任何人都不可小视；又由于潜思维受显思维控制，因此这扇资源宝库大门的打开往往需要一定的条件。

潜思维的信息提取和控制功能。我们每天都要接触和处理大量信息，而大脑将这些信息转化为主观意识贮存起来。现代控制论、信息论、神经生理学的研究表明，人脑中大约有1万亿个细胞，每个神经细胞又与3万多个神经细胞相联结，形成了数量极其庞大的回路系统。正常人只要始终孜孜不倦地学习，那么他的大脑在一生中可以储藏的各种知识将相当于美国国会图书馆的1 000万册藏书的50倍。这就是说，人类的大脑可以容纳50亿册图书的知识，每个人都可以凭借自己得天独厚的脑子，在某一方面成为专门人才！人类的大脑可以说是世界上最复杂、效率最高的信息处理系统，在人的一生中，我们的大脑足以记下从小到大周围发生的一切信息。

人脑中存储的信息量是如此之大，因此有人也许会担心这些信息和知识会没有控制地展现在意识层次上，使我们根本无法思维和工作，造成名副其实的“知识灾难”。

其实这种担心大可不必，因为大自然在造就人脑强大的信息存储功能的同时，也赋予了潜思维最佳的信息提取和控制功能。

当然，除了为显意识所“抛弃”的信息外，日常生活中的弱刺激所提供的信息，也是潜思维的一个重要的信息来源。美国曾有人在电影院做过一个试验，他使用一种特殊的设备，在电影放映过程中，让“饿了请吃爆米花，渴了请喝可口可乐”这两句广告词每隔5秒钟，以1/3 000秒的速度不断闪现。由于闪现时间极短，因此没有一个观众能意识到看到过上述两句广告词。然而出人意料的是，电影散场后，观众们不约而同地蜂拥到电影院的小卖部去买爆米花和可口可乐。在前后6个星期的试验中，小卖部爆米花的销量增加了近60%，可口可乐的销量也增加了20%。

由于大量不同的信息从不同途径进入了潜意识领域，因此潜意识信息库，有人形象地将意识与潜意识作比较，认为显意识只不过是海洋中一座冰山露出水面的那一小部分。

激活潜思维的途径。从前面我们了解到，不为显思维检索、利用的大量信息深浅不等地潜沉着，有的甚至一沉就是几十年，那么人脑怎样才能有效地激活这些潜知呢？其途径分为两种。

1）在一定时间的紧张思考之后，中断思考，去干别的事情，使显思维松弛下来，有助于潜思维摆脱显思维的控制。

19 世纪俄国作家屠格涅夫曾经说到，他有一次为写好一篇作品里的晨景，陷入冥思苦想而一无所获。然而一天，“我坐在房间里读书，思想刚一放松，忽然好像有什么东西推了我一下，低声说：‘早晨的朴素的美丽。’我几乎跳了起来——就是它，就是它！真正的美句哪！”

同样的情况也发生在瓦特（J. Watt）发明分离凝结器的过程中。

瓦特从 20 岁起在英国格拉斯哥大学干活，负责修理教学仪器。格拉斯哥大学里的一台纽可门蒸汽机有着严重的缺点，它的汽筒裸露在外面，四周的冷空气使它的温度逐渐下降，蒸汽水放进去，没等汽筒热透，就有相当一部分变成水了，白白地浪费掉大约 3/4 的蒸汽。为了解决这个问题，瓦特整天思考着，冥思苦想着，去图书馆查找资料，同别人研究探讨，然而就是找不到好办法。一个夏日的早晨，天气十分晴朗，瓦特起床后，走在鸟语花香的格拉斯哥大学的校园里，在绿茵茵的草坪上散步。突然，好像电光一闪，头脑里冒出一个思想：如果在气筒外边加上一个分离凝结器，使汽筒与凝结器分开，不就可以解决热量浪费的问题了吗？瓦特顿开茅塞，立刻跑回工作室，夜以继日地实验，终于成功地创造出了高效率的蒸汽机。

2）利用偶然的机会诱发潜思维

比如，青年歌德（J. W. von Goethe）得到他的一个同学为恋爱自杀的消息后，立刻就把《少年维特之烦恼》的纲要想好了，并在两个星期之内一口气把稿子写完。在复阅时，连自己都觉得很诧异：“这部小册子好像是一个患睡行症的人在无意识间写成的。”其实，从《少年维特之烦恼》这本书的内容中，我们可以很清楚地看到青年歌德钟爱夏绿蒂，在痛苦中曾萌生过自杀念头，这本书的情节、思想早已酝酿在他的潜思维中了。同学自杀的情形和他自己的经历十分相似，这个类似点就成了点燃一大堆火药的导火线，将潜伏在他潜意识中深处的思想、感情一齐引发了出来。

同样法国作曲家柏辽兹（H. L. Berlioz）也是在偶然间激活了潜思维，然后才完成《五月五月》这首诗的谱曲工作的。当时，柏辽兹在对该诗谱曲时，对收尾的“可怜的士兵，我终于要见到法兰西”这句叠句，总想不出合适的乐调。两年后，在罗马，有一天他突然失足掉进河里，幸好有人把他救了起来，才免于一死。在被救起时，他随口哼了一曲乐调，这正是他两年前绞尽脑汁也无法谱出的曲调，然而就是在这一瞬间，而且是在这种环境下唱了出来的。其实只要我们分析一下，就会发现这看似偶然，实乃必然：因为经过长时间的思索，这一曲调，早就在柏辽兹的潜思维中形成了，只是一直没有激活的机会。而在掉入河中后，他将自己想象成了“可怜的士兵”，在被救起时，他又如释重负，发出了“我终于要见到法兰西”的感慨，这使他的思路突然接通了，于是唱出了两年来想唱但一直未能唱出的曲调。

10.2 激发灵感产生突破性的创造活动

所谓灵感，是指人们在久思某一问题不得其解时，思绪由于受到某种外来信息的刺激诱导，忽然灵机一动，想出了办法，对问题的解决产生重大领悟的思维过程。

在文艺创作活动中有很多灵感表现，此处仅举几例，以加深对灵感的感性认识。

文学创作中的灵感表现：1873 年的一个春夜，托尔斯泰不停地在书房里徘徊，他在苦思冥想长篇小说《安娜•卡列尼娜》的开头。这部小说的内容和情节他一年前就想好了，苦于找不到一个好的开头而一直没有动笔，现在他仍没思考出头绪。这时，他偶然走进儿子的房间，儿子正在读普希金的《别尔金小说集》给他的老姑母听，托尔斯泰拿起这本书随便翻了一下，他翻到后面一章的第一句："在节日的前夕客人们开始到了。"他兴奋地喊起来："真好！就应当这样开头，别的人开头一定要描写客人如何，屋子如何，可是他马上跳到动作上去了。"托尔斯泰立即走进书房，坐下来写《安娜•卡列尼娜》的头一句："奥布朗斯基家里一切都乱了。"

音乐创作中的灵感表现：法国军队音乐家德利尔（C. J. Rouget de Lisle）在酒意的冲击下创作出著名的爱国歌曲《马赛曲》，就是现在的法国国歌。那是 1792 年一个冬夜，法国由于抵抗奥地利入侵、保卫法国大革命而处于贫困中，斯特拉斯堡市长用仅有的一瓶葡萄酒招待德利尔。市长祝酒说："德利尔应当从这最后几滴酒中获得启示，谱写一首从人民的心灵中喷涌出来、给人民的心灵带来振奋的歌曲。"德利尔回到独居的寝室以后，趁着浓烈的酒意，从一个公民的内心冲动和一个音乐家的琴键上，捕捉到了艺术的灵感。一句歌词、一段乐曲地琢磨，《马赛曲》就这样诞生了。

诗歌创作中的灵感表现：郭沫若描写过写作灵感袭来时的心理状态："《凤凰涅槃》那首长诗是在一天之中分两个时间写出来的，上半天在学校课堂里听讲时，突然有诗意袭来，便在抄写本上东鳞西爪地写了那首诗的前半。在晚上行将就寝的时候，诗的后半的意趣又袭来了，伏在枕头上用着铅笔只是火速地写，全身都有点作寒作冷，连牙关都在打战，就那样把那首奇怪的诗写下来了。"

灵感作为潜思维的一种，在创新活动中扮演着重要的角色。大量事实表明，灵感能产生独特和惊人的创新构思，当对某一需要创新的问题久思不得其解时，可以有意识地试用这一方法。

比如，有一天，正为如何显示高能粒子运动轨迹发愁的美国核物理学家格拉肖（S. L. Glashow）在餐厅喝啤酒时，不小心将手中的鸡骨掉到啤酒杯里，随着鸡骨逐渐下沉，周围不断地冒出啤酒的气泡，因而显示出了鸡骨的运动轨迹。格拉肖见此情景，灵机一动，他想：若用高能量粒子所能穿透的介质来代替啤酒，再用高能粒子来代替鸡骨，是否就能显示高能粒子的运动轨迹呢？格拉肖带着这种设想积极地投入研究中，终于发现带电高能粒子在穿越液态氢时，同样会出现气泡，从而清晰地显示出粒子的飞行轨迹，发明了液态气泡。

再如，以发明袖珍电脑和袖珍电视闻名的英国发明家辛克莱（C. Sinclair）在谈到怎样设计出袖珍电视时，曾这样写道："我多年来一直在想，怎样才能把显像管的'长尾巴'去掉。有一天，我突然来了灵感，巧妙地将'尾巴'做成了九十度弯曲，使它从侧面而不是后面发射电子，结果就设计出了厚度只有 3 厘米的袖珍电视机。"

同样，瑞典化学家诺贝尔（A. B. Nobel）发明安全炸药也得益于灵感。

19 世纪 60 年代，诺贝尔冒着生命危险研制出了硝化甘油炸药。不过这种炸药威力虽大，但在运输时极不安全，多次发生大爆炸。为此诺贝尔向自己提出了新的目标：研制安全炸药。然而，诺贝尔做了数百次的域验，均未能成功。

1867 年的一天，诺贝尔在指挥工人们搬运硝化甘油时，不小心将一只装有硝化甘油的坛子撞裂了。而从裂缝中流出的硝化甘油却全部被用来垫坛子的硅藻土吸收了，毫无痕迹。诺贝尔望着吸收了硝化甘油的硅藻土，忽然来了灵感。于是，他将硅藻土与硝化甘油混合，制成了像生面一样的安全炸药。诺贝尔的灵感使炸药产生了革命。

灵感具有以下特点：

1）突破性

灵感产生的结果必须是崭新的。灵感应该是过去从未想到过的新思想、新观念、新主意。忽然想起某件事或某个人，这是回忆，而不是灵感。

灵感能打破人的常规思路，为人的创造性活动开辟一个新境界，是文艺创作的催化剂。

诗人马雅可夫斯基想描绘一个孤独的男人怎样疼爱他的妻子，想了好几天找不到合适的比喻。一次，在梦中突然想起“就像一个在战争中残废的士兵爱护他的唯一的一条腿”，马上翻身找铅笔写在纸上。

在这个例子中，作者多日的思索，思维仍局限在男人和女人这个框架里，但是，灵感在梦中突然来临，突破了原先思维的局限，在更广的范围内找到了最恰当的语言。

2）突发性

首先，灵感的产生具有突发性。所谓突发性，即人在休息时，或受到其他事物的激发，突发奇思妙想，它往往不受思考者控制而突然发生。不期而至，突然降临，是灵感最突出的特征。比如，著名的生物学家达尔文（C. R. Darwin）有一天阅读马尔萨斯（T. R. Malthus）的《人口论》，当他读到马尔萨斯关于繁殖过剩而引起生存竞争的理论时，头脑中好像电光一闪，不由自主地得出了“在生存竞争的条件下，有利的变异可能被保存，而不利的变异则被淘汰”这一结论，并由此促成了生物进化论的形成。我国水稻专家袁隆平在研究提高水稻产量时，陷入了困境，忽然孟德尔（G. J. Mendel）、摩尔根（T. H. Morgan）的遗传理论像一道闪电，触发了他的灵感，于是他改变了原来研究的方向，走上了研究杂交水稻之路，并由此取得了卓越的成绩。同样，数学家高斯（J. C. F. Gauß;）也曾结合自己的思维实际，谈到过灵感的这一特征：“两天前，我在求证数学中一个难题时，忽然闪电一样，谜一般地被解开了，我自己也说不清是什么导线把我原先的知识和使我成功的东西联结起来的。”

3）瞬时性

灵感往往像闪电一样，稍纵即逝。灵感突然降临，又匆匆离去，它在人们的头脑中只能停留几秒钟，常常在你稍有所悟，但还未来得及反应之时就飘然而去。思维只能意识到灵感的结果，而意识不到产生此结果的过程。中国古代文人金圣叹曾说：“饭前思得一文未及作，饭后作之，则为另一文，前文已不可得。”宋代诗人苏东坡也有“作诗火急追亡捕，情景一失永难摹”的说法。

4）激情性

灵感的产生往往伴随着激情，它会使创新者欣喜若狂，使他们的思维空前活跃，进入一种如痴如醉的状态。比如郭沫若在回忆他的早期诗作《地球，我的母亲！》的创作过程时，曾描述了灵感爆发时的切身体验："那天上午跑到福冈图书馆去看书，突然受到诗兴的袭击，便出了馆，在馆后僻静的石子路上，把木屐脱了，赤着脚踱来踱去，时而又索性倒在路上，想真切地和'地球母亲'亲昵，去感触她的肌肤，感受她的拥抱……"同样，爱因斯坦在回忆《相对论》创作的情形时也说道："我在自己身上观察到各种精神失常现象，好像处在狂态中一样。"

因为灵感突然解决了亟待探索的问题，给创造者带来无法形容的喜悦，产生高度的情绪亢奋。灵感状态是一种复杂的心理过程，会引起创造者奇特的心理体验，而且，有时会使创作者表现出十分异常的行为。一次，巴尔扎克（H. de Balzac）的好友去探访他，正要敲门，只听巴尔扎克大声嚷道："混蛋！我要给你好瞧的！"好友以为巴尔扎克和人吵架，立即破门而入，发现屋里只有巴尔扎克一个人。朋友觉得很奇怪，细问之下，才知道巴尔扎克在创作中产生了幻觉，仿佛对着真人一样，正大动肝火痛骂作品中一个坏蛋的卑劣行径。

灵感在科学发现、技术发明、艺术创作等活动中的闪现，大有"踏破铁鞋无觅处，得来全不费工夫"的感觉，因此有人把灵感披上了神秘的外衣，说这是"神灵的感应" "天上的启录"等等。其实灵感并非像人们想象的那么神秘，也并非只有天才人物才具有，只要注意创造条件，灵感对我们每个人来说都是可遇且可求的，下面介绍激发灵感的一般规律。

（1）灵感的产生需要一定的知识积累与长期的准备性劳动

灵感的出现丝毫离不开知识素材的积累，积累是量变，灵感的产生是质变。试想假如对炸药的原理、性质知之甚少的人，看到"硝化甘油渗入硅藻土"能产生诺贝尔那样的灵感吗?

许多人强调，作家、艺术家的辛勤劳作是产生灵感的基础和温床。柴可夫斯基说："灵感是这样一位客人，她不爱拜访懒惰者。"高尔基奉劝青年文学家不要过于信赖灵感，不要错把灵感当作工作的鼓舞者，他认为灵感是工作的结果、作为对工作的乐趣的享受而出现的。创造者对问题要有强烈的愿望和浓厚的兴趣，长时间思考有关资料，把握问题的各方面因素，这是产生灵感的基本条件。创造的灵感是在长期积累的前提下偶然得之。

（2）灵感的产生需要对问题的长时间集中思考

灵感只降临勤奋好为的人而不去拜访懒惰的客人，必须对问题的解决抱有浓厚的兴趣和强烈的愿望，对问题和有关资料进行长时间的、反复的探索，从而把握问题的各个方面，才有可能产生灵感。这正如著名的科学家巴斯德（L. Pasteur）所说的："灵感只偏爱那些有准备的头脑。"

还是以诺贝尔为例，如果他的头脑不是因为几百次的试验而达到了"有准备"的境界，恐怕撞破几百个硝化甘油的坛子也诱发不出他的灵感；同样，如果爱因斯坦不经过"十年深思"，恐怕也不可能忽然产生灵感而创立狭义相对论。因此，灵感是"长期积累，偶然得之的"。

人在创造活动中必须在一段时间内，把自己的全部精力集中于要解决的问题。普希金谈到创作时写到"我忘记了世界"，柴可夫斯基说"我忘记了一切"。

（3）灵感的激发需要一定的外部信息

灵感往往需要外界信息的触发。触发的方式多种多样，有思想点化，原型显示，形象体现，情景揭发等。由于触发信息与思考的问题具有某些相似性，因此有可能将触发信息推移到正在思考的问题上去，从而得到创新成果。比如牛顿（I. Newton）从苹果落地，悟出万有引力；鲁班受带齿的野草启发，发明了锯子；荣获第一个诺贝尔物理学奖的物理学家伦琴（W. K. Rontgen）从高压真空管造成的荧光现象中发现了 X 线；我国数学家侯振挺送一位朋友去火车站，在看到排队上火车的队伍时，灵感忽然闪现，一年多来梦寐以求的答案清晰地出现在脑际，写成了《排队论中的巴尔姆断言的证明》，引起了数学界的重视；一位设计者在为设计可口可乐瓶苦恼时，女朋友穿的一件下口收紧的紧身裙触发了他的设计灵感，从而设计出了以造型优美、新颖、别致而风靡全球的可口可乐玻璃瓶……

（4）搁置问题使思想松弛有利灵感产生

由于灵感是未经有意识逻辑思维而直接获得某种知识的特殊方法，因此它出现在大脑功能处于最佳状态的时候。许多科学家、文艺家的经验表明，经过一段长时间的紧张思索之后，身心会极度疲劳，思维显得十分迟钝，此时应设法转移注意，把正在思考的问题暂时搁置起来，去从事体育活动、文艺活动，也可以去散步、赏花、谈心、下棋、看戏，甚至睡觉，从而使自己的思维松弛下来，沉浸在一种漫无目的的遐想之中。在这种情形下，灵感常常会飘然而至。比如前面提到的著名的阿基米德定律是阿基米德（Archimedes）百思不得其解之后，在沐浴时悟出的；四元数的形式及其运算法则是英国数学物理学家哈密顿（W. R. Hamilton）在一个傍晚，与夫人在柏林皇家运河之畔的林荫道上散步时突然发现的。在一天工作完毕之后，坐在一把舒适的椅子上，任思想围绕白天有趣的事物去遐想，并随手写下所产生的念头，无疑是有益的。。

（5）宁静的情绪状态和敏感捕捉灵感

宁静的情绪状态、乐观的精神都有助于灵感的产生。所谓灵感是人们思维过程中认识飞跃的心理现象，一种新的思路突然接通。这种状态能导致艺术、科学、技术的新的构思和观念的产生或实现。人的情绪状态影响着灵感的发生，内心平静时会思维活跃，浮想联翩，文思泉涌，而心情紧张时会脑中一片空白；灵感的稍纵即逝，也需要一有端倪，及时捕捉。如屠格涅夫的小说《阿霞》就是在这样的状态中构思出来的：“有一次，我躺在小船里，什么也不想，呼吸着温暖的空气，浏览周围的景色。我们从一个不大的火砾场边经过，火砾场的一旁有座两层楼的小屋。一个老太太从下层屋的窗子里朝外张望，上层楼的窗子里探出来一个标致的姑娘的头颅。这时我忽然被某种特别的情绪控制住了。我开始思索，我想着，这个姑娘是谁，她是怎样一个人，她为什么在这个小屋里，她跟老太太是什么关系—— 就这样，我在小船里就立刻构思好了短篇小说的整个情节。”

（6）应养成即时记录灵感的习惯

由于灵感具有稍纵即逝的特点，如果不及时记录，过后恐怕很难再回忆起来。因此许多科学家和艺术家十分重视灵感的记录。

托尔斯泰说：“身边永远要带着铅笔和笔记本，读书和谈话时想到一些美好的地方、语言都要把它记下来。”

果戈理有一本“万宝全书”，厚达四百多页，里面什么都收集，五花八门，应有尽有。有时他外出散步，当听到或临时想起什么趣事，便突然跑回家，翻开这本“万宝全书”记下来。

伟大发明家爱迪生（T. A. Edison）习惯于记下他想到的每一个意念，不管这个想法多么的微不足道。

爱因斯坦（A. Einstein）有一次在朋友家的饭桌旁与主人讨论问题时，忽然来了灵感，他立即拿起笔，迫不及待地把公式记录在了桌布上。

法国物理学家安培（A. Ampere）有一次走在巴黎的大街上，忽然来了灵感，便在地上捡了点小土块，在停在街边的一辆马车后板上演算了起来。

贝多芬（L. van Beethoven）有一次在散步时忽然来了灵感，便蹲在地上写了起来，行人看见有人挡在路中央自然十分生气，但当大家看清贝多芬时，便都停止了脚步，一直到贝多芬写完。

10.3 巧用梦思维利于创新

人们很早便开始对“梦”进行研究，并提出了种种解释。比如中国古代医学认为，梦的情况与脉象的虚实、沉浮、平滑及脏象——肝、心、脾、肺、肾的气盛和气衰等有关；古希腊著名的学者亚里士多德则认为，“梦是睡眠者睡着时的心理活动”；弗洛伊德认为，“梦是人在睡眠状态中的潜意识活动”。对于梦的内容为什么常常是那样离奇荒诞，弗洛伊德的解释是“梦是由伪装的潜抑愿望充斥而成的，它是潜抑的冲动与自我监督力量的抵抗之间的一个妥协”，弗洛伊德还说：“当睡觉的时候，我们脱去道德的外衣，而仅在早晨来临时才再穿上它。”美国芝加哥大学生理学教授克雷特曼（N. Kleitman）和阿瑟林斯基（E. Aserinsky）对梦进行研究后发现，人入睡一段时间后，眼球会快速运动，这时如果把人叫醒，80% 的人会说他正在做梦，而且记得梦中的内容。此外，科学家们还发现梦是人类的生命活动所必需的，他们将一些身体健康的人分为两组，夜里让一组人像平常一样睡觉、做梦，而对另一组人当仪器显示他们在做梦时，就将他们唤醒，经过一段时间发现，经常被叫醒的这组人出现了焦虑、记忆减弱、幻觉、血压升高等症状。这一实验说明，做梦对维持人类正常的心理平衡是十分重要的。

与直觉、灵感相似，梦也是一种潜思维。现代心理学认为，人之所以做梦，是因为人在睡眠状态时，意识开始休息，潜思维积极活动，而且它的活动表现出无序、零乱、怪异、自发、松弛、模糊等，这就是梦思维的特点。

古今中外有着不少科学家在梦中做出发明创造、诗人在梦中吟得佳句、艺术家从梦中得到灵感、哲学家从梦中获得思想启迪的奇闻轶事。比如，胰岛素的结构是班廷（F. G. Banting）在梦中设想出的；罗素（B. A. W. Russell）经常在梦中通读他所写的哲学著作；著名画家拉斐尔（Raffaello Santi）在梦中画出了“圣母像”；塔季尼（G. Tartini）的《魔鬼之歌》是在梦中欣赏魔鬼演奏时记下来的；现代科学思想之父笛卡尔（R. Descartes）关于方法论、数学和物理学的一些基本概念是在 1618 年的一个夜晚的三个不连贯的梦中构思的。

剑桥大学教授胡钦逊曾对富有成就的科学家做过调查，结果发现有 70% 的科学家从梦中得到过帮助。日内瓦大学教授福类瑙爱也调查了 69 位数学家，结果其中有 51 位曾在睡梦中解决过问题。

其实并不难理解，这些正是潜思维在创造发明过程中所起作用的表现，只不过它们通过“梦”来显现。

以前，有个名叫埃利斯•豪（E. Howe）的美国人想发明一种用来缝纫的机器，但绞尽脑汁，也未能成功。不过他并不气馁，继续苦思冥想。

有一次梦中，他看见一野蛮人举着矛向他刺来，那慢慢地升起，又慢慢地落下的矛尖上带有小洞的长矛使他惊醒了,并受此启发,发明了后来人们使用的针尖在针眼中上下移动的缝纫机。

开发梦思维的方法与程序：

1）要全身心地投入有待解决的问题中去

梦思维同灵感一样属潜思维，因此它具有与灵感相似的特点。俗话说：“白日思之，夜则梦焉。”前面提到的凯库勒（F. Kekule）和古德伊尔（C. Goodyear），包括其他科学家、艺术家都是因为专心致志于研究，才会从梦境中得到收获。同灵感一样，梦也只青睐那些有准备的大脑。

比如，1857 年，只有 23 岁的门捷列夫担任了彼得堡大学化学副教授。在讲授和编写《化学原理》一书中，门捷列夫总感觉化学似乎是一座神奇奥秘的大森林，尚未踏出一条林中通道，于是他就开始致力于有关元素规律的形容。当时已经发现了几十种元素，这些元素形形色色，千差万别，性质各异，毫无规律。它们之间：有没有什么内在联系呢？门捷列夫在研究了前人成果的基础上深入探索，他坚信在元素中一定存在着某种规律。

门捷列夫孜孜不倦地寻找着这个规律，一直寻找了十几年，用了种种的方法。按照当时已经发现的元素的名称，他做了 63 张扑克牌式的纸牌，在每张纸牌上写下了已经知道的元素的性质及它的原子量。随后，他就用成百上千种不同的配合方式来排列这些纸牌，不断地变化着它们的位置和组织，寻找它们之间的相同点和差异点，希望发现一条控制所有物质的简单法则。要知道构成物质世界的元素共有一百余个，当时有不少元素还没有被发现出来，这给他带来了巨大的困难。

门捷列夫夜以继日，如痴如醉地学习着、思索着，在实验室里，在书桌旁，在路上，在吃饭的时候，深夜躺在床上……63 张元素纸牌一直在他的脑海里浮现。

1869 年一天的深夜，精心思考、操劳忙碌了一天的门捷列夫还在摆弄着他的纸牌，排列了很长时间。他实在太累了，再也支撑不住疲惫的身体，最后伏在桌子上睡着了。人虽然睡了，但经过长时间紧张思考的大脑的一部分，却还在继续兴奋着、工作着。在睡梦中，他的思维逐渐变得清晰、单纯而明确，他梦见纸牌自动组成了有规则的、清清楚楚的排列。第二天，门捷列夫从梦中醒来，挥笔写下了最初的、闻名世界的元素周期表。他不但根据元素的原子量把已知的看起来杂乱无章的元素按周期性有规律地排列起来，并且把未知元素的位置空了出来，而且预言了 11 种当时尚未发现的元素，详细地指出了它们应该具有的各种性质，如元素的原子量、密度、比重、色泽和它的化合物的若干性质。

门捷列夫成名后，曾有一家小报的记者向他打听成功的奥秘：“门捷列夫教授，您是怎样在梦中发现周期律的？”

门捷列夫听后，哈哈大笑，说：“这个问题我大约考虑了 20 年，而您却认为一觉醒来就成功了，没这么简单！”

确实，门捷列夫在梦中发现元素周期律是他苦苦思索 20 年的结果。

2）在思考问题过程中入睡

人清醒时，显意识对潜思维有着较强的控制作用，使得潜思维的作用发挥不出。而入睡后，控制机能则明显减弱，潜思维开始活跃，催眠术很好地证明了这一点，但这时潜思维又苦于找不到思考对象而白白地浪费了。而在思考问题中入睡，就能强化问题意识，将潜思维引导到我们所思考的问题上，从而充分利用潜思维的这种潜能。

3）入睡前提醒自己记住所做的梦

我们几乎每晚都会做很多梦，但如果梦醒来后，梦不转化为显意识，那么开发潜思维便成了一句空话。入睡前提醒自己记住所做的梦有助于加强思维的警觉性，这样当潜思维对问题的思考取得一定成果时，显思维将它记录下来的可能性便大大增加了。

4）醒来后保持一段时间迷糊状态

由于睡梦中的内容有许多是十分荒唐、模糊的，在醒来后保持一段时间的似醒非醒的朦胧状态，能使梦境在大脑中多停留一段时间，以便对其进行整理，去其糟粕，取其精华，以利于梦灵感的出现和捕捉。

总之，人的一生会做大量的梦，尽管梦是人类了解最少的事物之一，但“梦思维有利于创新”已为人们的实践所证实。

让我们学会做梦吧！

10.4 借助想象力将一般思维提升为创新思维

10.4.1 想象的定义

想象是人类最古老、最原始的心理机制之一。爱因斯坦指出：“想象力比知识更重要，因为知识是有限的，而想象力概括着世界上的一切，推动着进步，并且是知识进化的源泉。严格地说，想象力是科学研究中的实在因素。”贝弗里奇（W. I. B. Beveridge）也指出：“想象力之所以重要，不仅在于引导我们发现新的事实，而且激发我们做出新的努力，因为这使我们看到有可能产生的后果。”

所谓想象，就是由保存在记忆中的表象出发，把这些表象进行加工、改造，使其产生新思想、新方案、新办法，从而创造出新形象的思维过程。

想象是人对头脑中已有的表象进行加工改造创造出新形象的过程。

想象是创造者对头脑中储存的事物的特征和信息的一种形象性描写或艺术夸张，常伴随着生动的图像，所以是形象思维的结果。想象力能提高创新的层次，因为它不受已有事实的局限，也不受逻辑思维的束缚，所以想象能为你拓宽创新的视野。想到的未必都能做到，但做到的却首先要想到，有什么样的想象力，就有什么层次的创新。

想象作为形象思维的一种基本方法，不仅能构想出未曾知觉过的形象，而且还能创造出未曾存在的事物形象，因此是任何创新活动都不可缺乏的基本要素。没有想象力，一般思维就难以升华为创新思维，也就不可能做出创新。

DNA 双螺旋结构的发现，是近代科学的最伟大成就之一。由于 DNA 是生物高分子，普通光学显微镜无法看到它的结构。在 1945 年，英国生物学家威尔金斯（M. H. F. Wilkins）首先使用 X 线衍射技术拍摄到世界上第一张 DNA 结构照片，但很不清晰，照片上看到的是一片云状的斑斑点点，有点像是螺旋形，但不能断定。1951 年春，英国剑桥大学的生物学家克里克（H. C. Grick）也利用 X 线拍摄到了清晰的蛋白质照片，这是一个重大的突破。美国年轻的生物学博士沃森（J. D. Watson）当时正在做有关 DNA 如何影响遗传的实验，听到这一消息便来到克里克的实验室和克里克一起研究 DNA 结构。

这年 5 月，沃森（J. D. Watson）在一次学术会议上见到威尔金斯（M. H. F. Wilkins），威尔金斯提出了 DNA 可能是螺旋形结构的猜想。回到剑桥大学后，沃森便和克里克（H. C. Grick）一起仔细研究那张 DNA 照片。沃森想，DNA 的结拘形状会不会是双螺旋的，就像一个扶梯，旋转而上，两边各有一个扶手？他便与克里克用 X 线衍射技术反复对多种病毒的 DNA 进行照相，并进行多次模拟实验。最后他们终于发现 DNA 的基本成分必须以一定的配对关系来结合的结构规律，从而揭示出 DNA 的分子式是“双螺旋结构”。1953 年 4 月，他们有关 DNA 结构的论文发表在英国《自然》杂志上。这篇论文只有 1000 多字，其分量却足以和达尔文的《物种起源》相比。

DNA 结构的发现，为解开一切生物（包括人类自身）的遗传和变异之谜带来了希望。1962 年，沃森、克里克和威尔金斯三人因 DNA 结构的发现而共获诺贝尔医学奖。

从 DNA 结构的发现过程中我们可以看出，想象在科学创新过程中起了决定性作用。

关于想象的创新作用，我们可以从以下两个方面理解。

1）想象能帮助创新者思考问题

在创新活动开始之前，创新者首先都要设想这项创新活动的条件、步骤、可能发生的问题和预想达到的结果等，这些事先的设想是离不开想象的。比如，伽利略（G. Galilei）在向亚里士多德的错误观念挑战时，就成功地运用了想象思维。当时，科学界将亚里士多德视为“学问之神”，凡是他说过的话，都认为是真理。亚里士多德认为，两个质量不同的物体从同一高度自由下落时，质量大的落得快，质量小的落得慢。而伽利略对这一学说产生了怀疑，他指出，如果质量大的物体下落得快，质量小的下落得慢，那么两个质量大小不同的物体捆在一起下落时，由于相互牵制，快慢应该取其中间状态。而按照亚里士多德的同一条理论，两个物体捆在一起时的质量，一定比质量大的物体还要大，它们应该比质量大的物体下落得还要快。伽利略的这一想象为后来著名的“斜塔实验”奠定了基础。

同样，科学研究中常用的“理想实验”由于实验条件的极端性而无法做到，只有靠发挥想象力去完成。最有说服力的例子是爱因斯坦狭义相对论的建立。“人追上光速将会看到什么现象？”“人在自由下落的升降机中会看到什么现象？”对于这种问题，谁也不能去做实验，只有依靠丰富的想象才能找到答案。

2）想象是通向创新的桥梁

人们对客观事物的认识往往有一个发展过程，当人们所掌握的资料不够完备时，只有运用想象，提出猜测性的假说，才能进一步探索客观事物的本质。著名物理学家普朗克（M. Planck）说：“每一种假说都是想象力发挥作用的产物。”假说是为探索事物的规律预先在头脑中做出的假定性解释，假说是以现有的材料和认识为基础的大胆的解释，一旦被证实，就是一个科学的创新。

因此，想象是通向创新的桥梁，在创新过程中，想象的一个重要作用就是促成假说，创新者可以根据想象做出的假说来确定方向，进行有目的、有计划的探索。

1742 年德国数学家哥德巴赫（Goldbach ）发现许多奇数有一个共同的特征，即大于 7 的奇数可由三个奇素数之和来表示，于是他大胆想象，提出了“任何大于 7 的奇数都可表示为三个奇素数之和”的设想，并将这一设想告诉了欧拉（L. Euler）。

欧拉不仅肯定了哥德巴赫的这一设想，而且受此启发，又提出了“任何一个大于 4 的偶数都可表示为两个奇素数之和”的设想。后来，这两个设想就合称为哥德巴赫猜想。

尽管哥德巴赫猜想目前仍是未获完全证明的数学假说，但是在 1920 年，挪威数学家布朗（Brown）证明了每个偶数都是两个因子个数不超过 9 的正整数之和，在“9+9”之后“7+7”“3+3”“1+2”相继被证实。而且数学家们在研究哥德巴赫猜想的过程中，创造和发展了一些重要的数学理论和数学方法，比如，我国数学家陈景润在 1966 年证明“1+2”的过程中，就曾改进了古老的“筛法”。

总之，想象是创新的先导，是智慧的翅膀。想象力是人类特有的天赋，是一切创新活动最伟大的源泉，也是人类进步的主要动力。对于想象在创新活动和科学研究中的作用，德国著名数学家希尔伯特（D. Hilbert）在同一个朋友谈到他的一个学生时，曾有一段十分有趣而精辟的说明：“他当诗人去了，因为作为数学家，他太缺乏想象力了！”

10.4.2 充分发挥创造想象在创造中的作用

根据想象产生时有无目的、意图，可以把想象区分为有意想象和无意想象。无意想象是没有特定目的、不自觉的想象。梦是无意想象的极端情况。有意想象是带有目的性、自觉性的想象，它按一定思路，对某一问题进行有步骤的思考，设想解决问题的方法。有意想象在科学探索、文艺创作中是必不可少的，它包括再现想象、创新想象和幻想等。

再现想象是指根据语言和文字的描述或图样的示意，在头脑中形成相应形象的过程。再现想象的特点是再现性，也就是想象者头脑中产生的形象是别人早已创造出来的，想象者不过是使其再现而已。比如你没见过飞机，乘过飞机的人给你说一遍，你就能想象出飞机的大致模样；建筑工人根据设计图纸想象出未来的建筑物形象。这些都属于再现想象。

创新想象是根据一定的目的和希望，对头脑已有的表象进行加工创新，独立地创造出崭新形象的过程。由于创新想象创造出来的形象不仅新颖，而且具有开创性，因此在创新活动中起着不可替代的作用。比如，哥白尼（N. Kopernik）在天文仪器极度落后的情况下提出“日心说”，德布罗意（L. V. de Broglie）提出物质波的假说，卢瑟福（E. Rutherford）建立原子模型，富兰克林（B. Franklin）创立电流学说，伽利略（G. Galilei）发现惯性定律，魏格纳（A. L. Wegener）提出大陆漂移说等都是创新想象的结果。

文艺创作中常使用创造想象，主要有黏合、夸张、典型化三种形式。

（1）黏合

黏合是把客观事物中从未结合过的属性、特征、部分在头脑中结合而形成新的形象。许多童话、神话中的形象都是这样创造出来的，如孙悟空、青蛙王子等形象的创造，都是利用客观事物的某些特征，结合人们的要求，重新对特点进行组合。正如鲁迅所说：“所写的事迹，大抵有一点觅过或听到过似的缘由，但决不全用这事实，只是采取一端，加以改造，或生发开去，到足以几乎完全发表我的意思为止。人物的模特儿也一样，没有专用过一个人，往往嘴在浙江，脸在北京，衣服在山西，是一个拼凑起来的角色。”这里所用的方法就是黏合。

“两个黄鹂鸣翠柳，一行白鹭上青天”。诗人将生活中的黄鹂、柳树和白鹭一起描绘出来，让人感到初春的气息扑面而来；深受青少年喜欢的漫威漫画旗下的超级英雄蜘蛛侠也是住在美国纽约皇后区的一名普通高中生，因偶然机会获得了蜘蛛一样的超能力，化身蜘蛛侠（Spider-Man）守卫城市。

（2）夸张

夸张是通过改变客观事物的正常特点，或突出某些特点而略去其余特点，在头脑中形成新的形象。如人们创造出千手观音、九头鸟等形式也使用了创造想象的夸张形式。李白是一位浪漫主义诗人。他的夸张手法的运用为其作品增添了夺目的光彩，也给后人以强烈的艺术感染。“飞流直下三千尺，疑是银河落九天”（《望庐山瀑布》），用“三千尺”形容瀑布之高，很有气势；再如“会须一饮三百杯”（《将进酒》），说“三百杯”酒一次喝光，显示其豪放的性格。《蜀道难》开篇，诗人慨叹：“蜀道之难，难于上青天，”夸张之极，却不失真实，使读者对蜀道的艰险难行有一个初步的认识。接下去，诗人具体地描绘蜀道风光。写山峰高峻，则说：“黄鹤之飞尚不得过”；写溪流之汹涌，则说：“崖转石万壑雷”；写关隘之险要，则说：“一夫当关，万夫莫开”。通过对这些惊人的想象和高度的夸张，刻画了壮美的山川风貌，抒发了热爱祖国山河的感情。

俄国作家果戈里的代表作《钦差大臣》描绘了俄国的某个小城市。这个城市在粗鲁而贪污的市长和一群本身是歹徒而实际是笨蛋的官吏主宰下，变得腐败不堪。当这群贪官污吏风闻首都已派出微服私巡的钦差大臣时，每个人都慌乱得不知如何是好。此时，纨绔子弟赫列斯达可夫与人打赌输得精光，正一筹莫展，从彼得堡途经此市，被误认为“钦差大臣”。

"剥掉火漆的时候，血管里像火烧一样，把信一拆开，浑身直发毛，两只手直打哆嗦，眼前一阵黑，迷迷糊糊的全看不见啦。"夸张是文艺形式的重要表现手法之一，果戈理运用夸张的手法，抓住邮政局长私自拆开"钦差大臣"的信件时紧张害怕这一主要特征，作为人物心理和行为描写的基础，集中笔墨对它加以描绘，形成夸张的形象，把以市长为首的一群贪官污吏因平时作恶多端，欺压百姓，而急于巴结上司的种种丑态，淋漓尽致地展现了出来，深刻地揭示了沙俄制度的黑暗腐朽和荒唐反动的本质。

（3）典型化

典型化是根据一类事物的共同特征创造新形象的过程，它是文学和艺术创作的重要方式。鲁迅说："小说也如绘画一样，有模特儿，我从来不用一整个，但一肢一节，总不免和某一个相似，倘使无一和人相似处，即非具象化了的作品"，"模特儿不用一个一定的人，看得多了，凑合起来的"。他笔下的阿 Q、祥林嫂和狂人等都是这样的艺术形象。高尔基在谈艺术创作时指出：主人公的性格是由他所在的社会团体中，各种不同人的许多特征构成的，为了能近乎真实地描写一个工人、和尚、小商人的肖像，就必须去观察一百个其他的和尚、小商人、工人。

文学源于生活又高于生活，创造者们正是通过典型化将人物形象塑造得栩栩如生，给人带来美的享受，促进人们探索生命的本质和追求人性深度厚度的生活。

10.4.3 充分发挥幻想在创造中的作用

幻想是创新想象的特殊形式，是一种指向未来的特殊想象。幻想是一种十分重要的思维形式，人们运用幻想，能跨越时空的限制，展望未来事物的新形象。

幻想思维的突出特点是它的脱离现实性，也正因为具有了脱离现实的特点，幻想思维才能在没有现实干扰的理想状态下纵横驰骋，从而做出创新。因此创新学往往允许并鼓励人们对事物进行各种各样的幻想，苏联甚至专门开设了"幻想课"来提高学生的创新能力。

当然，由于幻想思维是脱离现实的，因此幻想越大胆，所包含的错误可能也越多，不过这并没有什么关系，因为幻想思维中所蕴含的创新价值往往是不可估量的。比如，人类有了"嫦娥奔月"的幻想，才有今天"阿波罗号"登月；有了"木牛流马"的幼稚幻想，才有今天在战场上纵横驰骋的装甲战车；有了阿凡提的"芝麻开门"，才有今天的众多文明。被誉为科学幻想小说之父的著名科幻作家凡尔纳（J. G. Verne）具有极强的幻想能力，潜水艇、雷达、直升机等在当时还未出现的事物，在他的科幻作品中早就出现了。特别令人吃惊的是他曾预言，在美国的佛罗里达将设立火箭发射站，并发射飞往月球的火箭。结果在一个世纪后，美国果然在佛罗里达发射了第一艘载人宇宙飞船。这些都是幻想给人的启迪，人类科学史上的许多创造发明是从幻想中产生的。

幻想是指向未来，并与个人愿望相联系的想象，它是创造想象的特殊形式。各种神话、童话中的形象都是幻想的结果。幻想不能在人的实际生活中立即兑现，它带有向往的性质，幻想的形象是人们愿望的寄托。

10.5 遵循联想思维方法与法则实现创新

创造性思维的本质在于发现原来以为没有联系的两个事物（或现象）之间的联系。人们要想发现这种联系，联想起着极为重要的作用。

作为形象思维的一种基本形式和方法，联想思维就是指人们在头脑中将一种事物的形象与另一种事物的形象联想起来，探索它们之间的共同的或类似的规律，从而解决问题的思维方法。

联想思维有着广泛的基础，它为我们提供了无限广阔的天地，一个人如果不会运用联想思维，学一点就只知道一点，那么他的知识是零碎的、孤立的，派不上什么用处；可如果他善于运用联想思维，就会由此及彼扩展开去，做到举一反三，闻一知十，触类旁通，从而使思维跳出现有的圈子，突破思维定势而获得创新的构思。

联想不仅在文学创作，经营管理上有它的重要作用，在科学发现、技术创造和其他创造活动中也是一种极为重要的方法，历史上有很多科技成果是运用联想的方法而取得的。

贝尔（A. G. Bell）在 1876 年发明了电话，在发明电话的过程中，就曾得益于联想的思维方法。在一次试验时，他发现，把音叉的端部放在带铁芯的线圈前面，让音叉振动，线圈中会产生感应电流。通过电线把这电流送到另一只同样的线圈中，这时，发现放在另一线圈前面的音叉也会振动，并发出与前一音叉一样的声音。由此，他联想到：是否可用金属簧片代替音叉？如能行，那么金属簧片就会“说话”了。他继续试验，可惜因线圈中的电流太小失败了。这以后，他又联想到：能否用薄铁片代替金属簧片，同时将线圈中的铁芯改用磁棒以增加电流强度。试验结果，获得成功；人在薄铁片前讲话，随声波的变化使线圈中的电流也发生相应的变化，通过接线，电流传到另一线圈，该线圈前的薄铁片也发生振动，发出说话的声音，终于发明了电话。

联想往往可以启发人突破常规，跳出现有的圈子。例如造桥，自古以来都是靠修筑桥墩来架桥的，当遇到水深难以筑桥墩时该怎么办呢？发明家布伦特开始时因囿于常规，百思不得其解，后来有次他看到蜘蛛吊丝作网，联想到造桥，顿时感到恍然大悟，从而发明了吊桥。

又如，在早先研究潜艇的潜行速度时，人们发现潜艇的潜行速度很难提高，由此人们联想到了游得极快的海豚，究竟是什么原因使海豚有那么快的游泳速度呢？经研究发现，关键之一就在于其皮肤的双层管状的特殊结构，于是，人们便将双层管状结构移植到潜艇上，果然大大提高了潜艇的潜行速度。再如，生物学家都知道，响尾蛇的视力很差，几十厘米近的东西都看不清，但是在黑夜里却能准确地捕获十多米远的田鼠，其秘密在于它的眼睛和鼻子之间的颊窝。这个部位是一个生物的红外感受器，能感受到远处动物活动时由于有热量产生而发出的微量红外线，从而实现“热定位”。美国导弹专家由此产生联想，若用电子器件制造出和响尾蛇的生物红外感受器类似的“电子红外感受器”，用于接受飞行中的飞机因发动机运转发热而辐射的红外线，岂不可以通过这种“热定位”来实现对目标的自动跟踪。所谓红外跟踪响尾蛇导弹就是在这种“联想”的基础上设计出来的。

10.5.1 遵循联想思维的方法实现创新

在创新过程中，联想思维是一种常见而有效的方法，这是因为自然界中的一切事物都有着某种内在的联系，从茫茫宇宙天体到点点微观粒子，从飞禽走兽的特殊本领到机械和建筑的精巧设计，创新者都可以从中发现互通的东西。根据联想思维产生的目的性；我们可以将联想思维方法分成自由联想法和强迫联想法两种。

1）自由联想法

自由联想法是一种主动自由的积极联想，是在自由奔放毫无顾忌的情况下进行联想，该方法是属于探索性的，它是由美国芝加哥大学的心理学家们首先提出，并开始实验的。心理学家提出一个有趣的问题，要求接受试验的人尽快地想到许多观念，再从这些观念中，选择出新的观念来。例如，提及“飞机”一词，就可以联想到航空、机身、机翅、机尾与着陆装置等，还可以联想到飞机的原理、起飞的上升力、着陆的下降力以及飞机冲力必须超过它的阻力等等。联想思维能力更强的人还可以构念出鸟的飞翔、宇宙飞船、飞行火车等等。心理学家经过一系列的追踪研究发现，自由联想越丰富的人，做出创新的可能也往往越大。

2）强迫联想法

强迫联想法是苏联心理学家哥洛万斯和斯塔林茨发明的，其方法是要求拿一本产品目录，随意翻阅，联想翻看到的两种产品能否构成一种新事物。

日本软件银行总裁孙正义认为自己的成功得益于他早年在美国留学时的“每天一项发明”。那时候不管多忙，他每天都要给自己 5 分钟的时间，强迫自己想一项发明。他发明的办法很奇特：从字典里随意找三个名词，然后想办法把这三样东西组合成一个新东西。一年下来，竟然有 250 多项“发明”。在这些“发明”里，重要的是“可以发声的多国语言翻译机”。

这项发明后来以 1 亿日元的价格卖给了日本夏普公司，为孙正义赚到了第一桶创业的资金。

在这里，孙正义所用的就是强迫联想法。

10.5.2 遵循联想思维法则实现创新

联想思维方法是创新者在创新思考过程中使用较多的一种方法，它能扩大人脑固有的思维，以此来收集更多的创新设想。一个人的联想思维能力越强，就越能将自己有限的知识和经验调动起来加以利用，从而扩大创新思路，作出创新。

那么如何才能熟练地运用联想思维作出创新呢？首先必须掌握以下三条法则。

1）相似联想法则

相似联想是联想思维的最基本的法则，是指尽量根据事物之间在形状、结构等方面的相似点进行联想，从而受到启发，作出创新。

英国生理学家贝弗里奇（W. I. B. Beveridge）在《科学研究的艺术》中写道："独创性常常在于发现两个或两个以上研究对象或设想之间的联系和相似之处，而原来以为这些对象或设想间彼此没有任何关系。"确实，如果我们对自然界客观存在的各种事物，从各个方面进行对照分析，就会发现许多不同类属，不同领域，甚至不同时代的事物间，都有相似之处，而利用事物间的这些相似之处往往就能作出创新。

比如，目前世界上一流的爆破技术能将一幢高层建筑物炸成粉末，而不影响旁边的其他建筑物，同样，人体内也有多种结石需要摧毁，在这一点上两者之间是相似的。那么，能否也利用爆破的方法来将体内的结石"炸掉"呢？医生们由此发明了微爆破技术，为无数结石患者带来了福音。

再如钢筋混凝土的发明也是相似联想的结果。1865 年，法国园艺师约瑟夫 • 莫尼埃在观察植物根系时，发现植物根系在松软的土壤中盘根错节、相互交叉成网状结构，使土壤抱成一团，他由此联想到了花坛的制造，并在水泥中加入了一些网状铁丝，结果制成的花坛不再像从前那样容易破碎。1875 年，约瑟夫 • 莫尼埃又运用这一发明建造了一座钢筋混凝土桥。从此，钢筋混凝土作为一种新型的建筑材料得到了广泛应用。

同样，德伊尔橡胶厂的老板运用相似联想，将面包发酵与橡胶工业联系了起来，结果通过往橡胶中添加发泡剂，制得了松软的海绵橡胶；英国工程师乔治从狩猎时身上粘满野草种子出发，运用相似联想，发明了尼龙拉链。

2）相关联想法则

所谓相关联想法则，就是指在思考问题时，尽量根据事物之间在时间或空间等方面的彼此接近进行联想。由于世上万物都不是孤立存在的，在空间或时间上总是保持着一定的联系，因此灵活运用相关联想法则，常常也能打开思路，做出创新。

比如，在澳大利亚曾发生过这样一件事情：在收获季节里，有人发现两片甘蔗田的甘蔗产量竟提高了 50%。这是怎么一回事？回想起来，在甘蔗栽种前一个月，曾有一些水泥洒落在这块田里。于是科学家们运用相关联想，发现水泥中的硅酸钙能使酸性土壤得到改良，并由此发明了改良酸性土壤的"水泥肥料"。

再如"人造血"的发明也是科学家们运用相关联想的结果：当时，有一只老鼠掉进了氟化碳溶液中，但它没有被淹死。于是，科学家们马上联想到这与氟化碳能溶解和释放氧气、二氧化碳有关，并利用氟化碳制成了"人造血"。

3）对比联想法则

对比联想法则是指在思考问题时，尽量将在形状、结构等方面存在差异，甚至是完全不同的事物进行联想。由于客观事物之间普遍都存在着相对或相反的关系因此运用对比联想往往也能引发新的设想。比如由实数想到虚数，由欧氏几何想到非欧氏几何，由粒子想到反粒子，由物质想到反物质，由精确数学想到模糊数学等等，都是对比联想的结果。

当物理学家开尔文（Lord Kelvin）了解到巴斯德（L. Pasteur）已经证明了细菌可以在高温下被杀死，食品经过煮沸可以保存后，他大胆地运用对比联想：既然细菌在高温下会死亡，那么在低温下是否也会停止活动？在这种思维的启发下，经过精心研究，终于发明了“冷藏”工艺，为人类的健康保健做出了重要的贡献。

当然，在具体的创新活动中，上述三条联想法则往往是互相结合、交叉使用的。比如，天空和茶的联想，就是这三条法则的结合：“天空—土地”运用的是对比联想，“土地—水”运用的是相似联想，而“水—喝”“喝—茶”运用的则是相关联想。

因此，我们的教师在教授学生联想法则的同时，还应该鼓励他们积极地参加创造性活动，让学生们在有目的的创新活动中，真正掌握联想法则，从而提高他们的联想思维能力。

请记住日本创新学家高桥浩说过的一句话：“联想是打开沉睡在头脑深处记忆的、最简便和最适宜的钥匙。”

10.6 学会逆向思维技巧促创新

人们的思维活动存在正向和逆向两种方式。正向思维是沿着人们习惯性的、由因到果的思路思考问题的一种思维方式。在通常情况下，这种思维方式比较有效、经济，能解决大部分常规问题。但在需要创新时，这种常规思维方法不仅不能解决问题，而且还会束缚人们的思路，影响人们的创造性。这时，如果善于转换视角，从逆向去探求，从相反的方向去思考，也就是采用逆向思维方法，往往会引起新的思索，产生超常的构思和不同凡俗的新观念。

由于客观事物之间相互联系，相互影响，相互制约，相互作用，并且在一定条件下可以相互转化，这就决定了逆向思维方法在创新活动中有着不可替代的作用。它能够从两极世界中的另一极揭示事物的本质，从而弥补单向思维的不足，它有利于人们突破传统的“思维定势”，开拓科学的新领域，创造出新的科学理论，甚至导致科学革命的来临。

“司马光砸缸”是大家所熟悉的故事。

孩子们在玩捉迷藏时，有个小朋友不小心掉进了一只盛满水的大水缸中。碰到这种情况，常规的救人方法是从水缸上面将人拉出。

可是水缸又高又大，孩子们实在太小了，还没有水缸高，根本没办法将他拉出。

这时，司马光急中生智，想出了一个办法来：他拣起一块大石头，朝水缸使劲砸去。水缸被砸破了，水流了出来，掉进水缸的小朋友得救了。

水缸破了会流出水，这是人所共知的常识。司马光的灵机一动救出同伴并没有创造出什么新知识，但他的智慧就是善于运用逆向思维方法。

300 多年前，人们已经发现人生病后体温一般会升高，但如何准确地测量体温，尚没有有效办法，于是有人向享有盛名的科学家伽利略求助。

伽利略欣然答应，然而他的一个个方案均告失败。就在走投无路之时，伽利略忽然想到：容器中的水在受热后，体积会膨胀；遇冷时体积会缩小。那么反过来，根据水的体积变化，不就也能测出温度的变化了吗？

于是，伽利略在一根细试管中装上水，排出空气并加以密封，并在试管上刻上了刻度，就这样制造出了世界上第一支温度计。

总之，逆向思维是创造发明的一种有效方法，面对需要创新的问题，当从正面难以突破时，如果能反过来思考，或颠倒过来考虑，那就能够对该问题有较为深刻的认识和把握，并有可能获得与众不同的新想法、新发明。因此，除正向思维外，学校教育还应注意培养学生的逆向思维能力，教授学生运用逆向思维的技巧，使学生们养成遇到任何事物，都能从正反两个方面思考的思维习惯。

10.6.1 掌握逆向思维的技巧

下面我们介绍四个在创新活动中应用较为广泛的逆向思维技巧。

1）逆事物的原理思考

逆事物的原理，将自然现象、物理变化、化学变化等进行反向思维，往往能做出创新。比如，发电机与电动机，电风扇与风力发电机等的发明都是运用这一技巧的结果。再如，电能生磁，那么磁能否生电？法拉第（M. Faraday）由此创立了电磁感应原理；1860 年，意大利物理学家伏特（Volta）发明了伏特电池，第一次将化学能转换成了电能。既然化学能可以转换为电能，那么反过来，电能是否也能转换为化学能？英国化学家戴维（H. Davy）由此出发，做了大量研究，最终创立了电化学，并发现了钾、钠、钙、镁、钡、硼等元素，成为化学王国的“哥伦布”。

2）逆事物起作用的方向思考

事物的方向与性质、功能等方面存在着某种内在的联系，方向一经逆转，该事物的其他方面也会发生相应的变化。因此，有意识地对事物进行反思，也是逆向思维的一大技巧。

比如，一般来说，火箭都是向上发射的，可前苏联的工程师米海依尔却成功地运用了逆向思维，将火箭发射的方向“逆转”，于 1968 年研制成了向下发射的钻井火箭。这种火箭在地层中推进，可按要求改变方向，穿透土壤、冰层、冻土、岩石，每分钟钻进 10 米。与普通钻机相比，能耗降低二分之一，效率却提高了 5 ～ 8 倍，因而被认为是引起了穿地手段的革命。

现在我们日常生活中广泛使用的吸尘器的发明，就是逆向思考的产物。为了有效地清除令人讨厌的灰尘，人类很早就开始了对除尘设备的研究。当时人们最早想到的是用“吹”的方法，即采用机器把灰尘吹跑。

1901 年，在英国伦敦火车站举行了一次公开表演，当“吹尘器”在火车车厢里启动时，灰尘到处飞扬，使人睁不开眼，喘不过气。有一个叫郝伯 • 布斯的技师看到这种情况后，心想吹尘不行，那么反过来吸尘行不行？他决定试一试。回家后他用手帕蒙住口鼻，趴在地上用嘴猛烈吸气，结果地上的灰尘都被吸到手帕上来了。

试验证明，吸尘的方法比起吹尘来要高明得多。于是，利用真空负压原理制成的吸尘器就在这一年诞生了。

3）逆事物的位置思考

将事物的位置相互颠倒，往往也能产生创新的思想。比如，在传统的动物园中，动物被关在笼子中，人们习惯于在笼子外面观看。由于笼子太小了，动物在狭小的天地中渐渐地失去了野性，因此人们看到的已不是自然界中真实的动物了，这不能不说是一件憾事。为此，有些爱动脑筋的人开始采用逆向思维方法来考虑：能不能把人关在笼子中，而让动物自由自在地在大自然中觅食、活动？于是，根据这一思路，世界上出现了野生动物园。在野生动物园中，人与动物的位置正好对调，动物野性十足，全然没有关在笼子中的那种懒洋洋的样子。

同样，围棋中也有“敌之要点即我之要点”的古训。在两军对垒时，经常能站在敌人的角度想问题，猜测对方的意图，并据此制定对策的将领，往往也能稳操胜券。

“二战”后期，朱可夫率领苏联红军的坦克部队攻到柏林城下时，由于后续部队未能跟上，如不作防范，将十分危险。为此，朱可夫要求各位将领将自己设想成德军城防司令，根据当时形势，提出种种对付苏联红军的行动方案。最后，他根据将领们从德军司令角度提出的作战方案，制定出了相应的对策，果然掌握了主动权，为世界反法西斯战争的最后胜利创造了条件。

4）逆事物的缺点进行思考

任何事物都不可能十全十美，总是有这样那样的缺点。但由于人们的思维定势和惰性思维的缘故，对于看惯了或用惯了的东西，往往只会注意到它们的优点而很难发现它们的缺点。即使看到了缺点，也会在无形中对它们产生“凑合”和“将就”的思想，甚至以“理所当然”和“本该如此”的态度来对待。因此，如果我们能反其道而行之利用周围事物或产品存在的缺陷和不足进行思考，往往就能做出创新，甚至能够利用这些缺点，为人类造福。

比如，大风是一种缺点大于优点的自然现象，然而创新者却利用它进行风力灌溉；海浪会掀翻船只，但创新者却利用它来发电；噪声是激光陀螺的一种干扰信号，但人们却利用噪声场与地磁场的关系，利用它来测量大地磁场，开辟了激光陀螺的新用途；恶臭冲天的皮革厂废料渣是污染环境的一大公害，而有人却变废为宝，利用它制造出了厌氧发酵沼气池，为工厂节约了大量燃料。

玻璃质硬且光滑，只有金刚石这么坚硬的物质才能将它分割开来，因此要在玻璃上刻花是十分困难的。

那么，玻璃制品上的花纹是怎么刻出来的呢？

原来有一种名叫氢氟酸的化学物质，它的腐蚀性极强，一旦玻璃制品和它接触，就会被腐蚀掉，因此所有的化学实验员都知道，氢氟酸是不能用玻璃瓶装的，需保存在铅制或塑料的瓶子中。人们正是利用了氢氟酸的这种腐蚀性强的缺点在玻璃上刻花的。他们先将玻璃器皿放在熔化的石蜡中浸一下，然后用刀子划破蜡层，刻成所需要的花纹，再涂上氢氟酸，最后洗去残余的氢氟酸，刮掉石蜡，玻璃器皿上就留下了美丽的花纹。

在玻璃上刻花，可以说是逆事物缺点进行思考的一个典型范例了。

10.7 善用形象思维促创新

“形象”这个概念最初是由 19 世纪以俄国别林斯基为代表的一些文艺理论家在研究文艺创作问题时提出来的。

别林斯基曾说过：“哲学家以三段论说话，诗人则以形象和图画说话。”最早应用“形象思维”这一术语的苏联著名作家法捷耶夫也说过：“科学家用概念思考，而艺术家则用形象来思考。”

我国古代文人也习惯于用“神思”“形象”等词语来描述文人墨客的思维活动。李煜《虞美人》中：“问君能有几多愁，恰似一江春水向东流。”曹子建的七步诗：“煮豆燃豆萁，豆在釜中泣；本是同根生，相煎何太急。”这些名句中都有形象思维的影子。

那么，形象思维果真只为艺术家所独有吗？

所谓形象思维是人们在认识过程中对事物的表象进行取舍时形成的，以反映事物的形象特征为主要任务的一种思维形式，它是以形象来揭示事物本质的。

当我们遇到较难说清的问题时，如能像爱因斯坦那样利用形象思维打一个比方，或画一个示意图，对方往往会豁然开朗；教师在给学生上课时，如果能借助形象化的语言、图形、演示实验、模型、标本等，往往能使抽象的科学道理、枯燥的数学公式等变得通俗易懂；甚至在政治思想教育中，我们如能借助于文学艺术等特殊手段，进行形象化教育，使简单的说教贯穿于生动活泼的文化娱乐之中，常常也能起到事半功倍的效果。

比如，瑞士著名哲学家艾赫尔别格曾经对人类的发展速度有过一个形象生动的比喻。他认为，在到达最后 1 公里之前的漫长的征途中，人类一直是沿着十分艰难崎岖的道路前进的，穿过了荒野，穿过了原始森林，但对周围的世界万物茫然一无所知，只是在即将到达最后 1 千米的时候，人类才看到了原始时代的工具和史前穴居时代创作的绘画。当开始最后 1 千米的赛程时，人类才看到难以识别的文字，看到农业社会的特征，看到人类文明刚刚透过来的几缕曙光。离终点 200 米的时候，人类在铺着石板的道路上穿过了古罗马雄浑的城堡。离终点还有 100 米的时候，在跑道的一边是欧洲中世纪城市的神圣建筑，另一边是四大发明的繁荣场所。离终点 50 米的时候，人类看见了一个人，他用创造者特有的充满智慧和洞察力的眼光注视着这场赛跑——他就是达 • 芬奇。剩下最后 5 米了，在这最后冲刺中，人类看到了惊人的奇迹，电灯光亮照耀着夜间的大道，机器轰鸣，汽车和飞机疾驰而过，摄影记者和电视记者的聚光灯使胜利的赛跑运动员眼花缭乱……

在这里，艾赫尔别格正是运用了形象思维，将漫长的人类历史栩栩如生地展现在人们的面前。

长期以来，人们一直认为，科学家与艺术家各有一套独特的思维方法，即科学家使用抽象思维，而形象思维则为艺术家所独有。

其实并非如此，由于形象思维能展示出立体感强的三维空间，因此不仅艺术家需要形象思维，科学家以及哲学家、技师、工匠等都不可能同形象思维绝缘。在创新活动中，如果善于运用形象思维，往往也能做出创新。

比如，建筑师在设计新楼时，他的大脑屏幕上首先会陈列各种新型楼房的生动形象，然后应用形象思维对它们作分析、比较，接着再去粗取精，筛选组合，最后加上自己独特的想象，才能形成一幢新楼的蓝图；哥白尼是日心说的创立者，那时连天文望远镜也没有，他硬是靠自己的大胆想象构想出了新的宇宙体系。他在《天体运行论》中用诗一般的语言描绘了自己所想象的宏伟天象：“在所有这些行星中间，太阳傲然坐镇，高踞于王位之上，统治着围绕膝下的子女一样的行星。”再如数学是一门极其抽象的学科，但对它的研究也需要形象思维。列宁就曾说过：“有人认为，只有诗人才需要幻想，这是没有理由的，这是愚蠢的偏见！其实在数学上也是需要幻想的，甚至没有它就不可能发明微积分。”几何学的许多解题思维过程便是明显的例子。如果没有对图像的空间想象，仅靠抽象的概念和数字来进行运算和证明是不可能的。拓扑学是数学的一个分支，其中有一个被称为“四色猜想”的著名难题，即任何一张复杂的地图，只需用四种颜色，即可将图上的各个区间分隔开来。世界各国的科学家们在解这一难题时，思维在各种复杂的地图上往返驰骋，一刻也离不开图形和形象。在这个过程中，如果没有形象思维，而仅仅使用概念和数字进行抽象的论证，那是绝不可能取得进展的。

田熊常吉原是一位木材商，文化程度很低，可他却运用丰富的形象思维改进了锅炉。

田熊首先将锅炉系统简化成“锅系统”和“炉系统”，锅系统包括集水器、循环水管、汽包等，主要功能是尽可能多地吸热、保证冷热水循环；炉系统包括燃烧炉排风、鼓风机、烟道等，主要功能是给“锅系统”供热，减少热损失。简言之，锅炉的要素就是燃烧供热和水循环。田熊想，人体具有燃烧供热和血液循环这两大要素，人体不就是一个热效率很高的锅炉系统吗？

于是田熊马上画出了一张人体血液循环图和一张锅炉的结构模型，将二者进行比较后，田熊发现，心脏相当于汽包，瓣膜相当于集水器，动脉相当于降水管，静脉相当于水管群，毛细血管与水包相似，据此，他构思出了新型锅炉的结构方案，锅炉经过田熊的方案进行改造后，热效率果然大大提高了。

总之，由于科学研究是从现象和实验出发的，这就要求科学家们在运用抽象思维揭示事物本质的同时，也同样需借助形象思维取得突破，进而作出创新。

◉ 思考与探索

1. 试述灵感的特点及灵感的激发方法。

2. 通过学习阐明应掌握哪些逆向思维技巧促创新？

第 11 章 集思广益——挖掘团队的创造性

本章概要：

- 团队中的角色
- 理解头脑风暴法的原则与实施程序
- 掌握头脑风暴法的变式及其训练方法
- 头脑风暴法、乒乓头脑风暴法、6-3-5 方式

11.1 团队中的角色

11.1.1 团队中的从众行为

一个团队是由两个或两个以上的人组成的，内部的成员在工作上互相依赖，在心理上彼此意识到对方，在感情上交互影响，在行为上有共同的规范，并有着共同的目标。

生活在一个团队内，无形中就会接受群体的规范。所谓群体规范，是指群体所确定的、每个成员必须遵守的行为准则。不同社会有不同的行为准则。在社会生活中，人们都分别属于某个群体，每一个群体有它自己特有的行为准则。该规范有时就会导致一些不利创造的行为，其中一个最典型的就是“从众”行为。

当规范被群体所接受时，就会成为控制和影响群体成员的手段。群体会创造一种环境，使其成员受到很大的压力而顺从群体的规范，群体成员的行为通常跟从群体，从而使人产生“从众”行为。法国自然科学家约翰•亨利做过这样的实验：他将一些毛毛虫排成一个圆圈，中间放一堆食物。奇怪的是，这些毛毛虫只是一个个地跟着前面的爬行，而没有一个爬向食物，直到饿死为止。科学家认为，这是毛毛虫的“从众行为”。

话剧《魔方》中有一段情节：主持人想做一个实验，在一条阳关大道前立了块“绕道而行”的牌子，结果，上场者中老人、青年、姑娘、做丈夫的、做妻子的、当父亲的，明明看见前面无遮无碍，但还是乖乖地绕了过去，一个跟一个走上泥泞的小路。可悲的是，最后主持人也身不由己地绕了过去。这反映的是人类的“从众”行为。美国社会学家阿希（S.Asch）的调查表明：人类的许多不幸，在于有 33% 的错误来自遵从别人。

从众行为有它的积极面，但表现更多的是其消极面，它的消极性主要表现在下列方面：

从众行为倾向于“舆论一致”，这种压力容易窒息成员的独创性。因为一个人如果不敢脱出“舆论一致”的束缚，而受其控制，便会“人云亦云”、埋没创见，创造力就难以发挥。

在做决策或决定时，要警惕在表面一致的情况下强行通过或仓促做出不正确的结论，要善于听取和分析反面意见，因为任何一个决策，只有经过反复的争论，才能做出正确的判断，防止持不同观点的人，为了避免压力，或者为了表现对领袖和团队的忠诚，随声附和，结果在“一致通过”的表面下，形成错误的决议。

克服从众，才能利于创造，因而要发挥团队的创造性，必须提倡宽容、自由的团队气氛，提倡团队中保持个人的独立性，扮演好自己在团队中的角色，为自己的团队增光。

11.1.2 你在团队中的角色

团队内的成员，彼此有着不同的个性，具有不同的知识、经验、背景、专业，他们在团队中担任不同的角色。

首先请测试一下你在团队中所担任的角色，阅读下面的“集体工作自我测试题”，按照要求、规则去做，就可以知道你在集体中到底担任什么样的角色。

集体工作自我测试题

你目前在集体中工作的主要模式是什么？你通常扮演什么样的角色？

对下列每个问题，认真阅读并考虑哪个(或哪几个)陈述最能描述你的行为状况。

请诚实地回答每个问题！这不是“考试”，答案无所谓“对”或“错”。此测试旨在使你有一个清楚的自我认识，提供有用的反馈信息。

每个问题得 10 分。仔细阅读各项陈述，确定最符合你的描述。如果你认为其中一项完全描述了你的行为状态，就给此项 10 分。如果你的行为状态均衡地符合其中两项，每项的得分均为 5 分。如果两项较为符合你，同时第三项也略为符合你，各项可分别获得 4 分、4 分和 2 分。

你可以将 10 分分配给各项陈述，但如果你在所有 8 项中分摊的话，你可能就白费工夫了。

对每项选择必须打定主意。

只要确定每个问题的总分为 10 分，你可以将分数在你认为恰当的项下进行分配。

对集体的贡献

1. 这是我认为我能够对集体工作所做的贡献：

a 我认为我能够很快地发现并利用新的机会。

b 我能够很好地与各种类型的人合作。

c 我的天赋条件之一就是有很多新想法。

d 我的能力在于，一旦发现了有人可以对集体工作带来贡献，就能引导他们进行发挥。

e 我之所以能够在整个集体工作中贯穿始终，很大程度上是由于我个人的有效工作能力。

f 如果最终能够导致有效的结果，我愿意面对暂时的不受欢迎。

g 在一个我所熟悉的情况下，我能够很快地感觉出什么是可行的。

h 我可以不带任何偏向或成见地提供一个合理的替代方案。

集体工作中的不足

2. 如果我在集体工作中或许有些不足之处，那可能是：

a 除非会议安排、组织和控制得很好，否则我就会坐立不安。

b 我易于过分关注那些持有有效观点却未得到足够机会来发表的人。

c 一旦集体开始讨论新的想法，我会说个不停。

d 我的客观看法使我很难积极热情地与同事一起参与集体工作。

e 如果有必须完成的工作，有时大家会认为我属于强制和专制型。

f 我感觉很难成为带头人，也许因为我对集体氛围的反应过度。

g 我常常会被一时想到的念头缠住而忘了眼前的正事。

h 我的同事们常觉得我有时为了小事而不必要地担心会出什么事。

对项目的参与

3. 当与其他人一同参与一个项目时：

a 我不需对别人施加压力就能够影响他们。

b 我的警惕性可以防止因粗心大意或疏忽而导致错误。

c 我会敦促采取行动，以确保会议不是在浪费时间或失去主要目标。

d 总可以指望我提供一些新颖的想法。

e 我总是愿意为共同的利益而支持一个好的建议。

f 我非常热衷于寻求最新的观点和发展。

g 我认为其他人很欣赏我冷静的判断力。

h 可以依靠我确保组织好所有的关键性工作。

集体工作方法的特点

4. 我在集体中工作方法的特点是：

a 我对更好地了解其他同事总是不动声色地感兴趣。

b 我会对其他人的观点提出异议，并不在意保留自己占少数的意见。
c 我能够找到论据来反驳不合理的观点。
d 一旦计划付诸实施，我认为我有使一切顺利运转的天赋。
e 我总是避免人人皆知的想法，而提出出人意料的意见。
f 对我所承担的任何集体工作，我有点追求完善。
g 我愿利用来自集体外部的联系和信息。
h 尽管我对所有的观点都感兴趣，但我会毫不犹豫地按所做出的决策行动。

在工作中的满足感

5. 我在工作中感到满足，因为：
a 我喜欢分析形势，并对有可能的选择进行权衡。
b 我对找出解决问题的切实可行的方案感兴趣。
c 我喜欢感到自己在培养良好的工作关系。
d 我能够对决策起到很强的影响。
e 我能很好地面对可能有新想法的人。
f 我能够使别人对必要的行动方案表示同意。
g 当我能够全力完成工作任务时，我会感到浑身痛快（非常高兴和满足）。
h 我喜欢找到一个领域可以施展我的想象力。

最后期限和压力

6. 如果突然要我在有限的时间内与不熟悉的人一起完成一个艰巨的任务：
a 我会很想退缩到角落里，想方设法找到一条走出困境的出路再开始行动。
b 我愿意与那些总是用积极的方法处理问题的人工作，尽管他们很难相处。
c 我会通过确定每个人所能做出的最好贡献，找到缩小工作幅面的方法。
d 我天生的紧迫感会有助于确保我们的工作不会滞后。
e 我相信我会保持冷静，并能够清醒地思考。
f 在压力下，我仍能够保持目的的稳定性。
g 如果我觉得小组工作没有进展，我会准备起积极的领导作用。
h 我会本着激励新思想并促进工作进展的观点，在集体内展开讨论。

集体工作中的问题

7. 对我的集体工作中所经历的问题：
a 我很容易对那些阻碍工作进展的人显出不耐烦。
b 其他人或许会批评我考虑太多而缺乏决断。
c 我总希望确保工作做得完满，这可能阻碍工作的进展。

d 我很容易变得厌烦，需要依赖集体中能够激励我工作的一两位成员开导我。

e 除非目标清晰，否则我很难开始工作。

f 有时我不善于解释和澄清我所想到的复杂问题。

g 我意识到我常把自己做不到的事要求别人来做到。

h 当我真正遇到反对意见时，我会犹豫是否要阐明我的观点。

集体工作自我测试题分析表

记下你在问卷中的分数，将各项得分填入下表。

如：问题 1，如果你对答案“g”的得分是 6 分，就在第一个方框中写上 6。填完之后，将各栏分数相加，看看你的每种行为方式各得多少分。

问题	CW	CH	SH	PL	RI	ME	TW	CF	总分
1	g	d	f	c	a	h	b	e	10
2	a	b	e	g	c	d	f	h	10
3	h	a	c	d	f	g	e	b	10
4	d	h	b	e	g	c	a	f	10
5	b	f	d	h	e	a	c	g	10
6	f	c	g	a	h	e	b	d	10
7	e	g	a	f	d	b	h	c	10
总分									70
	CW	CH	SH	PL	RI	ME	TW	CF	总分

集体中的角色——行为方式类型

CW: Company Worker（公司员工）

将概念和计划转化为工作程序。有系统地、高效率地将议定的计划付诸实施。

CH:Chairman（主席）

通过优化使用集体的资源，有效控制集体的工作方向，使其向所定目标进展。

SH:Shaper（塑造者）

决定集体工作的方式及努力重点。注意力一般集中在确定目标及任务排序，确定集体讨论的形式和集体活动的效果。

PL:Plant（创新者）

提出新的观点和策略，特别注重主要问题。在解决集体所面临的问题和困难时，寻求可能的突破。

RI:Resource Investigator（资源开发者）

考查并报告集体以外的新观点、进展和资源利用情况。创造可能会对集体有利的外部联系，并进行随后的谈判活动。

ME:Monitor/Evaluator（监控者 / 评估者）

分析问题。对观点和建议进行评价，以使集体能够更好地作出折衷的决定。

TW:TeamWorker（集体成员）

支持集体成员提出的有效建议，帮助其发扬优点、弥补不足之处。增进集体成员之间的交流与沟通，培养集体精神。

CF:Completer/Finisher（完成者）

确保集体尽可能少出错，减少因有意和疏忽而造成的错误。积极寻找工作中需要特别注意的方面。在集体工作中保持一种紧迫感。

11.1.3 集思为何广益

团队中每个人的角色不同，常言道，两个脑袋比一个脑袋好。那么，这是不是说团队思维或集体思维只不过是几个人的意见总和呢？不，从心理上看，它要复杂得多。

苏联教育家和作家 A. S. 马卡连柯曾说过：“一个集体只有当它把人们在明显有益于社会的活动中联系起来的时候才是可能的。”

集思广益，这个成语告诉我们应当广泛集中群众的智慧，以弥补个人智慧的不足。

蒲松龄的《聊斋志异》就是集思而来的，他在路边设立茶摊，招待来往的行人，对客人不收茶钱，只有一个要求，就是要讲一个鬼怪故事或有趣的见闻。寒来暑往，故事素材就逐渐积累了成百上千个，为他的创作打下了坚实的基础。

数学家维纳的“控制论”，也是集思的产物，他曾同一些物理学家、生理学家、医学家、心理学家、工程师等长期合作，取他人之长，补己之短，终于使得控制论这门边缘学科诞生了。

集思之所以广益，可以归功于下述原因：

- 在集体考虑共同解决问题时，目的性能被彼此互相加强。
- 集体思维提供了一种从各种角度，同时又自我批评地思考问题的可能性。
- 团队中的意见交换丰富了每一位成员的知识和经验，促进了创造性。
- 对一个问题的解决会激发团队中的成员们提出新的问题。
- 共同解决问题利于加强团队的凝聚力。

当一个人思考某件事“20 次”的时候，他这 20 次思考往往是沿着同一条思路进行的，大脑的工作及其联系仍是相同的。而在团队中当一个人发表他的想法时，其他人听到了，这就使听者脑的新的部分活动起来，并且唤起了新的联想。因而，一个人思考 20 次和 20 个人思考一次，数量相同但效果却相差甚远，中国古语：“三个臭皮匠顶个诸葛亮”就是这个道理。

一个人的智慧是有限的，集体的智慧是无限的；没有一个人是完美的，但一个团队可以完美，他们彼此互相支撑，互相支持，互相弥补彼此的不足。

启动创造力，仅仅单靠一个人的力量是远远不够的，要利用集体的智慧、团队的力量，集思才能广益。

本章将着重介绍常用的激励团队创造性的方法。

11.2 脑力激荡

11.2.1 奥斯本与头脑风暴法

头脑风暴法又名智力激励法。智力激励法是美国创造学和创造工程之父，奥斯本（A. F. Osborn）发明的。最初用于创造广告的新花样上，1953 年经总结后著书问世。这是一种用来提出新设想的方法。

该方法的英文原名是：Brainstorming, Brain（大脑）Storming（风暴），因此也有人把他直译为“头脑风暴法”。还有译成其他名词的，如“狂想法”“诸葛亮法”“畅谈会法”“BS 会议法”等等。这种方法已成为国外一些国家广泛应用。奥斯本在《创造性想象》一书中指出，这种方法能够在社会、经济、体育、新闻、科技、军事、生活等很多方面提供有效的服务。

该法的发明者奥斯本是美国大型广告公司 BBDO（Batten, Bcroton, Durstine and Osborn）的创始人，1939 年他在他担任经理的公司首先采用了有组织地提建议的方法。当时参加者称这种方法为闪电构思会议。因为每个参加者为了突击解决独创性问题，必须快速思考和闪电般的构思。虽然，头脑风暴法最初是为集体举行献计献策会议而制定的，但是人们后来发现，应用相同的原则和规则，即使在单独思想的时候，它也十分有效。

头脑风暴法创始人奥斯本退出广告界后，在美国纽约州创立了“创造教育基金会”并成为该会的理事长，献身于创造教育事业，把“BS”当作创造教育体系的一个部门；并且对创造技术的本质进行研究。他认为社会压力对个体自由表达其思想观点有抑制作用，为了克服这种现象，须设计出一种新型的会议形式，在这样的会议上每个人都可以自由地发表自己的观点，在这个过程中不对任何人的观点做任何评价。评价乃是各种想法表达完之后的事。

奥斯本还认为对创造力的发挥而言，暂缓评价具有积极的作用。有鉴于此，奥斯本倡议，应充分肯定“暂缓评价”的价值，使其成为发挥创造力的辅助条件。后来帕尼斯（S.J.Parnes）在美国布法罗的工作有力地支持了奥斯本的主张，即如果遵循暂缓评价的原则，就会在单位时间内产生越来越多的好思想。

头脑风暴法是一项非常有效的技术，它之所以获得成功，应归功于在小组活动情境下所具有的彼此互动的群体动力学基础。每当一个人抛出一个想法后，这个人所激发的不仅是他或他自己的想象力，而且在这个过程中与会的其他人的大脑中也将受到激发。头脑风暴法会在每个人的大脑中产生震动，这会激起一系列联想性反应。这就是这种方法之所以有效的一个主要原因。此外头脑风暴式会议本身还是一个社会交往的过程，在该过程中各个个体倾向于设想更多的新观念。在群体活动中，个体会获得更大的动力因素，他要在小组中取得一定地位，他就得和别人竞争，而要成功做到这一点只有想出更多的创意，而且小组并不排斥任何一种想法，所有想法都会被接受，这反过来进一步鼓励参加者提出更多的观点。

11.2.2 头脑风暴法的基本原则

布法罗大学的帕尼斯教授（S. J. Parnes）在《创造性思维的基础著作》中对头脑风暴法基本原则阐述为，在解决问题的设想探索阶段要遵循延迟判断这一原则。如果不用方法论的格式而是用基本原则的模式来理解“BS”，则可以发现“BS”法中有两个基本原则。

1）延迟判断（deferred judgement）

在提出设想阶段，只专心提出设想而不进行评价。

2）数量产生质量（quantity breeds quality）

根据奥斯本自己在说明该原则时引用的调查结果可以发现，在同一时间内思考出两倍以上的设想的人，可以产生两倍以上的好设想。即使在同一献计献策会议中，会议后半期也可产生多达 78% 的好设想。

一般而言，把有效地遵循这两个原则并按集体形式进行的献计献策会议称之为“BS”。在这一过程中还必须遵循 4 条基本规则。这 4 条基本规则是两条基本原则的具体化，其他附加的规则可以根据具体情况而相应的发生变化。正因为这 4 条规则是基本原则的具体化，所以违反这些规则的就不能称之为“BS”，并且也无法得到“BS”所能产生的效果。这 4 条规则是：

第一，不做任何有关缺点的评价。

所有与会者，包括主持者和发言人，对别人提出来的设想，不允许进行是好是坏的评论。这是因为各人的思考方法、大脑的结构、行动方法以及个性都不相同，要让每个人都不受限制，克服大脑的思考禁区，发觉潜在的创造性就不能进行评价；否则，就可能使与会者一边倒，人云亦云，不能提出有创见的设想或方案。

第二，欢迎各种离奇的假想。

让与会者像是独自外出散步时的心情一样，想什么就说什么。

例如，某公司在召集单位员工讨论开发面包烤箱时，请了一名老年清洁女工。她提出要能够生产一种带捕鼠器的烤箱就好了。听到将老鼠与面包放在一起的意见，顿时引起哄堂大笑。但是主持者并没有把这种离奇的发言置之不理，而是让老太太说明道理，老太太根据自己的经验，说因为面包烤箱总是留下不少面包屑，招来老鼠。根据老太太的提案，终于开发出了不掉面包屑的烤箱，没有面包屑也就不会引来老鼠了。

第三，追求设想的数量。

提出来的假想、方案、主意越多越好，即需求达到足够的数量。这样才能从众多的假想方案、主意中选择最佳方案，或者得到创造性的启发。但发言者要自我控制，不要说废话以免浪费时间。

第四，鼓励巧妙地利用并改善他人的设想。

一般认为，妨碍人们进行创造性思考的三道难关，是“认识关”“知识关”和“感情关”。采取严禁批评的原则，就是为了克服上述“三关”的障碍。

由于是举行集体讨论会，某一个人的“闪念”可能会将许多人的联想点燃。所以俗话说“三个臭皮匠，抵个诸葛亮”，就是这道理。与会者相互启发，可以不费力气提出很多新的想法。

11.2.3 头脑风暴法的特点及实施程序

1）头脑风暴法的特点

“BS”法已广泛地被社会各界所接受，它之所以受到如此广泛的欢迎，有以下五条原因。这五条也正好是“BS”法的特点：

第一，消除了过去妨碍自由想象的清规戒律。

第二，让过去从各自专业角度出发参加献计献策会议的成员，站在共同目标的同一立场上提出设想。

第三，在开会时有轻松愉快的气氛。

第四，把他人的设想加以综合和修正，形成敢于打破清规戒律的局面，因此通过综合进行设想就变得轻而易举了。

第五，如能理解“BS”法规则，则技术上实现起来就不会感到太难。

2）头脑风暴法的实施程序

头脑风暴法的实施程序包括了小组成员的确定以及操作程序的确定。

第一，明确头脑风暴法小组的组成。

（1）小组人数的确定

头脑风暴法小组应有多少人才合适， 现有文献并未明确规定或指示。一般而言，参加人数的多少取决于领导风格、个体的变化情况等因素。奥斯本在《发挥独创力》一书中认为，以5至10人为宜，包括主持人和记录员在内以6至7人为最佳。小组人数过多，则某些人就无畅所欲言的机会；过少则场面冷清，影响参与者的热情。参与者最好职位相当，对问题均感兴趣，但不必皆属同行。

（2）小组中不宜有过多行家

如果行家太多，就很难避免在“BS”过程中作各种评价，并且难以形成自由奔放的气氛。然而，在企业中进行“BS”时，参加者往往是各个部门汇集而来的各种行业的专家。在这种场合，无论主持人还是参与者，都应注意不要从专业角度发表评论。

（3）小组成员最好有不同的学科背景

如果小组成员具有相同的学科背景，他们是某一方面的专家，那么很可能会循着其专业的常规思路来开发思想，产生观念。但如果小组成员背景不同，他们提出的观点就可能千差万别，从而达到“BS”法的目的。

（4）对小组领导的要求

领导者必须特别注意以下三点：①主持会议时应严格遵循前面所述四条规则；②要使会议保持热烈的气氛；③要让全体参加者都能献计献策。

领导者必须具有丰富的“BS”经验，并且必须充分把握主题的本质。帕内斯教授（S. J. Parnes）认为，“BS”会议的领导者需要具有熟练的技术，他应乐于接受“BS”所造成的奔放而接近狂热的气氛，努力使参加者忘却自我并且变得更为自由，他应积极地发现参加者朝哪个方向提出设想。并会很巧妙地将脱离正确方向的参与者引回到既定的目标方向上来，他应该是演技相当细腻的演员。

此外，头脑风暴法小组成员候选人应在平常的会议中表现出具有有效的人际沟通能力，应避免把那些惟我独尊或优柔寡断的人选入。同时，小组成员中最好有一两个创造力较强的人，以便激发他人的思考。

第二，确定头脑风暴法的操作程序。

（1）热身阶段

这主要针对小组成员缺乏经验的情况而实施的一步。由于小组成员缺乏经验，他们要达到很高的思想水平就不会那么容易；同时要他们迅速遵从“推迟判断评价”的原则也很困难。这就需要在正式进行头脑风暴法前召开一个预备会议，以期营造一种有利于头脑风暴法的气氛。在这样的热身会上，应向成员解释说明“BS”法的基本规则和创造力激发的基本技术，并对成员所作的任何发挥创造力的简单尝试都给予鼓励，让成员形成一种思维习惯来适应头脑风暴法，也让成员马上适应头脑风暴法的气氛。

这个阶段的目的是创造一种自由、宽松、祥和的氛围，是大家得以放松，进入一种无拘无束的状态。主持人宣布开会后，先说明会议的规则，然后随便谈点有趣的话题或问题，让大家的思维处于轻松和活跃的境界。如果所提问题与会议主题有着某种联系，人们便会轻松自如的导入会议议题，效果自然更好。

（2）确定议题

议题应该尽可能具体，最好是实际工作中遇到的急待解决的问题，目的是为了进行有效的联想。主持人扼要的介绍有待解决的问题。介绍时须简洁、明确，不可过分周全，否则，过多的信息会限制人的思维，干扰思维创新的想象力。

议题应由主持人在召开“BS”会议前告诉参加者，并附加必要的说明，使参加者能够收集确切的资料，并按正确的方向思考问题。此外，问题的涉及面不宜太广，应有特定的范围，这样才能使会议的参加者集中思想并向同一目标努力。

如果由委托人直接向“BS”会议的参加者说明问题，则说明一结束，委托人就应退场，把全部工作委托给小组。

（3）提出设想

该过程头脑风暴法的创意阶段，目的是让大家畅所欲言，各抒已见。主持人或领导者重新叙述议题，要求小组人员讲出与该问题有关的设想。与会者想发言的先举手，由主持人指名开始发表设想；发言力求简单扼要，不要做任何论述，一句话的设想也可以。一般地，发言者首先提出有自己事先准备好的设想，然后再提出根据别人的启发而得出的设想。从这一阶段开始，就存在着“BS”的创造性思维方法。因此在这一阶段，主持人必须充分掌握时间。根据参加者的量和质的情况，会议延续需要 1 小时或者 2 小时，形成的设想不会少于 100 种。需要指出的是，最好的设想往往是会议快要结束时提出的。帕尼斯认为可以从已决定的结束时间开始，会议继续再延长 5 分钟，因为在这段时间里人们容易提出更好的设想。

（4）激发思考

在小组人员提出设想的时段，主持人必须善于运用激发思考的方法，妙趣横生，使场面轻松，但却能使参与者坚守头脑风暴法的规则。即任何发言都不能否定或批评别人的意见，只能对别人的设想进行补充、完善和发挥。这也避免头脑风暴法论为自由讨论，产生发言不平均的现象，或是演变成一场辩论会，少数人争得面红耳赤，造成浪费时间的现象。基于此，鲍查德（Bouchard）1971 年提出了轮流发言制。应用此方法时，某参加者若是一时想不出设想，他可以放弃这一轮的机会等待下一轮。如此一轮再轮，以使每个人都可贡献设想。

一次会议意见发表不完的，可以再次召开会议，直至各种设想充分发表出来为止。最后一定能从大量的设想中选择最佳的方案。

头脑风暴法进行到人人已面临穷途末路时，主持人还必须再来数圈，务使每人焦心苦虑，尽力想出妙计。奇思妙想往往在挖空心思的压力下产生。主持人在遇到会议陷于停滞时可采取以下措施：

① 发给每个人一张与问题无关的图画，然后要求组员讲出从图画中所获灵感；

② 休息几分钟，让与会者自行选择休息的方法，散步、唱歌、喝茶等，然后再来几轮头脑风暴法；

③ 用奥斯本所提议的下列检验方法以使设想源源涌出：

a. 移做他用

维持原样，还有其他用途吗？如果修改一下还有其他用途吗？

b. 移植

还有什么与此相同？过去是否提出过类似的想法？可以模仿什么？借用什么？难点何在？

c. 修改

新的孪生想法？改变意义？颜色？运动？声音？气味？形式？款式？其他方面？

d. 放大

增大什么？更多的时间？更大的频率？高度？长度？厚度？重量？强度？成分或特殊价值？

e. 缩小

缩小什么？更小一些？浓缩一点？缩小一点？低点？短点？轻点？省略一些？精简一些？分离一些？打折扣？

f. 替换

还有什么可替换？其他人？其他过程？其他设备？其他材料？其他元件？其他动力？其他特点？其他途径？其他音调？

g. 重新安排

改变结构？其他模式？别的造型？别的布局？别的原理？别的次序？因果互换？改变步调或计划？

h. 颠倒

正反、里外、上下、前后颠倒？反推它的作用？交换一下位置？转动一下图表？改变一下问题的角度？

i. 组合

怎样的组合？组合部件？组合材料？组合目的？组合的方案？外形上的组合？思想的组合？

这九种方法不但可以在头脑风暴法中提示意见，而且可以在创造过程中作为自我质问（self-interrogation）之用，其主要作用在于破除固执性，使一个人的思想变得更有伸缩性。

（5）记录设想

这一阶段实质上是与提出设想阶段同时进行的。执行记录任务的是组员，也可是其他成员，根据提出设想的速度，有时应配备两名记录员，如果因为会议记录这种事务性的理由而受到阻碍，就太不值得了。

记录下来的设想是进行综合和改善所需要的素材，所以必须放在全体参加者都能看到的地方。因此要裁成可以挂在大型画架上的纸张，或把记录用纸贴在墙壁上；也可使用黑板，但在这种场合，要由另一个人同时做记录；每一个设想必须以数字注明顺序，以便查找；必要时可以用录音机辅助记录，但不可以取代笔录。

（6）评价

对设想进行评价是很重要的事情。因为对要解决的问题而言找到最佳解决办法才是最终目的，同时这也是头脑风暴法在实践中起作用的时候。这就要对所提出的那些设想进行评价。对设想的评价不能在进行头脑风暴法的同一天，最好过几天进行。这有两条原因：①再邀请相同组员进行评价时，他们有可能会各自提出在这期间考虑到的新设想；②若当天就进行评价，则处在“BS”那种热烈的气氛时不可能有冷静，客观的评价。

对设想进行选择须先确定选取的标准。比较通用的标准有可行性、效用性、经济性、 大众性等。有些公司不愿好设想外泄，那么主持人可根据小组决定的或自己拟订的标准自行决定采取哪种办法、设想。

11.2.4 头脑风暴法的适应范围

头脑风暴法的最主要的作用是引发许多与某一特殊需求或问题的有关的设想。因此，头脑风暴法的问题必须是开放的，凡是以下各种认知性（或质疑性）、单纯记忆性、汇合性、评价性的问题均不需用头脑风暴法来解决：

- 这杯子是什么形状？（认知性）
- 这本书作者是谁？（记忆性）
- 伤风的症状是什么？（汇合性）
- 他是否是一个优秀的老师？（评价性）

上述有些问题可以加以修改而变成适用于头脑风暴法的问题：

- 尽量列举不同形状的杯子
- 尽量列举考试一本书的作者是谁的各种方法
- 尽量列举训练优秀老师的方法
- 尽量列举避免伤风的方法

表 11-1 和表 11-2 给出了适合与不适合头脑风暴法的问题。

表 11–1 适合头脑风暴法的问题

问题类别	适合的理由	问题列举
产品的新观念 销售的新方法	需要从具有不同经验的人那里获取大量的主意	陶瓷的新用途 商业专利的新市场 测试顾客新的衣着观念
排忧解难与计划	急需获取大量的主要需要知道许多可能原因	实行一新计划所面临的问题 指出各单位或公司的将来需要
管理的问题	需要各单位人员毫无顾忌地各献所见	改进工作的安全措施 减轻库存的损失
程序改造	各种建议可以加起来	各种价值的分析练习 如何改造大宗邮件的寄法

表 11–2　不适合头脑风暴法的问题

问题类别	不适合的理由	问题列举
只有一个或少数几个对的答案或看起来只有一类的答案 极端分歧与复杂的问题 主意会被决策者否定 科技的问题须靠有类似经验的一组专家或一个人来解决 操作不可能 参加头脑风暴法会议的人的问题；或不完全支持头脑风暴法的问题	问题并非开放式的 适用分析思考 会产生大堆大而无当的解答 适合分析思考 由背景各异的人参与比较合适 错估参加者的影响力	谁应负责公司的多样化 计算下一步应用什么化学原料以产生良好的效果 实验室应搬到何处去 如何产生一个可获专利的新技术 如何说服公司董事给我单位更多经费

11.3 头脑风暴法训练

11.3.1 发挥自由联想

头脑风暴法事实上是一种高科技方法，不能随便模仿应用。要让头脑风暴法发挥最大的效用，就要让有可能参与头脑风暴的人员先接受头脑风暴训练。只有接受过训练的人，头脑风暴法才能的确成为一种发挥创造性的技术。

对于这种集体创造性思考方法，要让参与者提出更多更好的设想，关键在于通过别人的启发联想，这种联想称为“观念联想”。观念联想包括以下 3 种类型。

1）接近联想

例如，由婴儿的鞋子可以联想到婴儿。一般可以通过“在此以前是什么情况”“与此同时出现什么”“在此之后将发生什么”等质问产生联想。

第一次世界大战期间，英法联军与德国展开激烈战斗，英随军记者斯文目睹英法联军的某次冲锋被德军击败的情形（主要是战车轮胎被击破）。当时，斯文联想到拖拉机履带：如果战车也装上像拖拉机那样的履带，或者将拖拉机改装为战车，就不会担心轮胎被击破了。于是他把这个想法提交给英军司令部，英军采纳了该建议，制成了最早的坦克。

2）类似联想

例如，看到狗想起老虎。这是通过提出“这与什么东西相似”“这个与那个有共同属性吗”等等质问而得到的联想。

19 世纪 80 年代初，俄国科学家莫扎斯基把自己捆在一架大风筝上，让马拉着奔跑，将他升到空中。这便是世界上最早的一架飞机。这是利用类似联想进行发明创造的最好见证。

3）相反联想

例如，从侏儒想到巨人。通过提出：“与其相反的是什么？”“假如出现相反的情况将如何？”等等质问得到联想。

1952 年，藤井毛织公司总经理藤井去英国旅行。有一天他来到一家小酒馆，要了一杯威士忌酒。当招待打听到他是一个日本人时，便对他说：“日本人的酒顶多 16 度，威士忌 43 度，酒度太高，不合日本人的习惯，还得掺水喝。”听到这话，藤井马上想到，酒的度数有高有低，穿西装也有东方和西方不同的特点，西方人个子高大，东方人身材矮小，他决心做出适合日本人穿的西装。在用世界最好的维顿羊毛、做出世界一流高级西装的信念支配下，终于开发出与世界名牌并列的服装品牌，开创了闻名世界的服装公司。

11.3.2 建立自由思考的气氛

在头脑风暴训练中，最常出现的情况是我们自己抑制了好想法。由于这些想法往往显得十分愚蠢，从而自我阻碍着他的产生。因此，在训练中我们要力图创造出一种气氛，使这些听起来十分可笑的想法，不仅为人们接受，而且受到人们的鼓励和称颂。这也就是说，任何对所提想法的价值、正确与否等的判断，都必须拖到最后进行。在头脑风暴训练的实践中，将有许多想法提出，这些想法中有属于物体属性的，有描述某种行为或概念的，也有描述在某种情境下采取的做法的。总之，想法“千差万别”，但对各种不同想法，一律不允许擅加评判，也无需进行任何解释，更不能断言一个想法是否对实际有意义。

训练的第一步是要限定头脑风暴思考的范围，如：“是列举事物属性呢？还是关于什么的？或是要求思考选择把握情境的部分呢？”等。第二步要把建立头脑风暴思考的规则交代清楚。

（1）任何一个想法都是重要的。实际上，对头脑风暴思维训练来说，提出的想法越离奇越有价值。

（2）课上不允许对任何想法提出批评，最好不要说：“更好的想法是……”之类的话。

（3）要强调提出想法的数量，比如在 5 分钟内提出 50 个想法。

（4）不需要任何人对提出的任何想法加以评判，也不需要任何人解释某个想法的实际应用。

（5）可以修改别人提过的想法并再提出，别人不要说：“我们已提出过这个想法了”。

（6）重复想法是允许的。

（7）在别人想法的基础上再提出自己的想法是允许的，并应受到鼓励。

（8）练习中要有人担任主持人，主持人同样需遵守以上规则，但适时控制整个会场气氛和进程，在激发人们思维方面，主持人秉承着重要的责任。

11.3.3 使用简洁的语言

头脑风暴思维训练的气氛应是轻松愉快、富于情趣而和谐的，是每一个参加者都乐于接受并喜爱的，练习结束之后，每一个参与者应该有想再参加的心情。

当然，仅仅建立起头脑风暴思考的气氛是不够的，参加训练的人还必须学会如何使用简洁的语言说出自己的想法，掌握应付练习时遇到抵触情绪和沉默的方法，能胜任记录员、主持人或激励者的角色。主持人要善于引导，尤其是当出现沉默或讨论十分乏味时，要具备适时应变并提出新思路的能力。

每一个参与者使用简洁的语言来表达自己的想法是相当重要的，但要求一个生手或未参加过这种培训的人把他的想法用一两个词表述出来是十分困难的，他们即便是如此做了，也会感到很别扭。但随着训练次数的增多，他们会逐渐认识到此时的言简为以后的详细说明提供了充裕的时间。如在 5 分钟头脑风暴训练中，要求每人提出 50 个想法，就必须言辞简洁，全部用一两个词来表述。

11.3.4 训练的组织

创造力训练之初，应先易后难，循序渐进。比如让其组成六个小组后，先让其列举事物的属性或特性和用途，然后再提出一些情境，要求提出解决问题或应付各种情况的办法。在组织练习中，不断地强调禁止进行判断，强调数量而不过分强调质量。

只要头脑风暴思维训练是以小组为单位进行，教师就必须指定主持人或激励者。作为小组主持人，必须能始终维持头脑风暴思考的气氛，认可提出的任何想法，鼓励提出新想法，要避免组内出现批评和争论的现象。为此，主持人或记录员可以把说出的任何想法都简洁地写在黑板上或投影仪上，写的过程中大声重述他们讲的话，要让大家看到他们的想法已经记录，而其他人也可以利用这些想法以促进自己思考并提出新想法，使大家感到任何想法都是十分重要的。那么主持人应使用什么样的“评论”字眼呢？这里的“评论”实质上是肯定、激励、称颂之辞，以保证人们大胆自由联想，下面列出一些容宜被采用的词供使用时参考：

可以，　　　　对，就是这样！
妙极了，　　　告诉我更多的！
其他的呢？　　请让大家分享你的想法！
还有呢？　　　记住时间，大家请畅所欲言！
太棒了！　　　记住，不要评论（当小组出现评论现象时）
关于这方面还有其他想法吗？
太有意思了！别着急，让他全部说完（当有人说那种想法已经说过的时候）。
好主意！
这点对开阔思路有好处！

当然，类似的言辞还有很多，不可能在此全部列出，而且各人有各人的用词习惯，同样的意思，可用不同的言词表达，这里所列是为了大家了解一些作为主持人应该起的作用，他的作用就得靠他的语言表达来完成。因此，主持人语言慎重，以免挫伤他人的积极性，或阻碍他人的思维。下列一些词为小组主持人必须禁止使用：

- 实际情况会怎么样？
- 解释一下你的意思。
- 我不赞成那个观点。
- 仅这一点有用。
- 对那一点我不敢肯定。

而当训练节奏慢下来，即人们提出新想法的速度减缓时，主持人要能善用言词或“引发物”来激励大家打起精神、提高兴趣，进入积极思考状态。例如：

- 我们想想别人会怎么办？
- 如果你是……你会怎样想？
- 描述一下你在……情形下的表现？
- 关于那些，你做过什么？
- 你曾听过什么？

当我们在训练中出现一些消极情绪，表现为“没什么可说的了！我的思想已近干涸”或者“咱们别谈这些了，还是谈谈足球吧”这种现象在练习中是很自然的，包括长达五分钟的沉默也是常见的。这时我们应积极引导自己的思维向积极方面，而不是放任自流，可用下列办法：

- 重新提出已有的想法，并在此基础上再“创造”。
- 重读或重新叙述应解决的问题或应完成的任务。
- 利用启发思维的引发物。在我们遇到“死脑筋”或“一条道走到黑”这种心智障碍情形时，可用启发思维的引发物人为地给一点提醒。如对物体的用途、功能、性质、审美性质，人际关系和的用途等方面考虑。

11.4 头脑风暴法的变式及其训练

奥斯本的智力激励法问世后，20 世纪 50 年代便在美国得到推广应用，麻省理工学院为提高工业设计专业学生的创造力，还特地开设了智力激励法课程。随后，不少大学相继开出了这类课程。日本一些大企业则通过举办训练班，推广应用此一方法。一些国家的创造学家在奥斯本智力激励法的基础上，又发展出了许多类似的方法。

头脑风暴法产生的半个世纪以来，几经变革，已有几种变异的方法；有讲述的、有笔写的。在下面的篇幅里我们将介绍几种著名的变式及其实施程序。

11.4.1 里透法——以抽象主题寻求卓越设想

里透法又称戈登法，该法发明人戈登（W. Gordon）在美国马萨诸塞州剑桥市的 A. D. 里透公司设计开发部工作期间发明了该技法，因此称之为 A. D. 里透法。戈登在工作中发现使用“BS”法时有两点不足：

第一，在提出革新的设想方面，由于受现有产品生产方式的限制，只能提出一些肤浅的主意。

第二，如果知道真实的课题，参加者常常会很快就满足自己提出的设想，并期望得到采用。基于以上两点，戈登提出了不明确表明课题的 A. D. 里透法。“BS”法要明确提出课题，而且要尽可能地提出具体课题，而戈登法不明确表示课题，而是给出抽象主题后，寻求卓越的设想。

因此该法的特点在于有关的成员完全不知道真正的课题，只有主持人才知道。参加者能自由发表自己的各种见解，主持人从成员的发言中得到启示，将参加者提出的设想与真正的课题联系挂钩。

1）实施程序

（1）会前准备

首先，决定会议的主持人。戈登法对主持人的素质要求更高，他要完成参加者提出的论点同真实的问题结合起来的任务，因此他要有丰富的想象力和敏锐的洞察力。

其次，决定参加人数和参加人员。人数以 5 至 12 人为佳，尽可能由不同专业的人参加，有科学家与艺术家参加的效果会更好，所有参加者必须对戈登法有深刻的理解，否则会感到不愉快。

再次，确定会议地点，准备好记录用纸和黑板。会议地点宜选在安静舒适的房间。

（2）主持人决定主题（议题）

认真分析实质问题，概括出该事物的功能作为主题，这必须在肯定“揭示实质问题，而能更广泛地提出设想”的情况下进行，例如实质问题分别为罐头起子、城市停车场、新型牙刷、相应的主题为“开启”“储藏”“去污垢”“分离”。

（3）召开会议

主题决定后，主持人召开会议，让参加者自由发表意见。当属于实质性问题有关的设想出现时，马上要将其抓住，使问题向纵深发展，并给予适当启发，同时指出方向，使会议继续下去。在最佳设想似已出现，时间又接近终点时，要使实质问题明朗化，然后会议结束。

2）使用范围

从该法的诞生经过看，就会很清楚，该技法最适于新产品开发，并且在开发与过去完全不同的产品时最为有效。

该法也适用于拘泥于常识性的献计献策会议上，引用这种具有新鲜感的刺激方法，会使人的大脑以柔软体操方式进行活动，使人们思维自由奔放。

该法也可用于销售领域之中，如考虑新的销售方式，或拟订一项有划时代意义的事业规划。总之以抽象的主题进行献计献策会议时，都可以使用该方法。

11.4.2 角色风暴法

角色风暴法（Rolestorming）为格立格（R. Griggs）于 1985 年所创。他认为由于多数参与者不能完全地开放心胸，畅所欲言，所以在使用头脑风暴法之后，另加角色风暴法以增加一些别开生面的主意。该法的实施步骤如下：

（1）用传统的头脑风暴法产生 20 至 30 个创意。

（2）每个人默默地选一个角色来扮演。所选角色必须是所服务机构之外的人物，例如顾客、检查员、对手、敌人等。

（3）基于所选人物的态度、喜好、利害关系与应有的意见等而替他发言。发言时可用以下各种起头语：我的人会……，我的人会喜欢……

（4）离开所扮演的角色，使在第三步中所产生的不适合所扮演角色的主意有机会在这一阶段说出来。

（5）评价与选择可行的主意。

11.4.3 乒乓头脑风暴法

这种寻找观点的方法只能在两个人之间进行，就像打乒乓球一样，你来我往，它要求必须和自己的伙伴一起来寻找主意。

在头脑风暴法中使用的规则同样适用于乒乓头脑风暴，即从数量到质量，观点多多益善，而忽略其高明程度和是否幼稚可笑；没有版权、著作权，别人可以对自己提出的观点加以完善、修正；没有批评，避免发言者遭到打击后积极性受挫；只有重点的词，概括说话的内容，简单明了。

乒乓头脑风暴法遵循下列规则：

- 问题的提出要和伙伴一起来商量。
- 两个人一起修改问题，完善问题。（为了……，我们能够做什么？）
- 一定要根据提出的问题采取行为方式，也就是说人们首先寻找出一般的观点，然后再进一步找到特殊的元素，即从一般到特殊。
- 两个伙伴有记录纸或者有内容交流的卡片，为详细填写做好准备。
- A 参加人员首先讲述他的观点，B 参加人员记录。
- B 应尽可能地带来新的观点，或者发展伙伴的观点。
- B 列举 A 的观点，并将之以书面记录下来。
- 这种方法一直要来来回回地持续下去，直到双方彼此再没有新的观点出现。

两个伙伴必须在时间的压力下，通过相互趋合而排除过滤和障碍，以达到相互理解；一个伙伴要控制另一个伙伴提出建议的必需时间，同时空出一段时间让他重复伙伴的观点以产生新的观点，如果目前情况下他没有主意，也可以重复以前准备好的建议。

这种方法的优点在于，能使头脑风暴法进一步地得到广泛应用，并且通过短时间的准备就能进行，此时主持人无需太多的控制，因它本身的信息沟通的气氛很容易地被接受，它有利于问题的提出和解决，为解决企业的具体问题提供了帮助。

如“如何改善公司员工的住房条件”，甲乙就这个问题用乒乓头脑风暴法进行了讨论，得到了如下结果：

甲说观点，乙记录的结果：

——按对社会贡献分房

——住房商品化

——专业公司造房

——反对以权分房

——分房要力求平等

——住房公寓化设施

——筹集足够的买房基金

——提高工资中房屋基金的比重

乙说观点，甲记录的结果：

——按人口分配住房

——单位买房分给职工

——单位自己造房、职工再买

——提高分房政策透明度

——建造过渡房

——住房设施合理化

——选取适当的地段造公司自己的小区

这样甲、乙两人打了八个来回，双方彼此再也提不出新的建设性建议，于是宣告结束。

11.4.4 6-3-5 方法（Brainwriting 6-3-5 methdology）

智力激励法传入德国后，德国人鲁尔巴赫根据德意志民族习惯于思考的性格，通过改进，创造了用书面畅述的方法。

按该办法规定，每次会议由 6 人参加，要求每人在五分钟内提出三个设想，所以又叫“6-3-5”法。

所谓 6-3-5 方法在一定程度上可以看成为发展的书面的头脑风暴法，他是让 6 个人坐在一起，每个人拿一张卡片，在卡片上提出 3 种解决方式的建议，写好以后再按顺序依次交换，这样的交换一共重复进行 5 次。

它的实施规则与头脑风暴法相同，除此之外，这种方法的进行还必须遵守下列原则：

（1）提出问题。问题的难度要适中，提出过分简单和过分复杂的问题均是不相适宜的。问题过于简单，相应的解决措施也很简单，因而不必将简单的问题复杂化，不必小题大做；问题过于复杂，用这种方式就很难对问题进行定义，因而相应的措施就很难针对性地提出，因而也没有必要，所以提出的问题要适合。

（2）设计表格。每个人填写的表格必须是统一设计好的，在这张表格上包括了 18 个表格（表 11-3），要求每个人根据提出的问题在最上面的一行里写三个主意或见解，这些见解必须是概括的东西，语言要精练，切忌啰嗦、拖沓。

表 11–3 6–3–5 方法的记录表

1a	1b	1c
2a	2b	2c
3a	3b	3c
4a	4b	4c
5a	5b	5c
6a	6b	6c

（3）顺时针旋转。3 ～ 5 分钟以后，这张表格将按时针方向传到相邻的人手里，这样每个人将在第二行里填写新的建议，至少三个，不能重复别人的观点，也不能重复自己的观点。

（4）填完表格。在持续 3 ～ 5 分钟以后，这张表格将按时针的方向继续旋转，至第三行、第四行，直到最后一行被填满，这样完成了整块表格才告结束。

以这种方式，6 个小组的成员将在 30 分钟时间里提出 108 种措施，参加人员被强制地引导到创造性上来。

比如，如何解决上海交通难问题，对此我们采用 6-3-5 方法进行商讨，得到了如下六张表格：

表 11–3a

加强交通管理	多造立交桥	造地铁
提高公交车速度	路面少挖	减少自行车
缩小市区，扩大郊区	增加各地的娱乐设施	领导重视
用计算机控制交通调度	淘汰“老爷车”，及时报废	解决上班路远问题，就近工作
陆、海、空多种交通工具的使用	提高驾驶员的技术和素质	建立一支高效的排难队伍
增加退休人员指挥交通	商业网络增加	电话购物

表 11–3b

建造地铁	公路立交化	增强市民交通意识
计划生育	发展周围地区的生活条件	减少车辆
增加交通民警的津贴	禁止外地车辆进入	设立地下车库
严惩违章违纪	单、双自行车	增设空中缆车
提高交通警指挥能力	禁止乡下拖拉机进城	改用智能红绿灯
增设轨道交通	缩小城乡差别	鼓励“无孩”家庭产生

表 11–3c

提高驾驶员交通法规概念	提高路面质量	建造立交桥
提高土地使用率	错开休息天	五天工作制
提高路面等级，加宽路面	提高车辆安全行驶速度	改造交通信号指挥系统
对违规者严惩	取缔乱设摊现象	分道行驶
工厂分散到郊区	拆除违章建筑	避免交叉口的等待
人行道运输带	提高车速	淘汰“老爷车”

表 11–3d

车型改进	分流（单行道）	货车夜间行驶
设步行街	控制非正规车	自行车限区域行驶
减少人口	城市密度降低	禁止建筑材料堆在马路上
提高车速	就近上班	推广在家上班制
城市总体规划合理	运用最现代化的交通工具，减 少外出办公	合理安排道路维修维护工程
弹性工作制	减少就业人口	拓宽道路

表 11-3e

减少人口	多建马路	车、人各行其道
整顿道路，单向化行驶	减少私人机动车数量	提倡公共交通化
按功能划分区域，限制车辆的行驶范围	加强交通法规教育	规划卫星城市体系
减少工作日	设立自行车专行道	维修车辆，防止抛锚
人行道不准占用	减少绿化	市内增设火车
增加空中交通工具，如飞机等	集装箱统一运输减少分散运输	修改交通规则，如红绿灯规则等

表 11-3f

修筑新的交通道路	疏散工厂	重新规划城市
上下班时间分开	增加车辆	车辆改双层
就近上班	禁止空车行驶	车站间距离拉大
合理布置公交路线	提高车辆利用率	政府对小车实行控购
增加购车税	按规章制度处理交通事故	多方集资进行旧区改造
禁止道路乱堆、乱放、乱搭	错开上班时间	就近招工

这样 6 个人组成的小组在大约半小时之内，提出了 108 种解决的措施，减去重复、类似的措施 33 条，共得到了 75 种解决的方法，平均每个人提了 12.5 种，可见这种方法得到的信息是很多的，每个人都被强制性的进行思考，从中爆发出创造的火花来。

采用“6-3-5”有很多好处。例如，可使沉默的人发言，使垄断会场的人将机会给予他人。这种方法所产生的主意多经深思熟虑，主意的品质比传统的头脑风暴法更提高，而且是在改进他人的主意的基础上的，所以改进的主意之间有继续性，因此该法对于广告、交通与设计的创造比较适用。

11.4.5 卡片式智力激励法

这种方法又分 CBS 法和 NBS 法两种。

（1）CBS 法由日本创造力开发研究所所长高桥发展而成。

具体做法是：会前明确主题。每次会议由 3 ～ 8 人参加。每人持 50 张卡片，桌上另放 200 张备用。会议大约 1 个小时。

最初 10 分钟，各自在卡片上填写设想，每张卡片填一个设想。接下去 30 分钟，由与会者按座次轮流发表自己的设想，每次只宣读一张卡片（宣读时将卡片放在桌子中央，让大家能看清楚）。宣读后，他人可以提出质询，也可将受启发所得的新设想填入备用卡片。余下的 20 分钟，让与会者相互交流和探讨各自提出的设想，以便从中进一步诱发新的设想。

（2）NBS 法其具体的做法是：会前明确主题。每次会议由 5 ～ 8 人参加。每人必须提出 5 个以上的设想，每个设想填写一张卡片。会议正式开始启，各人出示自己的卡片，并依次做出说明。在别人宣读设想时，如果自己发生"思想共振"而产生了新的设想，应立即填在备用卡片上，待与会者全部发言完毕，将所有卡片集中起来，按内容进行分类，横排在桌上，并在分类卡片上加标题，然后再进行讨论，选出可供实施的设想。

智力激励法是一种运用扩散思维的方法，它适用于解决性质比较单一的问题。如果要解决问题比较多，可将问题分开，并针对每个问题专门召开"BS"会议提出解决问题的设想。

11.5 运用脑力激荡的创新技能

11.5.1 缺点逆用发明法

世上的事物总是一分为二的，是对立的统一物。台风常给人类带来灾难，但如果把台风带来的雨水蓄入水库，可用来发电；煤焦油曾经是令人头痛的废物，今天却成了重要的化工原料；目前垃圾问题是许多城市的沉重负担，将来，垃圾处理工厂会成为很有发展前途的行业。

缺点逆用法实际上是一种反向思维方法。面对缺点，反过来想一想，就有可能"利用缺点"为人类服务。

缺点逆用法在技术领域有很好的应用，这里仅举数例。

英国的泰坦尼克号轮船在起航不久，就遇险沉没了，此事使许多人感到震惊。这一事故是由于从北冰洋漂过来的冰块使船底的局部出现低温，船底的焊接部分产生低温脆性而造成的。大家知道，含碳量高的软钢在 –100℃左右时，其耐冲击强度接近于零，这时的钢韧度几乎完全丧失。这正是泰坦尼克号轮遭灾的根源。这说明，低温脆性导致了不幸，是一种祸害。但是，今天人们却能利用低温脆性，创造了低温脆性切削法（实验室阶段）：当软钢在 –100℃～ –150℃时失去韧性，在这样的低温下进行切削，比在常温时要容易得多。

铜在还原性气氛中加热到 500℃就会发生氢脆病，因为铜中存在的氧化物被氢还原后生成了水，当水以蒸汽形态释出时，使铜产生了缝隙，从而呈现出氢脆性。由于粉末冶金的发展，需要金属粉末，包括铜粉末。用电解法可以得到铜粉末，但是这种粉末是针状的。粉末冶金所需要的铜粉末，除针状的外，还需要粉状的，因针状与粉状两者按一定比例混合，才能使压缩比最好。通常人们用机械粉碎法生产粉状粉末，但用它生产铜粉末却困难很多。于是人们想到了铜的氢脆性的作用。首先将铜放在氢气流中，在 500℃～600℃下加热 1 ～ 2 小时，再将它放到球磨机磨几至几十个小时，就可制成很细的铜粉。

不锈钢是用于化学装置方面的重要材料，但使用一定时间后会发脆，原因是不锈钢中的碳化物在晶界上析出时，这部分区域就会发脆，这时如果再接触化学药品，就会产生裂缝。这种现象叫晶界腐蚀。晶界腐蚀这种化学现象能否加以利用？人们通过缺点逆用法，终于找到了利用的途径。将不锈钢在适当温度下回火，结果碳化物集中于晶界，使之处于发生晶界腐蚀的状态，再将处于此种状态的不锈钢浸泡于王水（盐酸与硝酸的混合液）中，几个小时后，不锈钢就变得易于粉碎了。洗净后用球磨机粉碎，即可成为制造粉末冶金的原料——钢粉。

11.5.2 缺点列举发明法

工厂的产品，市场的商品，一般都不可能是十全十美的。总会有这样那样的缺点、毛病和问题。但是，人常有惰性，对于看惯了的用惯了的东西，往往不想去发掘它的缺点，会以“将就点”“凑合着”的观点去对待它，尤其是生产该种产品的厂家，更不容易看到或轻易承认某些毛病。这样，就会安于现状，丧失创造动机，无所创新。

缺点就是问题。解决问题的前提是发现缺点、找出问题。缺点列举法的原则，就是从“有什么缺点需要改进？”来找出更好的办法。这一方法的途径是发现问题，其实质是进行分析，因而可以说，它是一种分析（局部分析）的方法。

“缺点列举法”是针对某个产品（或事物），通过小组讨论形式，尽可能多地列举出它的缺点，然后在这个基础上，找出主要的缺点加以改进，这种方法能够激励人去革新和创造。

举伞为例：当初，人们常用的是弯柄伞。集中各方面的意见，这种伞缺点很多，如：遇上大风会“吹顶”；布面遮挡前方视线；容易遗忘丢失；伞尖容易刺痛人；拿伞的手不便于再提别的东西；乘公共汽车时伞上的水会沾湿别人的衣服；回家要撑开、晾干；伞骨容易折断；伞布透水，裤脚易被雨水打湿；花样少，样子一模一样，不容易识别等等。针对上述种种缺点，制伞厂研制出了各式各样的伞，如便于收藏和携带的折叠伞；伞面用透明塑料的不遮挡视线伞；伞布经防水处理的不透水伞；伞布有多种图案的便于识别伞；适用于两人用的椭圆形伞；伞顶有集水器，收伞后不会漏在车内的伞；开收方便的自动伞；伞柄装电筒便于夜间行路的照明伞；伞柄内装半导体收音机可边走边收听节目的伞，等等。

用缺点列举法进行创造活动，容易掌握和运用。

缺点列举法的具体做法是：召开缺点列举会，会议由 5 ～ 10 人参加。会前先由主管部门针对某项事物，选择一个需要改革的主题。会上，让与会者围绕此一主题尽量列举各种缺点，越多越好。另请一人将提出的缺点一一记下，编号，记在一张张小卡片上。然后，从中挑选出主要的缺点，并围绕这些缺点制订出切实可行的革新方案。一次会议 1 ～ 2 小时。会议的主题宜小不宜大。

缺点列举法应用范围广泛。它不仅可用于产品革新、产品开发，解决属于“物”一类的硬技术问题，而且可以用于企业管理以及其他类型的管理活动，解决属于“事”一类的软件问题。

此法简单易行，并较易收到效果。例如，伊春市某塑料厂生产的一种塑料封皮，由于市场饱和，产品大量积压，后来他们应用缺点列举法，对该产品进行诊断，提出了改进措施：利用该封面空白部位，针对使用对象的不同情况和文化水平，印上各种基础知识，从小学的乘法口诀，珠算口诀，拼音字母，英文字母，直到适合高中学生的数学公式，化学元素周期表，原子量，三角公式等。试销结果，大受欢迎，滞销变成畅销！

11.5.3 希望点列举发明法

“希望点列举法”是根据提出来的种种希望，经过归纳，沿着所提出的希望进行创造的方法。

希望点列举法不同于缺点列举法。后者似乎围绕现有物品的缺点提出各种改进设想，这种设想不会离开物品的原型，因此，它是一种被动型的创造发明方法。而希望点列举法是从发明者的意愿提出各种新的设想，它可以不受原有物品的束缚，因此，它是一种积极、主动型的创造发明方法。

拿服装设计为例，什么样的服装才会受到顾客的欢迎呢？可用希望点列举法来设计新式服装。如希望有一种不用纽扣、穿着方便的服装，服装厂研制成一种尼龙搭扣的服装，穿着时不用扣、解纽扣，穿脱都很方便。顾客希望有一种胖瘦都可以穿的衣服，服装厂研制出一种膨体衫，满足了这种需要。还有顾客希望有一种花色可以变化的服装，闪光衣料出现了，用它制成衣服，从不同角度看过去，会呈现不同的颜色。

希望点列举发明法的具体做法是：

召开希望点列举会议（每次 5 ～ 10 人），会前选定需要改革的主题，并事先通知与会者，便于他们有所准备。

会上发动与会者围绕此一主题列出各种改革的希望点。为了激发与会者产生更多的改革希望点，可将各人所提的希望点写在小卡片上，并公布于小黑板上，或在与会者中传阅，以相互启发，产生联想和连锁反应。会议一般进行 1 ～ 2 小时。产生 50 ～ 100 个希望点即可结束。

会后将希望点加以整理，从中选出目前可能实现的若干项目进行研究，制订出具体的革新方案。

◉ 思考与探索

1. 试述头脑风暴法的训练方法（举例说明）。
2. 利用 6—3—5 方法解决困扰你的问题。
3. 用希望点列举法设计一种新产品。

第 12 章　领导和组织创造力

本章概要：

- 营造组织的创造环境
- 领导者创造性功能的三个方面创造性精神、创造性思维及创造性实践的内涵及相互联系
- 领导者创造性测验的操作方法结果评价及具体运用。

12.1 营造激发创造力的组织环境

组织氛围被定义为在某种环境中员工对一些事件、活动和程序以及那些可能会受到奖励、支持和期望的行为的认知，这种认知与员工的思想、情感和行为密切相关。组织创造力理论强调组织氛围在影响个体创造力中发挥着重要作用，这是因为从组织氛围可以看出个体接收到的组织对其行为和行为潜在结果的预期，个体会运用这些认知信息去调整其愿望和行为方式。

组织氛围可分为两种性质：支持性组织氛围（supportive organizational climate）和控制性组织氛围（controlling organizational climate）。如果一个组织鼓励各层次的信息自由而公开地交流、支持新观点、委派具有挑战性的工作，管理人员关注下属需求、能够及时提供各种必要的资源，员工对自己的工作拥有所有权和自主性，团队内部或同事之间相互协助，就可以被视为是支持性组织氛围；反之就是控制性组织氛围。

控制性组织氛围由于限制了工作方式而与创造力要求较高的工作难以协调，所以被喻为“创造力杀手”。研究表明，当企业加强控制与监督、保留资源、限制信息流动、依赖老套而熟练的程序、反对冒险时，员工创造力就会下降且呈现出思想僵化的趋势。支持性组织氛围由于鼓励创新、包容风险，因而能满足创意工作的需要。例如，当工作具有一定挑战时容易激发员工创新的兴奋点，员工会自觉发挥创造力来解决面临的新问题；当同事提出建设性建议或者团队成员间进行及时有效的信息反馈时，员工会表现得比平时更具有创造力。

要使企业成为支持创造力的组织，必须顺利地实行变革，不仅要克服种种的阻力，还要从制度、人员等方面促进其改革，建立有利于革新的文化，促进创新，营造一个激发创造力的组织环境。图 12-1 可以清楚地表示促进改革的因素。

要使创造顺利地转化为创新，必须依赖于员工、文化和组织三个条件，下面详细分述。

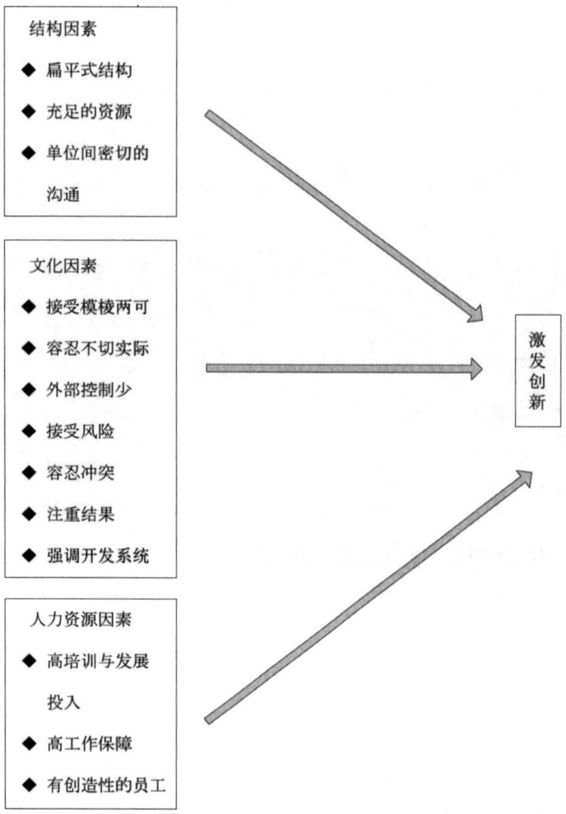

图 12-1 促进创新

12.1.1 员工

员工是达成理想的人力资源，公司必须鼓励员工积极创造，努力创新，如果一个组织能做到以下几点，那么员工就能更好地发挥潜能。

1）最高管理层的支持

员工必须感到最高管理阶层支持创新。

2）创造绩效认知的差距

管理层建立工作标准，并提供有关现实和理想的绩效标准的详细资料，大部分的员工喜欢反馈，绩效反馈可以造成认知的差距，这种差距可以激励员工，促使员工努力达成更高水准的绩效，同时还可以激励员工乐于创新。

3）奖励冒险

必须奖励谨慎的冒险。曾有这样一个例子，在一家公司里，有一组研究开发部门的员工，花了好几个月的时间开展一项计划，结果失败了。虽然这项产品很有市场性，但发现该产品很难制造且耗资巨大。该计划的项目负责人通知小组的成员，尽快到其办公室，大部分的人认为他们要被开除，不料结果却大出意外，经理只是恭喜他们原先的创意很棒，并且感谢他们尝试将创意市场化的努力。该举动大大鼓励了员工以后要更加积极主动地从事开发研究。表面看来，他们是失败了，损失了时间和金钱，但它带来的精神却是很可贵的无形资产。

当然，如果你总是在庆祝失败，表示你太没有创新能力，但重要的是要创造一种精神——可以容忍合理程度的失败。

4）提供适当的财务资源

员工需要适当的财源来寻找有创意的计划。

5）创造的成果

团队可以促使员工积极表现。如果整个小组的成员都积极向上，凝聚力很强，小组的每一位成员，都不愿让其他人感到失望。假如他们信任小组的目标，他们就会互相帮助以达成目标。另外，还可以进行小组之间的良性竞争，竞争有利于小组成员为维护团队荣誉而更大地发挥自己的潜能。

6）鼓励产品冠军

在开发新产品过程中，许多好的新产品创意都死于腹中。企业可设正式的组织以聆听创意，采用产品冠军的方法以激发更多创意，让大家以此为荣，只要给予奖励，他们会努力地创新。曾占据中国轿车市场半壁江山的上海大众汽车有限公司，有一个专门的机构设立了专门的信箱，即“合理化建议箱”，有专人负责答复员工提出的各种想法，这些想法包括管理、技术、产品、工作流程等各个方面，目的是倾听员工的反应，奖励员工的创新，评比提出的建议，并促使其向行动的转化。

7）请进来，走出去

开阔员工的视野，使员工知道外界的发展，经常吸收外界的创意，可以刺激员工思考处理事情的新方法。邀请外界人士讲演新的话题、公司内部流通的信息以及公司的资料库，都是提供外界新创意的方法。

8）成立解决问题的避难所

针对某些涉及范围广的问题，可以成立一些临时的组织共同探讨，非正式的接触常有利于解决组织的问题。

12.1.2 文化

企业必须将创新的过程清楚地告诉员工，建立有利于创新的文化，以下的三个步骤有助于他们了解创新的过程。

1）评估和建立建议系统

员工提出的建议，总是不被采纳，久之，很多人就丧失了热情，将创新看作了分外事，认为是多此一举；或者检验的标准过严，只有极少数的创意被选中，人们就会怀疑自己的能力，丧失创造的信心，认为创造只是少数聪明人的所为。应建立适合的执行建议系统，以激发企业的创新潜能。

2）成立一个创新会议

成立一个专门负责收集创意的组织，并将它作为正式组织的一分子纳入组织结构。柯达公司就有一个特别的组织，专门收集和评估新产品的创意。

3）提供时间给个人的计划

很多公司提供给员工时间，让他们发展自己的计划，由于是兴趣所在，所以成功的机会很高，所需资金则由特别预算支付。大部分的公司允许员工花 10% ～ 15% 的时间用于个人的计划。个人计划是否成功还取决于下列条件：从事计划的员工必须超时工作，公司必须给他们适当的时间；员工必须将该计划视为报酬而非惩戒；过度节省不利于创新，管理阶层要提供适当的资金、咨询和其他资源；企业必须重视员工的个人计划，对于员工的个人计划和正式的计划给予相同的注意与支持。

12.1.3 组织结构

组织中有正式组织和非正式组织。正式组织的组织结构、成员的义务和权利，均由管理部门所规定，其活动要服从单位的规章制度和组织纪律；非正式组织，是未经管理部门规定的、自发形成的，是以兴趣为基础的无形组织，如临时组织的产品体验小组、技术攻关小组等等。

正式组织和非正式组织各有特点，它们可以相互补充，下列的一些关于组织结构的想法和变革非常有利于创造性的发挥。

1）组织结构差异化

组织里必须设立一个专门的部门，用以应付单位外在环境的不断变化。

2）整合组织结构

组织专业化的程度越高，部门间的协调越重要，可以采用整合性的设计来解决协调和专门化的跨部门的工作小组以及专门的整合部门。上海大众汽车有限公司在开发新产品

“SANTANA-2000”时，就组织了一个专门的小组，称为“同步工程”小组，它的成员来自各个部门，有产品工程部、生产规划部、品质保证部、人员培训部、生产车间等，他们共同组成了一个临时小组，一同参与产品的开发，大大缩短了产品从设计到成样的周期。

3）成立创造力室

许多公司成立创造力室，以激发员工的创意思考。它可以提供员工互动方式，进而影响企业的组织结构，该室配有脑力激荡的工具，还有电脑资料库，提供员工所提出的创意资料。

4）部门间的交流

加强各部门之间的交流有助于完成整个组织的目标。如改善研究开发部门与营销部门之间的交流，可以促使新产品的开发，在传统的组织里，二者之间的交流往往很差。营销部门必须从研发部门获得新产品的信息，如果他们不能及时得到信息，可能会延误新产品的推出，二者互动才是理想状态。

5）岗位轮换

将员工在不同部门之间轮换以加强彼此的理解和合作。员工可以在别的部门工作一段时间，以了解其他部门的工作，目的并不在于在短时间内学会相关的技能，而因员工全面了解了他所从事的工作的责任，更利于他的成长。

12.2 组织的创造性变革

创造力是指以独断的方式综合各种思想，或在各种思想之间建立起独断的联系的一种能力。能激发创造力的企业，可以不断地开发出做事的新方式以及解决问题的新办法。

如果创造仅仅是一种想法，而没有人或没有制度去保证它进行有效地转化，那么创造也仅仅是想法而已，只不过是纸上谈兵；要使创造变为真枪实弹，必须要让创造性的想法转化为创造性的成果，也就是说，要从创造到革新。

革新是一种过程，它是指采纳创造性的想法，将想法转换成有使用价值的产品、服务或是操作方法。能激发创新的企业，可以不断地将创造性思想转变成某种有用的结果。因此，一个革新的组织的特征就是，能将创造性引导成有用的成果。当管理层谈论关于如何能改变组织气氛以使组织更富有创造性时，通常意味着他们要求刺激创新。

3M 公司被认为是最富有创新的组织，因为它不断采纳新奇的想法，并将之转换成丰厚利润的产品。英特尔公司也是一宗创新的公司，他们非常成功地制造了 T 字芯片，它领导世界各地的芯片制造商，取得了巨大的成功，已经发展成了更小更快的微雕芯片技术。英特尔通过不断推出新的更强劲的产品，保持了在竞争中的领先地位。

12.2.1 变革与组织目标

变革是组织实现目标的保证。所谓变革，是指在企业维持日常生产经营的过程中，为适应变化的外部环境和内部条件而对企业管理工作进行的创新。

变革是管理者工作的一个重要组成部分，创造性过程是变革的一个重要步骤，变革等于产生好奇等于卓有成效地实现新观点。

1）变革的时机

什么时候需要变革呢？当管理者面临了外部和内部两种限制力量时，变革显然是非常必要的。

（1）外部力量

- 市场领域中新的竞争出现；
- 政府政策乃至国家法律的变动；
- 技术发展也产生了变革的需要；
- 经济形势的变化迫使企业进行变革。

（2）内部力量

对变革产生影响的内部力量可能产生于组织内部生产经营的运行，也可能产生于外部变化的影响。

- 最主要的影响是企业重新制订或修改其战略时，通常会带来一系列的变革，如改变其竞争策略、改变其劳动力结构、改变其岗位职务结构（重组）以及改变其报酬和福利制度等。
- 新设备的引进是变革的另一内部力量。
- 员工的工作态度也会引发管理政策和实践的变革。

面对内外环境的不断变化，管理者应成为变革的推动者，即要承担起管理变革过程的重任，在变革过程中，可以选用下列人员让其成为变革推动者（change agents），如任何管理者都可能成为变革推动者；变革推动者可能不是本单位的管理者，例如外部的咨询专家；外部咨询专家一方面能为组织带来先进的理论和客观的认识，另一方面可能对本单位的历史、文化、作业程序和人事等缺乏足够的了解；一般说来，咨询专家倡导更激烈的变革，而内部管理者作为变革推动者可能更深思熟虑。

2）两种变革观

在变革过程中存在两种不同的观点：

（1）“风平浪静”观

组织是一艘在风平浪静的海洋中航行的大船，船长和船员们都知道他们将驶向何处，因为他们以前已经做过多次这样的航行；偶有风暴才会有变化出现，其余时间尽可放心航行。

（2）“急流险滩”观

组织是一只在不断出现险滩的湍急的河流中航行的小木筏，船工们以前从未在一起出过航；他们既不熟悉河流的构造，也不了解最终的目的地，甚至还得在漆黑的夜晚航行……显然，在急流险滩中航行，变化是一种自然状态，对变革的管理是持续的过程。

“风平浪静”观就目前组织所面临的经营环境而言，已日益成为一种过时的改革观念。“急流险滩”观更适合当前的不确定与动态的环境。管理者将面临着不断的变化，需要面对各种不可预见的状态事先做出变革，以适应可能出现的环境变化。

12.2.2 促进管理变化

变革是一种必然，但由于各种各样的原因，很多人不愿意变化，因为变革有可能对管理者形成威胁，而且作为组织也会产生惯性，促使其反对改革现状，尽管这一改革可能是有益的。成为改革最典型的阻力的有以下三个理由：

- 变革使已知的东西变得模糊不清和不确定；
- 变革将使某些人担心失去既得利益；
- 有些人认为变革并不符合组织的目标和组织的利益，作为变革推动者的管理者，应当有勇气去倡导并推动变革，努力克服变革的阻力。

1）促进管理变革

怎样才能顺利地推进管理变革呢？组织中的全体人员是管理过程的主体。这些人员都真有各自不同的目标、价值观、需求、行为方式和技能，他们既是实施管理目标的人，又是管理过程中需要改变行为的人。

要推进管理变革，首先要改变所有人员的行为和习惯。因为人们往往对新的管理目标的实施反应迟钝，而原有的、长期形成的管理思路、方法和措施可能成为新的管理目标实施的绊脚石。因此，不首先采取措施对付旧的顽固的行为方式，管理变革的目的就可能被扭曲、走样。

根据经验，改变根深蒂固的行为与习惯，有五种措施可行：

广泛宣传新的管理目标。修正以往的政策和方法，阐述管理变革所期望的行为，使人们明确新的管理目标，他们应该做什么，不应该做什么，提倡做什么，反对做什么。

进行日常调整，使人们适应变化。新的管理目标不可能一步到位，要允许人们逐渐适应这种变化，分阶段逐步到位。

提供足够的学习时间。树立新的管理目标，培育新的管理行为与习惯，需要一定的过渡时间。学习管理变革的目的，了解变革对所在组织管理的推动作用，这有助于人们尽快树立新的管理行为与习惯。经验表明，即使全力以赴，重大的管理目标的到位，至少也需要一年的时间。

用奖惩促进行为的变化。奖与惩的措施表明了组织对所有人员行为改变的态度。即符合新管理目标期望的行为，则采取奖励手段；反之，则财务惩罚措施。这表明组织的期望和管理部门对新行为模式的重视，有利于激励人们更加努力地向新管理行为模式靠拢。

主管的以身作则和示范作用。榜样的力量是无穷的，尤其是高层主管的身体力行。要求下属必须做到的，主管必须首先做到，在一定意义上，管理的模范带头作用比奖惩措施的作用还要大。

要推进管理变革，其次要改变公司的文化。组织文化变革主要有下列途径：

进行组织文化分析，确定需要变革的文化因素；

- 向员工明确说明：若不进行变革，组织生存将会受到威胁；
- 任命具有新观念的新领导人；
- 发动一次单位重组；
- 引入新例子、新典型、新人物来传播新观念；
- 改变人事考评和奖惩系统，以支持新的文化价值观。

2）变革的周期

管理变革有个不断完善、分步到位的过程。一般说来，任何一次组织变革总要经过“动员期”“筹备期”“适应期”和“成熟期”四个阶段：

（1）动员期：通过开大会、座谈会、发文件和宣传资料等方式，大力宣讲管理变革的意义和方式，让每个人都有一种参与感。

（2）筹备期：强化组织变革的各项基础管理工作，包括建立和健全必要的规章制度、管理人员的物色和调整等，为新体制的运行做好准备。

（3）适应期：新体制进入试运行状态，这一阶段是新老体制激烈较量的时期。由于习惯势力的影响，新体制的运行会遇到很大的阻力，甚至会出现暂时的混乱局面，全体管理人员尤其是各级主管应坚信：坚持就是胜利！否则，将扼杀新体制。

（4）成熟期：在经过痛苦的适应期之后，迎来了欣喜的成熟期。这时新体制的改革方案已基本到位，改革必胜的信念已深入人心，新体制已逐步走上正常的运行轨道，正逐渐显示出其优越性。

总之，不管变革处于何阶段，重要的是只要认准了改革是正确的道路，就要坚定不移地往前走。

12.3 领导者的创造性

组织变革的推动者的关键是领导者。现代化事业要求每个领导者不断地“研究新情况，解决新问题”。因此，创造性是现代领导者的能力的具体表现。失去创造性，其他方面再好，也不过是一个“平庸的召集人”。

所谓创造是指不固守现状，通过艰苦努力，有目的的推动事业进步的开拓活动。这种活动的特点是：目的性、开拓性、进步性和艰巨性。

领导者的创造性，可以用三个层次与方向的内容阐明，即创造性、独创性、生产效率性。

领导者的创造性，是指领导者能否产生新的思想意识，如具有不同于以前存在过的观念、想法、概念。

领导者的独创性，是指领导者是否能解决特殊问题时，能提出一种新方法。如领导者在接受某一项新的工作任务时用不寻常的新方法来解决问题。

领导者的生产效率性，是指领导者在提出许多创造性和独创性的想法后，能依此贡献出一定数量与质量的产品。

具有创造性的人能产生新颖的思想；具有独创性的人能运用经验来调整、修正以前获得的知识，并用于解决当前的问题；领导者的目标是提高生产效率，因此创造性和独创性必须导向生产效率的提高。

领导者的创造性有三种形式：一是有计划的创造性，根据上级要求与工作群体的需要，在没有已知解决办法的情况下，独立地提出新的解决方式。二是机遇的创造性，这种创造性行为是偶然发生的。三是自发的创造性，这种创造性是自发与无计划地产生的。

领导者的创造性是以自我刺激、独立、敏感、有定向目标为特征的。显然，在现实生活中，真正有创造性的领导者的数量是有限的。现代化建设需要大批具有创造性的领导者，但是如何培养领导者的创造性，尚有待进一步探索与研究。

领导者个人的创造性关系到整个组织的创造性，他的观念、思维方式、评判标准都极有可能成为组织的观念、思维方式、评判标准。因此，领导者首先就要相信自我的创造性是可以提高的，并不断去提高它，这样，组织的创造性才可能提高。下面介绍一些提高领导者创造性的方法。

12.3.1 费尔斯汀的创造十二法

美国创新学会（Innovation Systems Group）主席，纽约布法罗大学创造性研究中心副教授费尔斯汀（R. L. Firestien）认为通过改变生活规律、知识结果、提问方式和生活方式，可以在日常生活中培养个体的创造性，1996 年他在自己的著作中提出了具体的建议，并归纳为创造性十二法，下面主要阐述如下：

1）养成创造性思考的习惯

习惯会对人们产生很大的影响，面临创新任务时，习惯性思维总会起阻挠作用，许多人倾向于按第一感觉行事，而错失了许多难得的机会，因此应该认真对付那些阻碍创新的习惯性思维，用好的思维习惯去代替那些无用习惯。当我们遇到棘手的问题要解决时，可以问自己：“对此我还能做些什么？”“如果……”“我怎样利用那些似乎不合适的东西吗？”……

2）善于提问

有人曾说：“通过对一个人的提问（而不是回答这个人的问题）来判断一个人。”对领导者来说，提问题很重要。不幸的是，在许多企业中，越高层的领导者，越少接触实际，越喜欢单纯听汇报，也越少提问。所以领导者要善于提问，而且提问必须是真诚的、虚心的。因为寻问真实的问题可以获得更多信息，而提一些虚心假意的问题，将使下属以虚伪的回答来应付你。所以领导者所问的问题都应该是坦诚的，这样才可能得到真实的答案。领导者提问应该是虚心求教的，如果使被问的人觉得领导是在责备他，他就可能不会说出真实的想法。

3）抓住偶发的新想法

不要忽略那些偶发的新想法。人们很难在工作繁忙的时候获得创造性的想法，但是在大脑完全放松时，新的想法就容易出现。这时的关键就在于，当灵感浮现时，是否能随时抓住它们。随身携带一张纸、笔记本或小型录音机随时记录浮现的新想法，将会很有帮助。

4）打破常规

很多人在度假时找到解决问题的办法，因为他远离了平常的工作环境。不要思考那些将在办公室中发生的事，而去关注你周围的自然环境，你会产生许多新的想法。或者改变你在家的工作习惯，做一些不需要思考的事，都可能对创造性思想的萌发大有裨益。

5）了解各种资料

在一项研究中，有3组研究对象。第一组是“创造性组”，这组的人都是有很高创造性的人；第二组被称为“高效力组”，这组的人都是著名的技术专家；第三组被称为“小人物组”，和前两组相比他们无论在哪方面都更弱。研究发现，“小人物组”几乎不阅读任何资料；“高效力组”差不多只阅读本专业的资料；“创造性组”阅读几乎所有领域的现有资料，因此他们拥有丰富的信息宝库，并经常从中得到启示，扩大知识面进而可以增加创造机会。

6）交流

除了阅读和收听多种材料外，和那些有广泛兴趣、来自不同领域的人交往也很重要，虽然和熟人在一起可能会更舒服。关于交流沟通的研究显示，对我们最有用的信息并非源自身边的熟人，最好的信息来自其他的地方——那些和你生活在不同圈子里的人。因此，为了激发个人的创造性，加入那些平时和你没有多少联系的人中去是非常重要的。

7）发展人际支持系统.

有私人的或者职业上的某种关系网是非常重要的，这种关系网是一种“社会支持系统”，会在你遇到困难时给你提供支持。所以，作为一名领导者，需要可以倾诉的知己，可以分享快乐和分担挑战的人。这些人无论来自家庭还是朋友，对领导者都很重要。

8）停止行动

在我们的文化中，当将自己从习惯性的行为中解救出来时，就可以有新的自我理解。任何形式的独处都会产生效果。花30分钟静静地坐着。前10分钟你的思维会不断跳跃式地告诉你该做的事。千万别在这时站起来行动！度过第一个痛苦的10分钟，坐在那儿会变得容易起来，新的想法会浮现。最重要的是能从生活中抽出时间，特别是需要新主意的时候，应该留出时间，以便于这些新主意的产生。要通过停止行动来为新主意的产生提供时间和空间。

9）选择一个有利于创造性思考的环境

如果领导者希望自己做出有创造性的想法和决定，就需要一个能让自己静心思考的地方。选择一个有利于创造性思考的环境，不仅可以提高创造性而且可以提高效率。

10）创造健康的生活方式

大脑工作需要荷尔蒙和神经递质，只有在具有这些物质时大脑才能工作。如果改变饮食，增加碳水化合物的摄入量，减少脂肪的摄入量，可以提高认知功能。运动是健康生活的另一个重要组成部分。定期的、有节奏的体育锻炼方式是非常重要的。日常运动释放的生物肽对清晰的思维很有帮助。

11）唤醒幽默

幽默和创造性和谐相关。在某种程度上，他们本来就是一样的。幽默和创造性都是将原本无关的事物联系起来。在创造性活动中，这种联系产生新思想；在幽默中，这些不相关观念的联系产生了笑话。因此，培养创造性的一个间接途径就是培养幽默感。

12）切合实际的幻想未来

作为领导者必须为组织设定一个对未来的构想，为它制定计划并坚持下去。这些构想必须根植于公司的实力和要完成的目标：要带给客户什么样的价值，希望有怎样的产品或服务，员工应该怎样合作。要和员工一起将这些变成可以衡量的目标，再给他们必要的条件去完成目标，帮助他们达成目标，在他们需要时，随时给予指导和支持，并让他们自己去完成。

12.3.2 富山芳雄的自我创新法

富山芳雄认为，缺乏创造性的企业的最大弱点是“缺乏提高部下能力以使部下发生变化的力量，所以他强调必须改正部下的旧习，改变部下的思考方式，以逐步赋予他们新的能力。对那些存在问题的人，要帮助他们增长新能力，以使其在工作中各得其所”。因此，领导者需要自我创新，并影响自己的下属。具体建议有以下几方面。

1）变革信念

随着年龄的增长，领导者开始看到自己个人在事业上的极限，于是追求自我变革的热情也逐步降低。但是现代领导者，无论主观上如何认识自己，他所处的环境，总是要求他必须永不松懈，不断努力。外部的竞争要求他们必须永远处于期待和变革当中。假如他担任一个新的职务，特别是接触从未经历过的工作时，他应该把新的工作当作自我创新的机会，积极地运用它进行自我再开发。如果领导者消极的承受新工作，对工作的成功与发展毫无自信，其结果对自己对组织都是不幸的。假如在相当长的时期里，工作没有什么变动，这时要防止出现对工作失去兴趣。在同一种工作中也可以收到自我创新的效果。比如，下决心提高目标水准，向高一级的目标进行挑战。这就是必须要想出许多创新方法。

领导者自我创新的过程中，需要防止两种偏差。其一，对未经历过的工作进行挑战时，成功后容易出现过分自信的毛病；相反，挑战受挫，则有丧失自信的可能。这些都是阻碍自我创新的因素。其二，为做成某项工作，精力只集中于自我创新，忽视了当前周围情况的变化，对现代变化和组织外部环境变化的敏感性也变得迟钝，视野变窄，这些反而不利于自我创新。

2）学习提高

管理学中有一句名言，一只狼领导的一群羊能打败一只羊领导的一群狼，可见领导者和团队的重要性。领导者在团队中肩负着促进企业发展、事业进步的历史使命，为了防止上述偏差，领导者必须加强学习、积极实践、勇于创新、与时俱进。为此，作为领导者需要做到以下几点：①扩大自己的社交圈和知识面。除博览群书外，还要经常参加各种内部的行业的研讨会，也应参加组织外部的各种专业会议或者有关的全国性会议、跨地区会议等；②走出自己的舒适区。领导者是自己的组织里的成功人士，在擅长的领域获得肯定和认可，如果一味地沉浸在这种舒适中，往往会故步自封，不思进取，所以需要领导者不断突破现有的知识技能以适应新的环境；③善于思考。通过获得各种信息来丰富自己的思想，以此作为创造新行动的媒介，为我所用。同意他人或提出与别人相反的主张，都会从中获取信息的启示，借以形成连锁反应，帮助自己提出独创性的设想。

3）良师益友

领导者有时会被一些问题纠缠的思绪烦乱，这时最需要的是能够将自己的水平提高一步的经验。若有一位受到自己尊重的人或值得向他讨教和谈心的朋友，对解除疑虑，推动继续自我创新极为重要。领导者结交哪个层次的朋友，往往能决定自己属于哪一个层次水平。如果同一些思想水平底的、缺乏开创能力的人交往，久而久之，受其影响，自己的思维水平也会随之下降。反之，若能和比自己思想水平高的人交往，自己也会受其熏陶，在不知不觉中得到提高。但是这里说的高水平朋友，同对方的社会地位无关，而是指思考问题水平的高低。随着领导者自身的发展提高，必然会选择许多卓有见识的人与此结为益友。

4）自我评价

领导者在进行自我创新之后，最重要的问题是要冷静地评价自己的能力、优点、短处以及需要修正的性格和习惯。正确评价自我，是使自己能够继续发展的一种自我调节能力。领导者一定要有谦虚的品德，对待任何赞扬，都要把偏见和不符合实际的成分估计进去，不沾沾自喜，具有一种冷静而客观的自我评价能力是极为重要的。从领导者的特定地位来讲，能听到逆耳良言是极其珍贵的，在领导者身边有没有敢于直言不讳的人，取决于领导者的气量大小。领导者需要认真听取那些苦口良言，自己对此必须产生应有的反应。这对领导者极其必要。领导者的真正价值，在于不拘地位的高低，在于对事业的信念、不耻下问。

5）身心健康

领导者的身心健康，是完成各项创新任务的大前提。领导者工作压力和责任经常使领导者的身心处于紧张状态。随着年龄的增长，精力、体力同繁重的业务要求之间的矛盾日益明显。但是管理又是具有工作与年龄同步成熟、能力与见识一起提高的特性，随着年龄的增长对人情世故的洞察变得更深刻，发挥全体工作人员能力的指挥才能也更加高超。这正是活跃的开展社会活动的时期，是丰富人生的最佳阶段。因此，领导者必须首先搞好自身的健康，坚持锻炼身体，保持身心健康。有了健康的体魄，才能使自己保持向上的心理，才能不时产生新思想，发展新能力。

12.4 领导者创造性的培养途径

一个领导者，怎样才能具备和提高自己的创造性功能呢？这就要敢于创造，善于创造，保护创造。创造性功能具体表现在以下三个方面：创造性精神、创造性思维、创造性实践。

12.4.1 创造性精神

创造性精神来源于强烈的事业心和高度的责任感，这种精神又是创造活动的动力。如果领导者没有创造性精神，那么，头脑再灵，而根本不想创造，也是不可能有创造的。

创造性精神的内涵可以用三句话来概括：一切向前看，永远不满足，争取高成就。

1）一切向前看

作为领导者要一切向前看，这是树立创造性精神的认识条件。领导者在观察认识问题时，必须在自己的心目中树立正确的参照系，

（1）纵向参照系——过去与未来的参照系

① 过去参照系。用这种参照系去观察问题的必要性在于，可以认清成绩，增强信心。例如，与之前比成绩巨大，鼓舞人心，去年干得好，今年要更上一层楼。此外，可以认清不足，总结经验教训。

在此，领导者也有一个正确对待过去的问题，否则会在过去的错误面前垂头丧气，失去前进的信心；在过去的成绩面前自满自足，失去进取精神。

② 未来参照系。向前看是创造性的契机之所在，是领导者创造精神的依托。企业的竞争是产品的竞争，一个企业只有一切向前看，设计出未来的产品，为未来服务，向未来挑战，才能做未来的主人。

作为领导者，既要知道过去的轨迹，更要知道未来的航向。只有将两种参照系结合起来，并以“未来参照系”作为重点，才能树立起创造性精神。

（2）横向参照系——后进与先进参照系

领导者应该将“后进参照系”与“先进参照系”结合起来，并以“先进”作为重点。先进参照系，就是以先进国家、企业、组织做参照系，通过这种横向比较，就能看到自己的不足，激发起“赶”“超”的创造精神。

2）永远不满足

领导者必须经常保持一种“危机感”，这是人们产生创造性精神的压力条件。

危机感就是对危险和困难的感觉和预见。有了这种感觉和预见，人们就会产生“压力感”，在一定的条件下，压力就会转化成为创造的动力。

（1）对于“危机感”，领导者首先要有自我意识

领导者要有“居安思危”的自我意识，要有危机感。要意识到与同行业的标杆比，我们还有差距。绝不能沉醉于这几年的发展与国内水平，而是要眼光往国外，看行业的龙头企业。互联网时代赢者通吃，若不在行业占据龙头地位，企业的生存和发展都将受到严重威胁。

（2）要克服“惰性心理”

永不满足的对立面是“惰性心理”。知足是封闭型小生产者的精神状态，“知足”就会丧失创造性精神。领导者在生活上不能搞脱离现实的过高要求，但在工作、事业上必须有永不满足的思想，才能激发出创造精神。

（3）要将“危机感”渗透、扩散到被领导者和整个团队中去。在团队中要使全体员工从切身利益上树立危机感,真正惊醒起来,激发创造精神,提出合理化建议,永不止步地建设好自己的企业。

（4）要用辨证观点树立危机感

如果不视实际情况，一味制造危机感，超过一定限度，团队成员情绪就会被危机感压垮，失败主义，泄气思想一旦占了上风，就会失掉一切创造性精神。为此，必须把危机感和必胜的信念统一起来，把危机的压力和顽强的拼搏意志结合起来，既有压力又有信心，挑战和机遇并存，才能坚定人们的创造性精神。

3）争取高成就

争取高成就，就是创造性精神的目标条件。领导者要有高成就动机的欲望与意识。高成就意识越强，则创造力的内驱动力越大，二者成正比关系。

（1）要树立唯旗是夺，创一流的思想

一个领导者，要有远大的理想和抱负，同时在每项具体工作上必须要有自强不息，事事争先，总想拔尖的精神，才能争取高成就。

（2）要破除平均主义，为高成就意识的树立创造环境

在我国要树立高成就拔尖思想，就必须克服平均主义。“枪打出头鸟”“树大招风”“人怕出名猪怕壮”，这些都是树立高成就意识的阻力，只有破除阻力，才能使创造精神发扬光大。

12.4.2 创造性思维

树立创造性精神是解决创造的动力问题。解决了动力之后，还要学会创造性思维，解决创造的方法问题。

创造性思维和重复性思维是不同的，它是一种创造性的见解，即“创见”。怎样才能产生“创见”呢？这就必须把线性集中思维，立体扩散思维和超常规思维统一起来，

1）线形集中思维

线性集中思维是思维的纵向发展。线性集中思维的特点是“一条道跑到底”的“专一性”。领导者对系统中的重大问题，就要集中精力，深入细致的研究，刨根问底，反复思考，吃饭想，走路想，不达目的不罢休，达到“入迷”的境界。

怎样才能做到线性集中思维呢?

（1）要学会“思维聚焦”。这就是要善于把各种注意力都指向你们要解决的问题上，就像“聚焦凸透镜”一样，把各方射来的分散光线汇聚到一点，从而实现重点突破，解决问题。

（2）要能够“排除干扰”。线性集中思维的最大障碍是来自外界的无为干扰。对于那些与问题无关的事件，工作要能“拿起来，放的下”。要懂得：只有“无所为”才能做到“有所为”的道理。

2）立体扩散思维

扩散思维的特点是扩展性，其表现就是思路开阔，想象丰富，视野大，视角广，不拘泥于一个方向，不封闭于一个框架。

要实现立体扩散思维，就要做到有丰富的想象力，多方位的应变能力，博采众长的综合力。

（1）丰富的想象力

首先，要善于联想。这像一个光源向四面八方发射出无数条光线一样，使思维纵横交错，构成生动的“意识之网”。

（2）要善于纳入

所谓纳入就是要把外界表面上看来与问题无关的东西，通过想象力，如同一块磁石一样，吸附到主体的思考对象中来。

为了做到善于联想与纳入，就要有意识地运用头脑，突破实物空间和时间空间的局限，使“实物空间和时间”进入“概念空间与时间”。

（3）多方位的应变力

这就是要求领导者能够进行全方位，多角度的思考。要学会不钻牛角尖，不走死胡同。西方不亮东方亮，此路不通走他路，审时度势，应付自如。这就需要在空间上有“多项意识”，又需在时间上能“随机应变”。

在领导工作中有很多的难题，用“单向意识”对待就会陷入“山重水复疑无路”的困境；一旦改用“多向意识”思考，就能发现“柳暗花明又一村”的新境界。

“随机应变”是指领导者必须善于捕捉机会，适应客观事物随时间推移而产生的不断变化。

（4）博采众长的综合力

领导者要吸收众家之长，结合自己实际，拿来为我们所用，这就是综合。这说明，既要善于“择优”，又要善于“消化”。

择优是要分析对象的优缺点，这是综合的基础。认清“优”之所在，择“优”而采之，才能实现创新的目的。

消化是指结合实际进行加工，再创造，才能真正变成自己的东西，达到“优中更优”“长中更长”的创新目的。

3）超常规思维

超常规思维就是超越常规的思索。领导者要打破常规的束缚，跳出自我封闭的围墙，从思维定势的框框中突围出来，才可能有创造。这就要做到：树立突围意识，进行反向思考，敢于力排众议。

（1）突围意识

人们在长期生活中会形成一种“思维定势”。这种思维方式又称为“习惯性思维”。这是创造性思维的大敌。突围意识就是要从“思维定势”“习惯性思维”所组成的围墙中突击出来，改变原来的思路，去掉固定的思维方式。

（2）反向思考（逆向思维）

逆向思维也属于突围意识的范畴之内。突围意识是一种“无向爆破”，而反向思考就是“定向爆破”，即倒过来想想，这种“倒过来想”的思维，往往会产生预料不到的创新效果。例如，在制造业中流水线的上道工序为下道工序提供零件是常规，现在反过来可以提出 “三及时”的思想，即下道工序在需要的时刻向上道工序索要所需数量的合格零件。这样做的目的是因为，上道工序为下道工序提供零件送早了，或者送多了就会造成积压，降低资金周转速度；如果送晚了，送少了或者零件质量不合格，就会影响生产的进行。总之，既不是越早越好，也不是多多愈善，而是要做到三及时，即“及时的时刻”，“及时的数量”，“及时的零件”，总之，什么样的零件，什么时候，送来多少，都要按照下道工序的要求来办。

在常人看来，这一思想并无甚大创造，只是在上道工序和下道工序关系的主体性上做了一个颠倒。但是，这恰恰体现了反向思维超常规突围意识的重大作用。事实证明，这样做的结果是取消了大量在制品库存，减少了在制品资金的积压，加速了资金周转，经济效应增加了一倍。

（3）力排众议

“创见”刚提出时，往往不被多数人承认，甚至被说成是“邪门歪道”“标新立异”。为此要树立超常规思维，就必须敢于力排众议。

领导者不仅自己要敢于“创见”，而且要注意保护“创见”，对于那些被一些人称为“怪论”的超常规的“创见”，要敢于挺身而出保护、鼓励。如果遇到暂时失败，要给当事人以宽容理解，否则团队成员的创造性，就有可能被人的议论扼杀。

12.4.3 将创造性思维用于实践中

搞好创造性实践，必须处理好两个关系：认清创造性和风险性的关系，解决敢于创造的问题；认清创造性和继承性的关系，解决善于创造的问题。

1）认清创造性和风险性的关系

所谓创造性就是要突破常规的特点，不确定性决定了创造性实践必然要冒一定的风险，事事都要求绝对的把握，就不会有创造。风险实质上是失败的概率，失败的概率越高，风险度越大。创造和风险是孪生姐妹，但应避免那种注定要失败的“愚蠢的风险”。

挫折、错误、失败，这是风险在现实中的表现，是创造性实践中不可避免的。

领导者要正确对待创造过程中的失败。首先要容忍失败，俗话说：“失败是成功之母”。同时，要容许“合理性错误”。国外有企业对所聘人员提出了这样一条原则要求：在受聘的一年之内，容许而且必须犯一次以上的“合理性错误”。

2）创造性和继承性的关系

创造和继承是辩证的统一，只“继承”不创造，社会就没有发展，事业就不能前进；只“创造”不继承也不可能有真正的创造。

领导者要善于做到：①重视自身知识的积累；②善于运用别人的信息。要懂得“踩着巨人的肩膀，自己才能站得更高”的道理。

12.4.4 领导者要有创造性的个性特征

有创造性的领导者有较高的需要层次：自尊与自我实现。这些领导者不满足于单纯的完成上级所授予的工作任务，而有更大的事业上的抱负，在这些领导者身上，精神激励的作用远远超过物质激励的作用。这些领导者的工作动机不在于完成常规的、生产性的任务，而具有较高的创新性目标。

有创新性的领导者具有非从众主义者的特征。经常可以听到一些有创造性的领导者不遵从组织规定的行为模式，以至引起上级、同事的非议。这里要区别领导者不服从上级规定、不执行上级指示与创造性地执行上级规定或指示的界限。有时，人们受到传统习惯势力的影响，认为某些越轨的行为模式是异端，是无组织无纪律，实际上这些行为模式很可能正是创造性行为的表现。人们习惯于所有的领导者具有统一的行为模式，因而对于个别有创造性行为的非从众主义者看不惯。

有创造性的领导者更愿意独立思考。有创造性的领导者并不一定想把自己隔离起来，却愿意有一段时间供他寻求精神生活，以摆脱现实世界的压力。但是，真正有创造性的人乐意与他的上级进行频繁的接触与沟通。有创造性的领导者还愿意以自己的节奏、在自己选定的时间内工作。

有创造性的领导者也会面临失败与风险。这是因为，他们是未知和未证明事物的热心发掘者，即使遇到困难与挫折也要控制自己，不能因为害怕失败而半途而废。

有创造性的领导者指望别人对他的成就做出公开的认可。有些人有较高的能量水平努力去满足自尊的需要，这实际上也就是要求别人对他有足够的尊重。对于有创造性的领导者的成就，不管是大是小，都应该引起上级与下属的注意，并要让他知道大家对他的创新精神表示赞同。这样做有利于创造性领导者保持较高的能量水平，进一步激发创造性。

要给有创造性的领导者提供即时反馈。有创造性的领导者需要行为有快速的反馈，要及时得到对行为的确认。如果有创造性的领导者给上级领导者递了一份报告，或要求帮助，或以其他方式与上级领导者进行沟通，上级领导者要尽早做出反应，越早越好。没有反应将被看作是不承认、不认可，即使不是一种轻视，也是一种最使人泄气的行动。

12.5 领导者创造性测验

领导力是影响组织创造力的重要因素，领导特质、领导行为对组织创造力产生直接的或间接的影响，领导特质理论认为领导具有某些与追随者差异的特质，而这些特质是使其成为领导的关键。领导力就是将领导者意志施加于被领导者的一种能力。

领导能力特质与组织创造力密切相关。领导能力特质是指领导特质中倾向于客观能力或技能的成分，如领导的专业知识、工作技巧等，领导能力特质对组织创造力的影响更加直观。

第一，领导的创造力是影响组织创造力的一个重要领导特质，较之无创造力的领导相比，创造力领导在创造力榜样塑造、理解创造性想法和与员工讨论等方面更具优势。

第二，领导应该具有一定的直觉和敏感性，创新型领导能够觉察到员工独特的认知过程和创新的问题解决方式；领导的魅力特质也被证实对组织创造力有着显著影响。

第三，能够有效地促进组织创造力的领导还需要借助一系列工作技巧，如良好的社会技巧可以帮助领导更好地传达自己对创造力任务的理解，良好的计划能力可以帮助领导者在复杂的任务和多样化的环境中寻求更好的解决方案。

创造性测验能帮助领导者觉察自我，改进自我，促进创造性的发展。

12.5.1 创造性测验的含义

人们最为关心的是这两个问题：一是是否人人都具备创造性，什么样的人才具备创造性；二是自己的创造力水平如何。

很多人都将创造活动看得很神秘，认为世上只有绝顶聪明的人才具创造性，其实不然，因为创造可以是大发明、大创造，如发明家爱迪生发明了电灯、留声机等，科学家发明有思考功能的机器人，或者提出科学上重大的新发现或新理论，但小发明、小创造同样也是一种创造，设计一套新颖的时装，设计新的大楼以及生产技术的小改造等。所以，我们认为创造力是一种后天的能力，它主要取决于人的主动性和智慧的运用，而不是天才。虽然人人都具有创造的潜能，但有些人能充分地得以发挥，而有些人虽主观努力，却一生按部就班、碌碌无为，产生这种情况的原因何在呢？

心理学家在研究创造型人才时，曾选择了具有创造性的科学家进行调查，结果发现，他们在各种活动中表现出下列共同特征：

- 高度的自我控制力量和情绪的稳定性
- 独立自主的强烈需要
- 控制冲动的高水平，超常的智力
- 爱抽象思维
- 在人群中喜欢独处
- 爱好次序、精确
- 对矛盾、预期和明显的障碍表现出极大的兴趣下面具体介绍创造性倾向，创造性特征，管理人员创造性等三项测验方法。对任何一位领导者都可进行这三项测验，以了解该领导者的创造性倾向，创造性特征与创造性的水平。

12.5.2 创造性倾向测量

下列 25 道题目是美国普林斯顿人才开发公司的测试题，该公司要求在进行测试时，被测者以最忠实而又最迅速的口气回答是或否，不能模棱两可，更不能用猜测性的口气回答。

（1）我的兴趣总比别人发生的慢。
（2）我有相当的审美能力。
（3）有时我对事业过于热心。
（4）我喜欢客观而又有理性的人。
（5）“天才”与成功无关。
（6）我喜欢有强烈个性的人。
（7）我很注重别人对我的看法和议论。
（8）我喜欢一个人独自深思熟虑。
（9）我从不害怕时间紧促、困难重重。
（10）我很有自信。
（11）我认为既然提出问题也就要彻底解决。
（12）对我来说作家使用华丽的词句只是为了自我表现。
（13）我尊重现实，不去想那些预言中会发生的事情。
（14）我喜欢埋头苦干的人。
（15）我喜欢收藏家的性格。
（16）我的意见常常令别人厌恶。
（17）无聊之时正是我某个主意产生之时。
（18）我坚决反对无的放矢。
（19）我的工作不带有任何的私欲。
（20）我常常在生活中碰到一些不能单纯以是或否判断的问题。
（21）挫折和不幸并不会使我对热衷的工作有所放弃。
（22）一旦责任在肩，我必须排除困难完成。
（23）我知道保持内心镇静是关键的一步。
（24）幻想常给我提出许多新的问题、新计划。
（25）我只是提出新建议而不是说服别人接受我的这种新建议。

说明：

普林斯顿人才开发公司认为，答完这 25 道题，如果答“是”的题目有 20 题，那么被测试的个体是极富有创造力的人；大约只有 0.7% 的人能达到这个水平。

12.5.3 创造性特征测验

说明：

下面有 30 道题，每道题有 5 个预备选择的答案，请根据自己的实际情况，在题目后面圈出相应的字母，每题只能选择一个答案。

A——符合自己的情况

B——比较符合自己的情况

C——很难回答

D——较不符合自己的情况

E——很不符合自己的情况

1. 性情开朗　A B C D E
2. 思考问题深思熟虑　A B C D E
3. 不容易受事物左右　A B C D E
4. 对将发生的事有预见性　A B C D E
5. 人际关系好　A B C D E
6. 学习成绩优异　A B C D E
7. 思维敏捷　A B C D E
8. 健谈　A B C D E
9. 能不断提出新想法　A B C D E
10. 好奇心强　A B C D E
11. 记忆事物牢固　A B C D E
12. 身体健康　A B C D E
13. 对问题敏感　A B C D E
14. 有洞察力　A B C D E
15. 有幽默感　A B C D E
16. 喜爱智力活动　A B C D E
17. 推理能力强　A B C D E
18. 顽强地对待难题　A B C D E
19. 喜欢提出假设　A B C D E
20. 爱好新事物　A B C D E
21. 受到人们信赖　A B C D E
22. 有灵活的应用能力　A B C D E
23. 办事努力　A B C D E
24. 喜欢打破砂锅问到底　A B C D E
25. 喜欢活动　A B C D E
26. 说话有逻辑性　A B C D E

27. 能监督、指导别人工作　A　B　C　D　E
28. 通晓自己活动领域的最新动向　A　B　C　D　E
29. 独立性强　A　B　C　D　E
30. 喜欢从多种角度看问题　A　B　C　D　E

统计你所圈各个字母的次数，A 得 5 分，B 得 4 分，C 得 3 分，D 得 2 分，E 得 1 分，把你所得的分数全部相加后，对照表 12-1。

表 12-1　评价表

总分	评价
125 分以上	很符合
106 ～ 124 分	比较符合
70 ～ 105 分	不明确
51 ～ 69 分	不大符合
50 分以下	很符合

如果你的得分处于不大符合的分数线以下，说明自己的个性和行为未具有创造性特征，将阻碍创造力发展，不利于从事创造性活动。你可以认真地对照问卷中的每个项目，找出自己在哪几个项目上表现是不够的或者较差的，认清自己今后的努力方向。

笔者曾在“领导力创造性训练”研讨班上，让学员做了这个测验，将测验分数和其工作中的表现做了比较，每个学员根据项目的得分找到了自己的差距所在，并据此制定行为改善计划，为更好地发挥创造性做了性格上的准备。

12.5.4 创造性管理人员的自我测验

自我测验的方法是回答 50 个陈述句，这些句子不复杂，但回答要尽可能准确和坦率。读了每一个句子后，要用字母指出你同意或不同意这句的程度。A 表示非常同意；B 表示同意；C 表示中立、不表态或不知道；D 表示不同意；E 表示非常不同意。记分指导语在全部陈述句结束时给出。

50 个陈述句如下：

1. 我总是以很确信的态度来工作，所以在解决一个特殊问题时，我遵循正确的步骤。______
2. 如果我没有希望获得答案，要我提出问题是浪费时间。______
3. 我觉得一步一步的逻辑方法是解决问题的最好方法。______
4. 我偶尔在使人厌烦的小组会上发表意见。______
5. 我花费好多时间来思考别人对我的想法。______
6. 我觉得我可以给这个世界一种特殊的贡献。______
7. 对我来说，做我认为是正确的事要比试图赢得别人的赞同要重要。______
8. 对事物抱以不确信、不肯定态度的人会丢失我对他的尊重。______
9. 我能在一段时期里连续地思考问题。______
10. 有时我对事物有过分的热情。______
11. 在无所事事的时候，我经常会得到最好的想法。______
12. 在解决问题时，我依靠直觉来判断“正确”和“错误”。______
13. 在解决问题时，我分析问题较快，综合我所汇集的信息则较慢。______
14. 我讨厌搜集东西的爱好。______
15. 白日梦为我许多重要的研究项目提供了刺激。______
16. 假如我必须选择现在不是我所从事的两种职业中的一种，我宁愿做医生，而不做探险家。______
17. 我比较容易与这样的人相处，如果他们有和我相同的社会地位。______
18. 我对美有高度的感受性。______
19. 在解决问题时，直觉是不可信赖的向导。______
20. 我对产生新想法要比把新想法传播给别人更有兴趣。______
21. 我注意避免使我感到自卑的情境。______
22. 在评价信息时，对我来说它的来源比内容更为重要。______
23. 我是喜欢遵循“事务在先、享乐在后”原则的人。______
24. 自尊比尊重别人重要得多。______
25. 我觉得追求完美的人是不明智的。______
26. 我喜欢从事对别人产生影响的工作。______
27. 对我来说，重要的是每样东西都有着落，而且各得其所。______
28. 愿意接收“炸药包”式想法的人是不现实的。______
29. 我愿意试验新方法，没有一定的报酬也不在乎。______
30. 当某种方法无法解决一个问题时，我可以快速地另辟思路。______
31. 我不喜欢提没有人能回答的问题。______
32. 与改变职业以寻找自己的兴趣比较起来，我更容易改变兴趣来寻求职业。______
33. 无法解决的问题，经常是问错了的问题。______
34. 我经常能预料到我的问题是如何得到解决的。______
35. 分析一个人的失败是浪费时间的。______
36. 只有模糊的思想家才求助于隐喻和类比。______
37. 有时我很欣赏一个骗子的灵机，以致我希望他能逃脱惩罚。______
38. 我在开始解决问题时，经常只是朦胧地感觉到解决的方法，但一时还难用语言表达出来。______
39. 我经常倾向于忘记诸如人、街道、公路和小镇的名字。______

40. 我觉得艰苦的工作是成功的基本因素。______
41. 被认为好的小组成员对我来说是不重要的。______
42. 我知道应该怎样控制我的内在冲动。______
43. 我完全是一个负责的和可依赖的人。______
44. 我讨厌不肯定和不确定的事物。______
45. 我愿意与小组其他人一起努力工作，不愿单干。______
46. 许多人产生烦恼是因为他们把事情看得太严肃了。______
47. 我的头脑经常被我的问题缠绕，不能摆脱。______
48. 为了达到我确立的目标，我可以轻易地放弃眼前的利益和舒适。______
49. 如果我是学院里的教授，我宁愿教务实内容的课程，而不愿教理论课程。______
50. 我为生活的神秘所吸引。______

根据记分表统计分数，然后相加得一总分与下述结果进行比较。

	A	B	C	D	E		A	B	C	D	E
1	-2	-1	0	+1	+2	26	-2	-1	0	+1	+2
2	-2	-1	0	+1	+2	27	-2	-1	0	+1	+2
3	-2	-1	0	+1	+2	28	-2	-1	0	+1	+2
4	+2	+1	0	-1	-2	29	+2	+1	0	-1	-2
5	-2	-1	0	+1	+2	30	+2	+1	0	-1	-2
6	+2	+1	0	-1	-2	31	-2	-1	0	+1	+2
7	+2	+1	0	-1	-2	32	-2	-1	0	+1	+2
8	-2	-1	0	+1	+2	33	+2	+1	0	-1	-2
9	+2	+1	0	-1	-2	34	+2	+1	0	-1	-2
10	+2	+1	0	-1	-2	35	-2	-1	0	+1	+2
11	+2	+1	0	-1	-2	36	-2	-1	0	+1	+2
12	+2	+1	0	-1	-2	37	+2	+1	0	-1	-2
13	-2	-1	0	+1	+2	38	+2	+1	0	-1	-2
14	-2	-1	0	+1	+2	39	+2	+1	0	-1	-2
15	+2	+1	0	-1	-2	40	+2	+1	0	-1	-2
16	-2	-1	0	+1	+2	41	-2	-1	0	+1	+2
17	-2	-1	0	+1	+2	42	-2	-1	0	+1	+2
18	+2	+1	0	-1	-2	43	-2	-1	0	+1	+2
19	-2	-1	0	+1	+2	44	-2	-1	0	+1	+2
20	+2	+1	0	-1	-2	45	-2	-1	0	+1	+2
21	-2	-1	0	+1	+2	46	+2	+1	0	-1	-2
22	-2	-1	0	+1	+2	47	+2	+1	0	-1	-2
23	-2	-1	0	+1	+2	48	+2	+1	0	-1	-2
24	+2	+1	0	-1	-2	49	-2	-1	0	+1	+2
25	-2	-1	0	+1	+2	50	+2	+1	0	-1	-2

统计结果分析

创造性程度的分数解释

分数	解释
80 ～ 100	创造性非常高
60 ～ 79	创造性较高
40 ～ 59	创造性一般
20 ～ 39	创造性较低
–100 ～ –19	无创造新性

笔者对某公司的中级管理人员做了有关创造性的调查，利用该测验调查了 80 名被试，获得了如下的结果。

表 12–2 某公司的管理人员的创造性（n=80 名）

类别	创造性高	创造性较高	一般	创造性较低	无创造性
人数（人）	1	5	16	39	19
百分比（%）	1.25	6.25	20	48.75	23.75

上表显示了该公司管理人员的创造性现状，无创造性和低创造性的人占了 72.5%，这种情况的形成给企业带来了不利的影响。

该公司的管理人员创造性普遍较低是否具有普遍性，笔者不敢妄加评判，但对造成这种情况的原因做了调查和分析，发现其中最主要的一个原因在于管理人员本身工作的影响。这些管理人员十几年来均从事同一工作，处理日常事务，一切只需按规章制度办事，按过去的经验办，或者请示汇报，按上级指令做即可，甚至本来极需要创造性的产品设计部门也只需翻译外国的资料然后照搬照抄，似乎无须他们的独创性和新观点，久而久之就形成了这样一种误区，造成了不令人满意的局面，因而要求改变这一状况的呼声也越来越高，时代呼唤人们的创造性。

唯有创造，人类才能不断进步！

◉ 思考与探索

1. 正确理解领导者创造性内涵的三个层次。
2. 试述领导者创造性的培养途径。

参考文献

1. 罗伯特•J•斯腾博格 . 创造力手册 [M]. 施建农，等，译 . 北京：北京理工大学出版社，2005.
2. 米哈里•希斯赞特米哈伊 . 创造力——心流与创新心理学 [M]. 黄珏苹，译 . 杭州：浙江人民出版社 ,2015.
3. 王端旭，洪雁 . 组织氛围影响员工创造力的中介机制研究 [J]. 浙江大学学报 ,2010:9.
4. 徐东升，周文莉，顾远东 . 领导力与组织创造力研究进展 [J]. 科技管理研究 ,2017 :10.
5. 俞文钊，刘建荣 . 创新与创造力：开发与培育 [M]. 大连：东北财经大学出版社，2008.
6. 俞文钊 . 管理心理学（简编）[M].2 版 . 大连：东北财经大学出版社，2004.
7. 俞文钊 . 现代激励理论与应用 [M]. 大连：东北财经大学出版社，2006.
8. 宗月琴 . 启动创造性：助你立业与发展 [M]. 广州：广东旅游出版社，2000.
9. ALBERT R S, RINCO M A.A history of research on creativity[M]// STERNBERG R J. Handbook of Creativity. New York: Cambridge University Press, 1999:16-34.
10. AMABILE T M, GOLDFARB P S, BRACKFIELD S C. Social influences on Creativity: Evaluation, Coaction and Sui-veillance[J]//Creativity Research Jounal, 1990, 66（3）: 6-21.
11. AMABILE T M. Creativity in Context: Update to the Social Psychology of Intrinsic and Extrinsic. Nashville: CoWest-view, 1996.
12. AMABILE T M. HILL K G, HENNESSEY B A, TIGHE E M. The work preference inventory, Assessing intrinsic and extrinsic motivational orientations[J]. Journal of Personslity and Psychology, 1994, 66: 950-967.
13. AMABILE T M. Social psychology of creativity: A consensual assessment technique [J]. Jounal of Personslity and Social Psychology, 1982, 43（5）: 997-1013.
14. AMABILE T M. The motivation to be creativity[M]// Isaksen S. Frontiers in creativity research: Beyond the basics. Buffalo, New York: Bearly, 1987.
15. AMABILE T M. The Social psychology of creativity[M]. New York: Spring -Verlag, 198.
16. BIECH E . Creativity & Innovation:The ASTD Trainer’s Soucerbook[M]. 1996 .
17. CSIKSZENTOIHALYI M, Society, culture and person: A systems view of creativity[M],Nature of Creativity: Contemporary psychological perspectives. Cambridge: Cambridge University Press, 1988:325-339.
18. CUILFORD J P. The nature of human intelligence[M]. New York: McGraw-Hill, 1967.
19. EYSENCK H. Genius. The natural history of creativity[M]. Cambridge: Cambridge University Press, 1995.
20. FEIST G J. The Influence of Personality on Ai-tistic and Scientific Creativity[M]//STERBERG R J. Handbook of Creativity. Cambridge:Cambridge University Press, 1999:273-296.
21. FINKE E A, WARD T B, SMITH S M. Creative cognition: theory research, and applications[M]. Cambridge: MIT Press, 1992.
22. GARDNER H. Creating minds: An anatomy of creativity seen through the lives of Freud, Einstein,// Picasso, Stracinsky, Eliot, Graham, and Gandhi[M]. New York: Basic, 1993.
23. GUILFORD J P. Creative abilities in the artsy[J]. Psychological Review, 1957:64, 110-118.
24. GUILFORD J P. Creative, Yesterday, Today and tomorrow[J]// Joulnal of Creative Behavior, 1967:1, 3-14.
25. MANSFIELD R S, BUSSE T V. The psychology of ceativity and discovery: Scientists and their work. Chicago: Nelson-Hall, 1981.
26. RUSS S. Affect and creativity: The role of affect and play.in the creative process[M]. Hillsdale: Erlbarm, 1993.
27. STERNBERG R J, Lubart T L. Investing in creativity[J]//American Psychologist, 1996（51）: 677-688.
28. STERNBERG R J, Lubart T L. An investment theory of creativity and its development[J]//Human Development, 1991（34）:1-32.
29. STERNBERG R J. Handbook of Creativity[M]. New York: Cambridge University Press, 1999.
30. STERNBERG R J. The nature of creativity: Contemporary psychological perspectives[M]. New York: Cambridge University Press,1988.
31. TORRANCE E P. Torrance tests of creative thinging[M]. Lexington: Personnel Press, 1974.
32. WEISBERG R W, Creativity and knowledge: A challenge to theories[M]. Sternberg R J. Handbook of Creativity. New York: Cambridge University Press, 1999:226-250.

后　记

眼前的这部著作源自2008年由我主编的《创造与创造力：开发与培育》一书，细细算来，距离上一版问世已过去整整十一个年头。在此期间，国内外关于创新心理学与创新学的研究得到了进一步发展，不少课题研究、理论概述被先后发表、出版；人们对于如何“深度开发”创新潜能、如何“科学培育”个体与集体的创新与创造力，愈发重视和渴求，这一切为本书的修订提出了要求，也指引了新的方向。

我们现在看到的这本《创造心理学——从创业到创新》，是在原有内容的基础上进行的扩充和完善，其中，对创造心理学的生理基础进行了重新探讨，更新了时下国内外最新的发展成果。其次，为便于读者朋友在日常实践中更具有参考性和可操作性，本书加入了许多已经经过实际操作的创新技法，相信使用者可以从中获得一定启迪。

本书的修订再版，得到了许多同仁及朋友的关心和支持，请允许我对他们一一表示感谢，复旦大学医学博士赵鋆圳，她对第三章的神经生理基础提供了大量研究资料；宗月琴、丁彪、杨华等系我的学生，他们长期在企业从事管理、创业等工作，他们为本书提供了丰富的实例；陈栋、舒宏同志，为本书的出版提供了宝贵的阅读体验和建议，感谢他们让内容趋向实用、全面。特别感谢同济大学出版社的江岱、姜黎等同志，她们的辛勤付出使这本书可以早日和广大读者见面。本书还应用了国内外学者在这一领域中的研究成果，在此一并致谢。

最后，希望本书能得到读者朋友的喜爱，真正促进创新与创造力的提升。

俞文钊

2020年4月15日